Thorsten W. Schmidt

Temporale Fuzzy Logik

Thorsten W. Schmidt

Temporale Fuzzy Logik

Eine Vereinigung der Temporal-Logik und Fuzzy-Logik anhand von vorausschauenden Wartungs- und Überwachungssystemen

Südwestdeutscher Verlag für Hochschulschriften

Impressum/Imprint (nur für Deutschland/only for Germany)
Bibliografische Information der Deutschen Nationalbibliothek: Die Deutsche Nationalbibliothek verzeichnet diese Publikation in der Deutschen Nationalbibliografie; detaillierte bibliografische Daten sind im Internet über http://dnb.d-nb.de abrufbar.

Alle in diesem Buch genannten Marken und Produktnamen unterliegen warenzeichen-, marken- oder patentrechtlichem Schutz bzw. sind Warenzeichen oder eingetragene Warenzeichen der jeweiligen Inhaber. Die Wiedergabe von Marken, Produktnamen, Gebrauchsnamen, Handelsnamen, Warenbezeichnungen u.s.w. in diesem Werk berechtigt auch ohne besondere Kennzeichnung nicht zu der Annahme, dass solche Namen im Sinne der Warenzeichen- und Markenschutzgesetzgebung als frei zu betrachten wären und daher von jedermann benutzt werden dürften.

Coverbild: www.ingimage.com

Verlag: Südwestdeutscher Verlag für Hochschulschriften GmbH & Co. KG
Dudweiler Landstr. 99, 66123 Saarbrücken, Deutschland
Telefon +49 681 37 20 271-1, Telefax +49 681 37 20 271-0
Email: info@svh-verlag.de

Zugl.: Bayreuth, Uni, Diss., 2011

Herstellung in Deutschland:
Schaltungsdienst Lange o.H.G., Berlin
Books on Demand GmbH, Norderstedt
Reha GmbH, Saarbrücken
Amazon Distribution GmbH, Leipzig
ISBN: 978-3-8381-2781-1

Imprint (only for USA, GB)
Bibliographic information published by the Deutsche Nationalbibliothek: The Deutsche Nationalbibliothek lists this publication in the Deutsche Nationalbibliografie; detailed bibliographic data are available in the Internet at http://dnb.d-nb.de.

Any brand names and product names mentioned in this book are subject to trademark, brand or patent protection and are trademarks or registered trademarks of their respective holders. The use of brand names, product names, common names, trade names, product descriptions etc. even without a particular marking in this works is in no way to be construed to mean that such names may be regarded as unrestricted in respect of trademark and brand protection legislation and could thus be used by anyone.

Cover image: www.ingimage.com

Publisher: Südwestdeutscher Verlag für Hochschulschriften GmbH & Co. KG
Dudweiler Landstr. 99, 66123 Saarbrücken, Germany
Phone +49 681 37 20 271-1, Fax +49 681 37 20 271-0
Email: info@svh-verlag.de

Printed in the U.S.A.
Printed in the U.K. by (see last page)
ISBN: 978-3-8381-2781-1

Copyright © 2011 by the author and Südwestdeutscher Verlag für Hochschulschriften GmbH & Co. KG and licensors
All rights reserved. Saarbrücken 2011

i. Vorwort

Diese Arbeit entstand im Rahmen eines europäischen Forschungsprojektes zur Aufbereitung von recyceltem Kupfergranulat. Da der Verkaufspreis von reinerem Kupfer deutlich höher als der von verunreinigtem Kupfer ist, lohnt sich der Aufwand, das Kupfergranulat zu reinigen. Eine chemische Reinigung ist teuer und nicht umweltverträglich. Aus diesem Grund wird das Granulat auf einem Förderband verteilt und mit einer Kamera aufgezeichnet. Verunreinigungen werden automatisch erkannt und mit Saugpumpen vom Förderband entfernt. Um die Effizienz und Wirtschaftlichkeit der Maschine zu erhöhen, wird ein Überwachungs- und Wartungssystem eingesetzt. Die Entwicklung dieses Systems war die Teilaufgabe, welche am Lehrstuhl für Angewandte Informatik III der Universität Bayreuth gelöst wurde.

Im Laufe des Projektes wurde klar, dass ein speziell zugeschnittenes Überwachungs- und Wartungssystem zwar realisierbar, aber eine allgemeine Lösung wünschenswerter ist. Bei einer allgemeinen Lösung jedoch muss es auch einfach sein, diese auf ein spezielles System anzupassen. Eine Anpassung läuft immer darauf hinaus, so genanntes Expertenwissen über das zu überwachende und zu wartende System in das Überwachungs- und Wartungssystem zu transformieren. Hierfür eignet sich die Fuzzy-Logik. Denn mit dieser lässt sich Expertenwissen in **IF-THEN** Regeln ausdrücken. Die Regeln entsprechen den vagen und ungenauen menschlichen Aussagen wie zum Beispiel: „**IF** diese Situation eintritt, **THEN** führe jene Aktion aus". Die Beschreibung „diese Situation" lässt sich aber nicht in Zahlen fassen, sie ist vage formuliert. Deshalb eignet sich der Einsatz der Fuzzy-Logik für dieses System. Damit die Regeln auch verständlich bleiben, werden nur Mamdani-Regeln verwendet (siehe [Mamdani74]). Mamdani-Regeln sind Fuzzy-Regeln, welche **AND** beziehungsweise **OR** verknüpfte Bedingungen haben. Die Folgerungen sind ebenfalls unscharf, wie zum Beispiel „Ausgabewert = hoch".

Manche Regeln, welche Aktionen oder Zusammenhänge beschreiben, machen nur Sinn, wenn man auch Zeit in den Regeln modellieren kann. Zum Beispiel: „Wenn es gestern im Rohrleitungssystem heiß war und heute ein Rohr leckt, dann haben wir einen Folgeschaden durch Überhitzung". Fuzzy-Logik liefert nicht diese Möglichkeit, also muss man die Daten in einem ausgelagerten Arbeitsschritt vorbereiten, um sie anschließend durch Regeln ohne Zeit bearbeiten zu können. Diese mehrstufige Vorgehensweise macht das System aber unübersichtlicher und weniger transparent. Deshalb wäre es wünschenswert, wenn man in der Fuzzy-Logik selbst die Möglichkeit hätte, auch Aktionen mit zeitlichen Abhängigkeiten zu verwenden. Dies war der Ursprung der Idee, Zeit in Fuzzy-Logik zu verwenden.

Eine ausgiebige Suche nach Veröffentlichungen, welche sich schon mit diesem Problem beschäftigt hatten, führte leider zu keinem Erfolg. Von der Überzeugung inspiriert, dass ich mich auf dem richtigen Weg befinde, begann ich schrittweise die Fuzzy-Logik zu erweitern, bis schließlich die Temporale-Fuzzy-Logik erschaffen wurde.

ii. Zusammenfassung

Fuzzy-Logik und ihre Anwendung in Fuzzy-Reglern ist seit vielen Jahren ein Forschungsthema. In den vergangenen Jahren kamen Fuzzy-Regler vielfach in den verschiedensten industriellen Anwendungen zum Einsatz. Fuzzy-Regler können in Waschmaschinen und anderen Haushaltsgeräten Verwendung finden. Aber der wichtigste Vorteil von Fuzzy-Logik ist die Tatsache, dass das vorhandene Wissen über die Kontrolle eines Prozesses einfach und intuitiv für einen Regler umgesetzt werden kann. Außerdem ist es einfach, einen solchen Regler zu warten oder zu erweitern. Bei Fuzzy-Logik werden Informationen über eine Prozess-Steuerung in einer transparenten Regel-Datenbank abgelegt. Dadurch geht dieses Wissen nie verloren. Allerdings können diese Fuzzy-Regler nicht in bestimmten Anwendungen (zum Beispiel Wartungssystemen) verwendet werden, da sie nicht in der Lage sind, zeitliche Abhängigkeiten zu modellieren, welche wesentlich für diese Systeme sind.

Deshalb wird ein neues Konzept zur zeitlichen Fuzzy-Regelung eingeführt, indem Fuzzy-Logik durch neue Prädikate erweitert wird. Diese Prädikate behandeln zeitliche Aspekte, um zu erkennen oder vorherzusagen, wie das vergangene oder zukünftige Verhalten eines Prozesses ist. Mit der Fähigkeit ausgestattet, vergangenes oder zukünftiges Prozessverhalten zu analysieren, kann der Nutzer des so genannten Temporalen-Fuzzy-Reglers leichter Expertenwissen in die Regelung integrieren. Als Beispiele für die Richtigkeit dieses Konzeptes untersucht diese Arbeit das Verhalten eines Fuzzy geregelten Büroraum-Beleuchtungssystems und eines Fuzzy-Video-Verarbeitungs-Tools. Dies verdeutlicht die einfache Handhabung und hohe Effizienz dieses Ansatzes.

In dieser Arbeit wird gezeigt, dass es möglich ist, Fuzzy-Logik mit zeitlichen Prädikaten zu erweitern, um die so genannte Temporale-Fuzzy-Logik zu erhalten, welche die Modellierung zeitlicher Abhängigkeiten von Ereignissen ermöglicht. Die Arbeit beschreibt die mathematischen Grundlagen der hier eingeführten zeitlichen Fuzzy-Prädikate. Die zeitlichen Fuzzy-Prädikate sind abgeleitet aus den in sich abgeschlossenen Prädikaten der Temporal-Logik. Wie in der Temporal-Logik ist es dann auch in der Temporalen-Fuzzy-Logik möglich, Bedingungen für komplette Zeitintervalle zu erstellen. So sind die temporalen Fuzzy-Prädikate ebenfalls in sich abgeschlossen. Es ist möglich, zeitliche Abhängigkeiten mit **AND** und **OR** verknüpften Prädikaten zu bilden, um mit diesen temporale Regelbedingungen zu formulieren. Die Konjunktion der Prädikate wird wie jede andere Fuzzy-Verknüpfung berechnet. Weiterhin gilt die s- und t-Norm (Funktionen mit den folgenden Bedingungen: Einselement, Monotonie, Kommutativität, Assoziativität) für diese Berechnungen.

Solche Fuzzy-Regler können für die Überwachung und Wartung von Anwendungen eingesetzt werden. Dieser Ansatz wird in einem Wartungs-Beispiel gezeigt, in welchem ein Benutzer über defekte Lampen informiert und die Büroraumhelligkeit bei einem gewünschten Niveau gehalten wird. Ein weiterer Anwendungsfall ist die Fuzzy-Videoverarbeitung. Videos können mit hoher Effizienz verarbeitet werden und die Regeln, welche die Videoverarbeitung beschreiben, sind so einfach wie Standard Mamdani-Regeln.

iii. English Summary

Fuzzy logic and its application to fuzzy controllers have been a research topic for many years. Over the past few years industrial applications of fuzzy controllers were developed. Fuzzy controllers can be found in washing machines and other household appliances. But the main advantage of fuzzy logic is the fact that existing knowledge about controlling a process can be easily used to implement a controller intuitively. Furthermore it is easy to maintain or enhance such a controller. Due to the nature of fuzzy logic, information about how to control a process is kept inside a transparent rule database and is never lost. However, these fuzzy controllers cannot be used in certain applications (e.g. maintenance systems), since they are not able to model temporal dependencies that are essential for these systems. In fact, current fuzzy controllers are incapable of temporal modelling.

Thus, a new approach to temporal fuzzy control is introduced. Therefore, standard fuzzy logic is extended by new predicates. These predicates handle temporal aspects to detect or predict the behavior of a process in the past or in the future. Now, with the ability to examine past or future process behavior, the user of the so called temporal fuzzy logic controller can more easily integrate expert knowledge into the controller. As examples for the soundness of our concept, we present an office room with an illumination system managed by a fuzzy controller and a fuzzy video processing tool. This shows the efficiency and common usability of our approach.

In this thesis we show that it is possible to extend fuzzy logic with temporal predicates to obtain so-called temporal fuzzy logic, which enables the modelling of temporal dependencies of events. The thesis details the mathematical basis of the temporal fuzzy predicates. The temporal fuzzy predicates are derived from temporal logic predicates, which are self-contained and it is possible to set conditions covering complete time intervals. Thus, the temporal fuzzy predicates which cover the same time intervals are similarly complete. It is possible to build rule conditions with **AND** and **OR** linked predicates together with time in order to model temporal rule conditions. The conjunctions of the predicates can be calculated similar to any other fuzzy conjunction. Still, the s- and t-norm (functions with the following conditions: identity element, monotony, commutativity, associativity) apply to these calculations.

Such fuzzy controllers can be used for monitoring and maintaining applications. This approach is shown in a maintenance example in which a user is informed about defective lamps and the office room brightness is maintained at a desired level. Another usage is the fuzzy video processing presented as a second example. Videos can be processed with high performance and the rules to describe fuzzy video processing are as easy as standard Mamdani rules.

iv. Danksagung

Diese Arbeit entstand während meiner Zeit als wissenschaftlicher Mitarbeiter im Fachbereich Informatik in der Arbeitsgruppe Eingebettete Systeme und Robotik der Universität Kaiserslautern und im Institut für Informatik am Lehrstuhl für Angewandte Informatik III (Robotik und Eingebettete Systeme) der Universität Bayreuth.

Herrn Prof. Dr. Dominik Henrich danke ich für seine Tätigkeit als Doktorvater.

Des Weiteren möchte ich der Europäischen Gemeinschaft danken, die meine Arbeit im Rahmen des Forschungsprojektes „Vision assisted machine for recycling applications" (VISREC) im Gebiet „Research, Technological Development and Demonstration" (RTD) im fünften Forschungsrahmenprogramm in dem speziellen Programm „Promoting Competitive and Sustainable Growth" (No. G1RD-CT2000-00386) gefördert hat.

Auch danken möchte ich den Mitgliedern des Workshops Fuzzy-Systeme und Computational Intelligence, welcher jährlich in Dortmund stattfindet. Durch meine Besuche wurde meine Arbeit mit Ideen und Anregungen bereichert. Auch die dort herrschende Begeisterung für meine Arbeit trug dazu bei, mir zu zeigen, dass ich auf dem richtigen Weg bin.

Ein besonderer Dank geht an die Korrekturleser Kirsten Schneider-Schmidt und Michel Waringo, die weder die Mühe noch die Zeit scheuten, meine Arbeit mehrfach zu lesen und zu kommentieren.

Inhaltsverzeichnis

i.	Vorwort	I
ii.	Zusammenfassung	II
iii.	English Summary	III
iv.	Danksagung	IV
1	**Einleitung**	**1**
1.1	Motivation	1
1.2	Logiken	5
1.2.1	Prädikaten-Logik	5
1.2.1.1	Modell	5
1.2.1.2	Syntax	5
1.2.1.3	Logisches Schließen (Inferenz)	7
1.2.1.4	Eigenschaften	7
1.2.2	Zeitlogik und temporale Logik	8
1.2.2.1	Modell	8
1.2.2.2	Syntax	8
1.2.2.3	Logisches Schließen (Inferenz)	11
1.2.2.4	Eigenschaften	11
1.2.3	Fuzzy-Logik	12
1.2.3.1	Modell	12
1.2.3.2	Syntax	12
1.2.3.3	Fuzzy-Regelung	16
1.2.3.4	Eigenschaften	21
1.3	Angestrebte Ziele	22
1.4	Aufgabe	24
1.5	Abgrenzung	25
1.6	Übersicht und Vorgehen	26
2	**Stand der Forschung**	**32**
2.1	Arbeiten mit Überwachungs- und Wartungssystemen	32
2.2	Zeit in Verbindung mit Fuzzy-Logik	41
2.2.1	Zeit in Variable und Folgerung	42
2.2.2	Zeit in der ganzen Regel	44
2.2.3	Zeit im Regel-Term	45
2.2.4	Zeit in der Variable	46
2.2.5	Zeit im Prädikat	47
2.2.6	Zeit im Fuzzy-Term	48
2.2.7	Zeit in der Folgerung	49

2.3	Schlussfolgerungen	50
3	**Temporale-Fuzzy-Logik**	**51**
3.1	Abkürzungen und Definitionen	51
3.2	Vorteile zeitlicher Prädikate	53
3.3	Vergleich mit anderen Logiken	54
3.4	Fuzzy-Zeit-Terme	56
3.4.1	Semantik	56
3.4.2	Syntax	59
3.5	Fuzzy-Regelung mit Fuzzy-Zeit-Termen	62
3.6	Temporale Fuzzy-Prädikate	64
3.7	Mehrstellige Prädikate mit Zeit	75
3.8	Temporale Fuzzifizierung und temporale Aggregation	76
3.9	Temporale Inferenz und temporale Komposition	80
3.9.1	Temporale Komposition mit Intervallen	82
3.9.2	Temporale Komposition mit Fuzzy-Zeit-Termen	84
3.10	Temporale Defuzzifizierung	87
3.10.1	Stückweise versus exakter Integration	88
3.10.2	Berechnung der Hülle ODER-verknüpfter Polygonzüge	90
3.10.3	Schnelle Schwerpunktbestimmung	95
3.10.4	Temporale Defuzzifizierung	98
3.11	Schlussfolgerungen	99
4	**Vorhersage von Zeitreihen**	**101**
4.1	Abkürzungen und Definitionen	101
4.2	Zeitreihenanalyse	102
4.3	Modellannahmen	103
4.4	Verschiedene Vorhersagemethoden	103
4.4.1	Gewichtete-Linearität	104
4.4.2	Fuzzy Vorhersage durch den Palit-Algorithmus	108
4.4.2.1	Original Vorhersage mit dem Palit-Algorithmus	108
4.4.2.2	Modifizierter Palit-Algorithmus	113
4.4.3	Periodenerkennung durch Autokorrelation	120
4.4.4	Fit durch Downhill-Simplex	123
4.5	Vorhersage-Algorithmus und Komplexitätsanalyse	127
4.6	Genauigkeitsvergleiche	128
4.6.1	Gütekriterien einer Vorhersage	128
4.6.2	Experimentelles Vorgehen	130
4.6.3	Ergebnisse	130
4.7	Schlussfolgerungen	134
5	**Temporaler Fuzzy-Regler**	**135**
5.1	Einordnung des Temporalen Fuzzy-Reglers	135

5.2	Fuzzy Control Language	137
5.2.1	Fuzzy Control Language in EBNF	138
5.3	Temporal Fuzzy Control Language	142
5.3.1	Temporal Fuzzy Control Language in EBNF	142
5.4	Auswerten von TFCL-Beschreibungsdateien	145
5.5	Stabilitätsuntersuchung eines Fuzzy- und PID-Reglers am Beispiel eines simulierten Stabwagens	147
5.5.1	Der PID-Regler	151
5.5.2	Der Fuzzy-Regler	153
5.5.3	Ergebnisauswertung	156
5.6	Schlussfolgerungen	159
6	**Temporaler Fuzzy-Regler zur Überwachung und Wartung**	**161**
6.1	Kriterien	161
6.2	Überwachung mit TFCL	162
6.3	Wartung mit TFCL	165
7	**Experimente**	**167**
7.1	Wartungs- und Regelungbeispiel anhand einer Gebäudeautomatisierung	167
7.1.1	Beschreibung	167
7.1.2	Veranschaulichung	169
7.1.3	Regelung in TFCL	170
7.1.4	Experiment	172
7.1.5	Ergebnis	173
7.2	Effiziente Fuzzy-Bild- und Videoverarbeitung	175
7.2.1	Beschreibung der Aufgabe	176
7.2.2	Filter in TFCL	176
7.2.3	C-Code Generator	179
7.2.4	Demonstrator	182
7.2.5	Ergebnis	183
8	**Gesamtergebnis und Ausblick**	**185**
A.	**Anhang**	**189**
A.	Softwarebeschreibung	189
A.1.	Temporaler-Fuzzy-Regler	189
A.2.	Dynamische Bibliotheken	190
B.	**Verzeichnisse**	**192**
B.1.	Abbildungsverzeichnis	192
B.2.	Tabellenverzeichnis	197
B.3.	Literaturverzeichnis	200
B.4.	Stichwortverzeichnis	208

1 Einleitung

Dieses Kapitel führt den Leser hin zum Thema und beschreibt neben einer Motivation, wieso es überhaupt nötig ist, zeitliche Aspekte direkt in der Fuzzy-Logik zu verarbeiten. Außerdem werden das Ziel und der Weg dorthin beschrieben. Dazu wird die Arbeit gegenüber anderen Arbeiten abgegrenzt, so dass klar ist, welches Gebiet hier bearbeitet wird und was hier nicht bearbeitet wird.

1.1 Motivation

Ein *Überwachungssystem* ist ein von dem zu überwachenden Prozess unabhängiges System, welches diesen Prozess in seinem Verhalten mittels Sensoren überwacht. Prozesskennzahlen informieren dabei über die internen, nicht zwingenderweise bekannten, Zustände des Prozesses. Bei den Aktuatoren ist nicht immer bekannt, welchen quantitativen Einfluss diese auf den Prozess haben. Somit ist eine Steuerung des Prozesses nicht möglich. Ist jedoch zumindest der qualitative Einfluss bekannt, so ist immerhin eine Regelung möglich. Werden nun in dem Verhalten des Prozesses Abweichungen zu den gewünschten benutzerdefinierten Vorgaben erkannt, kann ein *Regler* in das Verhalten des Prozesses eingreifen und Parameter so verändern, dass das Verhalten des Prozesses sich dem Verhalten nähert, welches von einem Benutzer gewünscht wird.

In Abbildung 1 wird ein Regelkreis beschrieben. Er besitzt Eingaben, die gewünschte Führungsgröße und die unerwünschte Störgröße, sowie Ausgaben, die Regelgröße (Ist-Wert), Regeldifferenz und Reglerausgangsgröße, welche die Strecke beeinflussen beziehungsweise bestimmen. Durch die Angabe einer Führungsgröße, dem Soll-Wert, wird der Prozess gesteuert. Dazu wird die Führungsgröße mit der gemessenen Regelgröße, dem Ist-Wert verglichen, was die Regeldifferenz ergibt, also die Abweichung des gewünschten vom tatsächlichen Wert. Aus der Regeldifferenz bestimmt der Regler eine Reglerausgangsgröße für die Regelstrecke. Die Störgröße wirkt auf die Strecke und steht für alle möglichen Störfaktoren. Ein Sensor misst die Regelgröße der Strecke. Ein einfaches Beispiel für ein Überwachungssystem ist die Überwachung der Helligkeit in einem Raum. Sinkt die Helligkeit unter einen angegebenen Schwellwert, so erkennt dies das Überwachungssystem und beeinflusst die Strecke, um den Raum stärker zu beleuchten, indem mehr Lampen angeschaltet werden.

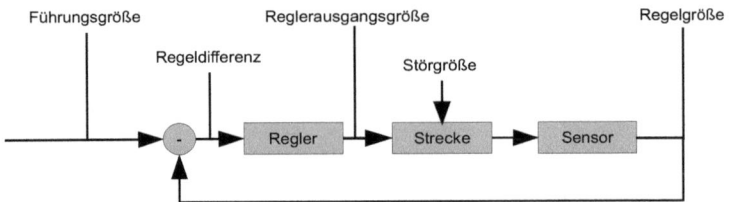

Abbildung 1: Regelkreis mit Eingängen (Führungsgröße, Störgröße) und Ausgängen (Istwert, Regeldifferenz, Reglerausgangsgröße) nach Abbildung 1.5.1 aus [Unbehauen07].

Ein *vorausschauendes Überwachungssystem* benutzt nicht nur aktuelle Sensordaten aus dem Prozess, sondern extrapoliert Sensordaten (nach [Fantoni00], [Palit99] und [Palit00]). Es ist nicht möglich, diese zukünftigen Daten zu messen. Sie müssen mit geeigneten Methoden aus dem bekannten vergangenen Signalverlauf vorhergesagt werden. Werden diese zukünftigen Sensorwerte an ein Überwachungssystem gegeben, so kann dieses eine Abweichung vom gewünschten, benutzerdefinierten Verhalten in der Zukunft feststellen. Das Eintreten der Abweichungen ist dabei nicht garantiert. Dadurch, dass dem Überwachungssystem bekannt ist, was bei den aktuellen Parameterwerten in der Zukunft passieren würde, können schon frühzeitig Maßnahmen ergriffen werden, um ein anderes Verhalten herbeizuführen. Wenn nun im obigen Beispiel Lampen verwendet werden, welche eine lange Zeit benötigen, um ihre maximale Helligkeit zu erreichen (Neonröhren: ca. 15 min, Energiesparlampen: ca. 10 min oder ähnliche), so genügt das einfache Überwachungssystem nicht mehr. Das vorausschauende Überwachungssystem kann jedoch feststellen, dass es im Raum immer dunkler wird. Bevor es im Raum zu dunkel wird, also die Helligkeit den angegebenen Schwellwert unterschreitet, schaltet das Überwachungssystem weitere Lampen ein.

Ein *Wartungssystem* baut meistens auf einem Diagnosesystem auf (siehe [Althoff92]). Im Gegensatz dazu baut das in dieser Arbeit vorzustellende Wartungssystem auf einem (vorausschauenden) Überwachungssystem auf. Dann, wenn ein Überwachungssystem durch Veränderung der Prozessparameter keine Verbesserung mehr erreichen kann und sich die Prozesskennzahlen nicht innerhalb eines tolerierbaren Bereiches befinden, liegt ein *Fehler* im System vor, welcher nicht ausgeglichen werden kann. Dieser Fehler kann eine defekte Teilkomponente sein, die ersetzt werden muss. Das Wartungssystem generiert in diesem Fall einen Wartungsauftrag für einen Benutzer und teilt diesem mit, welche Teilkomponente einen Fehler verursacht haben könnte. Durch den vorausschauenden Aspekt eines Wartungssystems können Ausfälle dieser Art frühzeitig vorhergesagt werden, so dass Wartungsaufträge generiert werden. Die Wartungsaufträge können zeitlich in der Zukunft datiert sein, da der vorhergesagte Ausfall nicht unmittelbar, sondern in der Zukunft eintritt. Das System wird so lange wie möglich betrieben, es also gerade noch funktionsfähig ist und seine Prozesskennzahlen in einem tolerierbaren Bereich liegen. Die Abstände zwischen verschiedenen Wartungen, bei denen ein Bediener die Maschine anhält und sie repariert, sind so groß wie möglich. Dadurch, dass die Wartungsaufträge auch in der Zukunft liegen können, ist es möglich, mehrere Wartungsaufträge zu sammeln und zu einem Zeitpunkt alle Wartungsarbeiten parallel auszuführen. Dadurch wird der Prozess nur einmal angehalten und somit die Standzeiten (*Wartungszeiten*) verringert. So entsteht kein unplanmäßiger Produktionsausfall, denn die Wartungsarbeiten können eventuell zu Zeiten geringer Auslastung durchgeführt werden. Im obigen Beispiel entspricht dies dem Überwachungssystem, welches versucht, den Raum durch Einschalten weiterer Lampen zu erhellen. Aber es können defekte Lampen existieren. Dann liegt die Helligkeit noch unter dem gegebenen Schwellwert, wenn alle funktionierenden Lampen an sind. In diesem Fall generiert das Wartungssystem einen Wartungsauftrag, in welchem es dem Benutzer mitteilt, die defekten Lampen im Raum auszutauschen. Eine andere Möglichkeit ist, dass ein Wartungssystem einen Wartungsauftrag generiert, wenn festgestellt wird, dass Lampen Anzeichen für einen baldigen Defekt aufweisen, so dass dann nicht mehr genügend Licht produziert werden kann.

Welche Umstände bewegen Betreiber von Fabrikstraßen, Kraftwerken oder Lagerhallen dazu, technische Systeme zur Überwachung und Wartung einzusetzen, die dabei helfen sollen, Fehler und Defekte eigenständig zu erkennen oder gar autonom zu behandeln? Die Hauptgründe sind dabei die Sicherheit, also geringe sachliche und menschliche Schäden einer Fabrikanlage und der finanzielle Aspekt, also hohe Gewinnspannen. Beide Aspekte sind grundsätzlich miteinander verwoben, so dass eine erhöhte Sicherheit ein geringeres Risiko für Produktionsausfälle der Fabrik darstellt. Weniger Produktionsausfälle führen zu einer höheren Produktionsleistung und somit auch einem größeren Gewinn (nach [Kim99b]). Um nun eine höhere Sicherheit zu erreichen, überwacht ein kleineres System mit einer geringeren Ausfall- und Fehlerwahrscheinlichkeit ein größeres System. Die Überwachung dient dem Aufrechterhalten oder falls möglich der Maximierung der Produktionsleistung durch geeignete Wahl von Wartungszeiten.

Diagnosesysteme zum Beispiel treten erst in Aktion, wenn bekannt ist, dass ein Fehler vorhanden ist und diagnostizieren diesen anhand von zu erhebenden Messwerten. Anschließend wird ein Vorschlag zur Fehlerbehebung gesucht. Ist es nun möglich, diese Diagnosesysteme vorausschauend einzusetzen, indem ein Fehlerzustand in der Zukunft vorhergesagt wird?

Nach [Ichtev01] überwachen heutige vorausschauende Systeme nur kleinere Komponenten in einer Produktionsanlage, einem Flugzeug oder einem Roboter, obwohl es wünschenswert wäre, die gesamte Anlage zu überwachen. Diese Systeme sind speziell auf ein gezieltes Aufgabengebiet abgestimmt und leisten sehr gute Arbeit in diesen Einsatzgebieten. Sie bieten jedoch wenig bis gar keine Flexibilität und Erweiterbarkeit – erst recht keine Benutzerfreundlichkeit. Aus diesem Grund werden nur Fertiglösungen für einzelne wenige Produkte angeboten, von welchen das Ein-/Ausgabeverhalten bekannt und leicht modellierbar ist. Wünschenswert wäre jedoch eine einfache Kontrolle beziehungsweise Konfiguration des Überwachungssystems.

Mit *Fuzzy-Reglern* ist es möglich, das Wissen über ein Prozessverhalten linguistisch (umgangssprachlich) zu beschreiben, ohne genauere quantitative Zusammenhänge zwischen Ein- und Ausgabeverhalten zu kennen oder mathematisch formal fassen zu können. Das Wissen wird durch unscharfe **IF-THEN**-Regeln beschrieben. Durch diese Beschreibung kann Expertenwissen in Fuzzy-Regeln dargestellt und somit leicht integriert werden. Auch besitzen sie ein schnelleres und sichereres Regelverhalten als ein herkömmlicher PID-Regler (aus [Lepetic01]). Zum Einregeln auf einen festen Wert benötigt ein Fuzzy-Regler rund die Hälfte der Zeit eines PID-Reglers. Bis jetzt wurden diese Regler, was auch ihre ursprüngliche Aufgabe darstellt, fast ausnahmslos zum Regeln von Prozessen verwendet. Es drängt sich jedoch die Frage auf, ob es möglich ist, einen solchen Regler so zu erweitern, dass durch Expertenwissen auch zeitliche Abhängigkeiten und Vorhersagen erfasst werden können. Zum Beispiel: „*Wenn x* kürzlich eingetreten ist, *dann y* wird auch bald eintreten". In einem Beispiel zur Beleuchtung eines Raumes mit Lampen, welche eine lange Einschaltzeit besitzen, könnte eine Fuzzy-Regel von einem Experten wie folgt lauten: „*Wenn Helligkeit* in 15 Minuten zu dunkel *dann* schalte weitere *Lampe* ein". Mit dieser Regel wird also beschrieben, dass die Helligkeit überwacht werden soll. Interessant ist aber nur das Verhalten in 15 Minuten. Der Experte, der diese Regel formuliert hat, interessiert sich nicht dafür, wie die Bedingung dieser Regel umgesetzt wird. Ihn interessiert nur, dass eine weitere Lampe eingeschaltet wird, genau dann wenn die Bedingung erfüllt ist. Der Benutzer des Wartungssystems hat die selbe Sicht wie der Experte. Somit ist eine einfach zu bedienende Schnittstelle vorhanden.

Die in diesem Abschnitt genannten Punkte zeigen, dass es einen Bedarf für vorausschauende Wartung gibt, aber da noch kein Regler basierend auf Fuzzy-Logik existiert, der diese Aufgaben bewerkstelligen kann, besteht in diesem Gebiet noch Forschungsbedarf.

Ein weiterer Einsatz von Fuzzy-Logik ist die Fuzzy-Bildverarbeitung. Hier sei auf [Tizhoosh98] verwiesen. In diesem Buch werden mehrere Arten der Fuzzy-Bildverarbeitung vorgestellt. Eine Möglichkeit ist die Verwendung von Mamdani-Regeln. So können einfache Sachverhalte durch fast natürlichsprachliche Regeln formuliert werden. Zum Beispiel reduziert sich die Beschreibung eines Kantenfilters auf die Regel „IF Pixel IS *hell* AND Nachbarpixel IS *dunkel* THEN Ausgabe = *hell*". Die Verwendung von Mamdani-Regeln beschränkt die Möglichkeiten auf Pixel- und Regionenorientierte Filter, denn globale Filter lassen sich nicht durch Mamdani-Regeln beschreiben, da eine Regel nur eine bestimmte Anzahl von Pixeln verarbeiten kann und für ein ganzes Bild nicht mehr praktikabel ist. Eine Möglichkeit dennoch globale Bedingungen zu formulieren ist eine Aussage wie zum Beispiel: „Linienanzahl IS *wenig*", aber dann muss die Linienanzahl bestimmt werden und das wiederum ist nicht durch eine Fuzzy-Regel möglich. Deshalb beschränkt sich diese Arbeit auf Pixel- und Regionenorientierte Filter.

Die Weiterentwicklung von Fuzzy-Logik zu Fuzzy-Bildverarbeitung kann mit Temporaler-Fuzzy-Logik erreicht werden. Damit erhalten Bilder eine Zeitachse. Man kann also Änderungen in Bildern über die Zeit hinweg beschreiben. Dadurch, dass man bewegte Bilder bearbeiten kann, erhält man die in dieser Arbeit so genannte Fuzzy-Videoverarbeitung.

1.2 Logiken

Dieses Kapitel legt die Grundlagen zum weiteren Verständnis der Arbeit. Es werden Definitionen zum Vermeiden von Mehrdeutigkeiten gegeben. Eine kompakte und kurze Einführung in Fuzzy-Logik kann ebenfalls in [Altrock91] nachgelesen werden. In dieser Arbeit werden Kenntnisse der Prädikaten-Logik, Temporal-Logik und Fuzzy-Logik benötigt. Diese drei Logiken werden im Folgenden beschrieben.

1.2.1 Prädikaten-Logik

1.2.1.1 Modell

Die Prädikaten-Logik oder Logik erster Ordnung ist ein Teilgebiet der Logik. Man kann sie als Erweiterung der Aussagen-Logik ansehen, die zusätzlich zur Verknüpfung von Aussagen durch **und** ($\wedge$) beziehungsweise **oder** ($\vee$) auch die Eigenschaften von Objekten und des Geltungsbereiches betrachtet. Die Eigenschaften von Objekten werden durch Prädikatssymbole und Funktionssymbole beschrieben. Der Geltungsbereich dagegen wird durch Quantoren wie *es existiert* ($\exists$) und *für alle* ($\forall$) beschrieben. Die Grundlagen für eine formale Sprache der Prädikaten-Logik erster Ordnung wurde von Ludwig Gottlob Frege 1879 in seiner Veröffentlichung „Begriffsschrift" gelegt.

1.2.1.2 Syntax

In der Prädikaten-Logik beschäftigt man sich mit Aussagen wie „Es gibt ein Objekt mit der Eigenschaft ..." oder „Für alle Objekte gilt ...". Beispiele hierfür sind „Alle Planeten umkreisen eine Sonne." und „Die Erde ist ein Planet." Diese beiden Aussagen sind wahr. Auch ohne den Formalismus des logischen Schließens in der Prädikaten-Logik erklärt zu haben, kann man aus den beiden Aussagen folgern, dass die Erde, da sie ein Planet ist und alle Planeten die Sonne umkreisen, ebenfalls die Sonne umkreist. In diesem Beispiel steht in der ersten Aussage das Wort „Alle" für einen Quantor. Und „umkreisen die Sonne" ist ein Prädikat für „Planeten". In der zweiten Aussage ist „ist ein Planet" ein Prädikat, welches auf „Erde" angewendet wird.

Die Prädikaten-Logik gibt den formalen Rahmen für diese Art von Schlussfolgerungen an. Häufig sind dies weniger offensichtliche Fälle als im obigen Beispiel. Häufig spricht man präziser von Prädikaten-Logik erster Stufe (englisch: first order predicate calculus oder first order logic, FOL). Diese zeichnet sich dadurch aus, dass Sätze des Typs „für jede Eigenschaft E gilt folgendes ..." nicht behandelt werden. Diese sind Bestandteil von höherstufigen Logiken. Trotz dieser Einschränkung lässt sich aber mit der Prädikaten-Logik erster Stufe die ganze Mengentheorie formalisieren und damit gewissermaßen fast das ganze Gebiet der Mathematik. Die Prädikaten-Logik ist die klassische Logik, die der Mathematik zugrunde liegt.

Wie jeder Logikkalkül besteht die Prädikaten-Logik nach [Wiki05] aus:

- Angaben, wie man systematisch formal korrekte Aussagen konstruiert,
- einer Menge von Axiomen, von denen jedes einzelne Axiom ebenfalls eine formal korrekte Formel darstellt,
- einer Menge von Regeln, die erlauben, Theoreme (Sätze) aus früher hergeleiteten Theoremen oder den Axiomen herzuleiten.

Formal fügt die Prädikaten-Logik der Aussagen-Logik, die den Wahrheitsgehalt kombinierter Aussagen untersucht, zwei Elemente hinzu. Die Sätze sind in Erweiterung zur Aussagen-Logik mit Quantoren versehen, die Aussagen über die Lösungszahl machen. Erstens besagt der All-Quantor ($\forall$), dass für alle betrachteten Elemente oder Elementkombinationen eine (zusammengesetzte) Aussage zutrifft. Zweitens besagt der Existenz-Quantor ($\exists$), dass mindestens für ein Element der betrachteten Elemente oder Elementkombinationen eine (zusammengesetzte) Aussage zutrifft.

A	B	$A \wedge B$	$A \vee B$	$A \rightarrow B$	$A \equiv B$	$A \oplus B$
0	0	0	0	1	1	0
0	1	0	1	1	0	1
1	0	0	1	0	0	1
1	1	1	1	1	1	0

Tabelle 1: Verknüpfung von zwei Aussagen A und B mit den wichtigsten Funktionen Und ($\wedge$), Oder ($\vee$), Implikation ($\rightarrow$), Äquivalenz ($\equiv$) und Antivalenz ($\oplus$), wobei 1 für wahr und 0 für falsch steht.

Mathematische Erweiterungen der Logik erster Ordnung sind unter anderem die Modal-Logik, die Temporal-Logik, die Dynamische-Logik, die Aktions-Logik und die Fixpunkt-Logik.

1.2.1.3 Logisches Schließen (Inferenz)

Als Schlussregel bezeichnet man in der formalen Logik eine Regel des korrekten Schließens. Sie untersucht die Wahrheitsbedingung oder den Gehalt von Formeln (Aussagen). Die Formeln sind rein syntaktisch definiert, das heißt sie basieren auf einer Folge von abstrakten Symbolen und können daher ohne Kenntnis der Semantik dieser Symbole angewandt werden. Die Anwendung einer endlichen Folge von Schlussregeln auf Formeln bezeichnet man als Ableitung oder Beweis. Durch Anwendung von Schlussregeln auf eine Wissensbasis, also eine Ansammlung von Formeln, kann neues Wissen in Form von neuen Formeln gefunden werden.

Ein paar Beispiele für bekanntere Schlussregeln sind im Folgenden angeführt. Dabei stehen über dem Bruchstrich die Bedingungen, also Formeln, welche gültig sein müssen und unter dem Bruchstrich stehen die Folgerungen, welche aus den Bedingungen geschlossen werden. Dieses neu erhaltene Wissen kann für weitere, anschließende Schlussregeln verwendet werden.

Beim *Modus ponens* $\frac{A \rightarrow B, A}{B}$ ist gegeben, dass aus A immer B folgt. Gilt nun A, so kann daraus der Schluss gezogen werden, dass auch B gilt.

Analog dazu wird mit dem *Modus tollens* $\frac{A \rightarrow B, \neg B}{\neg A}$ bei nicht gültigem B aus A folgt B der Schluss gezogen, dass auch A nicht gelten kann.

Beim *Disjunktiven Syllogismus* $\frac{A \vee B, \neg A}{B}$ ist bekannt, dass A oder B gelten. Ist nun bekannt, dass OBdA A nicht gilt, so kann der Schluss gezogen werden, dass B gelten muss.

Beim *Widerspruch* $\frac{\neg A \rightarrow \bot}{A}$ dagegen wird gezeigt, dass *nicht A* einen Widerspruch impliziert. Dies bedeutet dann, dass A gilt.

1.2.1.4 Eigenschaften

Der Vorteil der Prädikaten-Logik liegt in dessen Ausdrucksfähigkeit. Die verwendeten Formeln müssen nicht erfüllbar sein. Das heißt, es muss zu einer Formel nicht unbedingt eine Belegung existieren, welche die Formel erfüllt. Dadurch entstehen nicht mehr entscheidbare Mengen, welche sehr oft bei Grammatiken oder dem *Postschen Korrespondenzproblem* (siehe zum Beispiel

[Ehrenfeucht81]) vorkommen. Diese können dann mit der Prädikaten-Logik beschrieben werden.

1.2.2 Zeitlogik und temporale Logik

1.2.2.1 Modell

Nach [Karjoth87] ist die temporale Logik eine einfache Erweiterung der klassischen Logik. Sie erlaubt eine natürlichsprachliche Beschreibung zeitlicher Abläufe (zum Beispiel von Programmen), da die Zeit nicht mehr als expliziter Parameter wie in der Prädikaten-Logik vorkommt. Temporale Operatoren definieren einfache zeitliche Beziehungen, die mächtig genug sind, Aussagen über Verhalten in der Zeit zu formulieren. Alle Aussagen beziehen sich auf einen Jetzt-Zustand, der nur implizit existiert und vom Äußerungszeitpunkt der Aussage abhängt.

Die temporale Logik und ihre Varianten (Dynamic Logic, Interval Logic, Process Logic, und andere) besitzen gemeinsame Prinzipien, die auf der modalen Logik beruhen. In der Modal-Logik spricht man bei den beiden Erweiterungen von den Begriffen der Notwendigkeit und der Möglichkeit. Eine Aussage ist demnach nicht immer wahr oder falsch. Vielmehr hängt der Wahrheitsgehalt nun von den Umständen der aktuellen Situation ab.

Obwohl sich die Logiker schon im Altertum damit beschäftigt haben, werden die Modal-Logik und ihre Abkömmlinge erst seit Ende der siebziger Jahre zur Programmspezifikation und -verifikation verwendet, da erst zu dieser Zeit das Interesse vorhanden ist sehr komplexe Vorgänge formal zu beschreiben. Ihre Einführung hat erheblich zur Verbesserung des Verständnisses über den Vorgang des Schließens beigetragen.

1.2.2.2 Syntax

Die temporale Logik lässt sich in zwei Auffassungen und Strukturen unterteilen. Zur Beschreibung wird die temporale Logik der verzweigenden Zeit vor der temporalen Logik der linearen Zeit bevorzugt. Diese beiden unterscheiden sich in der Semantik der neuen Prädikate $\square$ und $\lozenge$. Die erstere Art interessiert sich für den Verlauf von Ereignissen mit der Zeit. Zur Auswertung der Prädikate wird untersucht, ob ein Ereignis irgendwann einmal eintrifft. Dabei spielt es keine Rolle, ob dies bald ist oder noch sehr lange dauert. Dagegen interessiert sich die zweite Art der Logik nur für Ereignisse, welche direkt nach dem aktuellen eintreffen. Die Zeit ist dabei diskretisiert. Im weiteren beschränkt sich diese Arbeit auf die Erläuterung der wichtigsten Prädikate und Operatoren, welche auch im weiteren Verlauf dieser Arbeit benötigt werden. Der interessierte Leser sei auf die zur temporalen Logik angegebene Literatur verwiesen.

Die Aussagen hängen hier von äußeren Einflüssen ab. Diese Einflüsse ändern sich mit der Zeit, also sind sie abhängig von der Zeit. Ein solcher Verlauf von Einflüssen wird im weiteren Verlauf als Pfad $p(t)$ bezeichnet. Der Wert der Aussage A hängt nun von einem solchen Pfad ab. Dies wird geschrieben als $A(p(t))$.

Die Formeln der Prädikaten-Logik werden um drei Prädikate erweitert, welche es ermöglichen, den zukünftigen Wahrheitswert von Aussagen zu bewerten. Die Prädikate sind im Folgenden mit ihrer Definition gegeben:

□A: Die Aussage A gilt in allen möglichen Pfaden und bleibt gültig.

$\forall p(t): t \geq t_C \wedge A(p(t))$, wobei t_C die aktuelle Zeit ist (Notwendigkeit)

◊A: Es existiert ein Pfad, in welchem die Aussage A gelten wird.

$\exists p(t), t : A(p(t))$ (Möglichkeit)

O A: Die Aussage A gilt zum nächsten Zeitpunkt.

$\forall p(t): A(p(t_C+1))$

Um die Verwendung dieser Prädikate besser verstehen zu können, sind zwei Beispielaussagen „□*Sonne scheint*" und „◊*Es regnet*" gegeben. Wie schon bei der Aussagen-Logik kann keine eindeutige Aussage über den Wahrheitsgehalt getroffen werden, wenn nicht klar ist, aus welcher Umgebung diese Aussagen stammen. Geht man davon aus, dass die Sonne immer scheint, also insbesondere auch dann, wenn dies nicht beobachtbar ist, weil zum Beispiel die Sonne gerade durch Wolken verdeckt ist, dann ist diese Aussage wahr. Betrachtet man jedoch die Sonne von einem Punkt hier auf der Erde, dann gibt es immer einen Wechsel zwischen Tag und Nacht. Demnach wird die Sonne zwar immer wieder scheinen, aber sie wird auch wieder verschwinden. Demnach ist die Aussage „□*Sonne scheint*" in diesem Kontext falsch.

Dagegen interessiert man sich bei „◊*Es regnet*" nur dafür, ob die Aussage „*Es regnet*" irgendwann einmal erfüllt sein wird. In gemäßigten Wettergebieten kann man zum Beispiel davon ausgehen, dass es immer irgendwann einmal regnen wird. Also ist die Aussage „◊*Es regnet*" wahr. In der Arktis oder Antarktis mit Temperaturen immer weit unter 0° Celsius wird es jedoch wohl nie regnen. Dort gibt es Niederschläge immer in Form von Schnee oder Eis. Also ist dort die Aussage „◊*Es regnet*" immer falsch.

Diese zwei neuen Prädikate erlauben es, Formulierungen über die zeitlichen Änderungen von Aussagen zu treffen. Dabei ist es nicht nötig, dass man angeben kann, wann eine Änderung eintritt. Vielmehr ist es wichtig, dass Aussagen in zeitliche Beziehung mit anderen Aussagen gesetzt werden können.

Dies erlaubt zum Beispiel Formulierungen, die im Folgenden nach [Karjoth87] dargestellt sind.

□◊A: A wird beliebig oft wahr

◊□A: A wird irgendwann eine Invariante

$A \rightarrow \Diamond B$: A zwingt B irgendwann wahr zu sein

□($A \rightarrow$ □B): Falls A wahr wird, dann ist auch B wahr und bleibt dies auch immer

□($A \rightarrow$ (¬◊)B): Jedem A geht ein B voraus

Mit diesen Prädikaten können bestimmte Sachverhalte nicht ausgedrückt werden. So zum Beispiel die Aussage „*Die Erde ist trocken, solange bis es regnet*" oder „*Seit es regnet, ist es nicht mehr trocken*". Bei diesen Aussagen ist es nicht wichtig, ob es einmal regnet oder auch öfters. Wichtig ist nur, dass ein Ereignis genau zu diesem Zeitpunkt falsch beziehungsweise wahr gewesen ist, als ein anderes Ereignis zum ersten Mal eingetreten ist. Um Verknüpfungen von Aussagen dieser Art modellieren zu können, gibt es die zwei weiteren zweistelligen Operatoren *until u* und *since s*, welche wie folgt definiert sind:

$A\ u\ B$: A wird durch das erstmalige Gültigwerden von B zum Zeitpunkt t_1 gültig.

$$\exists t_1 : \neg A(p(t<t_1)) \wedge A(p(t \geq t_1)) \wedge \neg B(p(t<t_1)) \wedge B(p(t_1))$$

$A\ s\ B$: A wird durch das erstmalige Gültigwerden von B zum Zeitpunkt t_1 ungültig.

$$\exists t_1 : A(p(t<t_1)) \wedge \neg A(p(t \geq t_1)) \wedge \neg B(p(t<t_1)) \wedge B(p(t_1))$$, also
$A\ uB \equiv \neg A\ sB$

Um bei der Niederschrift Klammern zu sparen, sind alle Symbole in drei Klassen eingeteilt. Symbole aus einer Klasse besitzen die gleiche Priorität. Symbole aus einer niederen Klasse (größere Klassennummer) eine dementsprechend kleinere Priorität. Des Weiteren sind die durchgestrichenen Symbole (Klasse 1, Symbol 6 bis 9) das zeitliche Pendant zu den nicht durchgestrichenen (Klasse 1, Symbol 2 bis 5). Sie beziehen sich also auf Ereignisse in der Vergangenheit. Außerdem entspricht ⊖A „A galt immer" und ⊕A entspricht „es gab eine Zeit, zu welcher A galt".

Klasse 1 = { ¬, ⊙, ⊚, □, ◊, ⊖, ⊕, ⊟, ⟡ }

Klasse 2 = { ∧, ∨, u, s }

Klasse 3 = { ≡, → }

1.2.2.3 Logisches Schließen (Inferenz)

In [Lichtenstein85] wird gezeigt, dass folgende drei Schlussregeln ein vollständiges und korrektes Deduktionssystem für die temporale Logik beschreiben.

Die *aussagenlogische Tautologie* $\dfrac{\{\}}{A \vee \neg A}$ kann aus der leeren Menge eine Tautologie ableiten.

Beim *Modus ponens* $\dfrac{A \rightarrow B, A}{B}$ ist gegeben, dass aus A immer B folgt. Gilt nun A, so kann daraus der Schluss gezogen werden, dass auch B gilt.

Bei der Schlussregel *Einfügung* $\dfrac{A}{\boxminus A \wedge \square A}$ ist gegeben, dass A gilt. Daraus kann der Schluss gezogen werden, dass wenn A ohne Angabe einer Zeit gilt, es auch immer gelten wird, also in der Vergangenheit ($\boxminus A$) wie auch in der Zukunft ($\square A$) gilt.

1.2.2.4 Eigenschaften

In [Pnueli85], [Pnueli86] wird angegeben, wie es möglich ist, Eigenschaften wie zum Beispiel Invarianz und Lebendigkeit in temporaler Logik zu formulieren. Im Folgenden beschränkt sich die Arbeit auf diese beiden Eigenschaften. Alle weiteren können in der entsprechenden Literatur nachgelesen werden.

Da die Temporal-Logik Programmabläufe untersucht, bedeutet eine Invarianz, dass diese zu jedem Zeitpunkt gültig sein wird. Diese Aussage lässt sich wie folgt formulieren:

$\lozenge \square A$

Dies bedeutet, dass A für jeden beliebigen Programmablauf gelten wird, also eine Invariante ist. Allgemeiner kann man eine Invarianz auch durch folgende Formel beschreiben:

$\lozenge B \rightarrow \square A$

Dies drückt aus, dass ein Ereignis B die Invarianz A impliziert, also wenn das Ereignis B eintritt, auf jeden Fall die Invarianz $\square A$ gilt. Tritt das Ereignis B nicht ein, so wird keine Aussage über die Invarianz getroffen.

Die Lebendigkeitseigenschaften

$\lozenge A$

$B \rightarrow \lozenge A$

garantieren irgendwann ein Ereignis. Das Eintreten des Ereignisses kann dabei noch von einem Ereignis *B* abhängen.

1.2.3 Fuzzy-Logik

Die Fuzzy-Logik ist eine unscharfe Erweiterung der scharfen Prädikaten-Logik. Sie erlaubt, wie die Prädikaten-Logik, eine natürlichsprachliche Beschreibung von Aussagen, ohne jedoch eine scharfe, rein binäre Welt mit nur den Wahrheitswerten FALSCH und WAHR zu haben. In der Fuzzy-Logik spricht man nicht mehr von falsch oder wahr, sondern von Zugehörigkeitsgraden aus dem Intervall [0, 1], wobei ein Wert näher an 0 eher dem klassischen FALSCH und ein Wert näher an 1 eher dem klassischen WAHR entspricht. Eine sehr ausführliche Liste mit Begriffen und Definitionen der Fuzzy-Logik kann in [Mikut02] und [Bothe95] eingesehen werden.

In der Mathematik oder Physik rechnet man üblicherweise mit scharfen Werten, wie mit den Aussagen, dass etwas 5 cm lang ist oder 50 s dauert. Solche präzisen Abstands- oder Zeitangaben gibt es in der Fuzzy-Logik nicht. Hier werden die scharfen Werte unscharf gemacht, wie die Aussage, dass etwas kurz oder lang ist. Zum Beispiel wird bei einem bestimmten Objekt in der Fuzzy-Logik gesagt, dass dieses Objekt zu 10% *kurz* und zu 90% *lang* ist. Dieser Schritt, bei welchem die Zugehörigkeit eines Wertes (zum Beispiel die Länge *l* in cm) zu einem Fuzzy-Term (zum Beispiel *kurz*) bestimmt wird, nennt man Fuzzifizierung. Das Schließen, auch Inferenz genannt, erfolgt dann komplett auf unscharfen Werten mit Fuzzy-Termen. Nach der Inferenz werden die unscharfen Werte durch die Defuzzifizierung wieder auf scharfe Werte abgebildet.

1.2.3.1 Modell

Die Fuzzy-Logik hat ihren Ursprung in der Prädikaten-Logik. Während die Prädikaten-Logik nur die Belegungen wahr (1) und falsch (0) kennt, kann bei der Fuzzy-Logik jeder Wert zwischen wahr und falsch, also Werte aus dem Intervall [0, 1], angenommen werden. Hinzu kommen noch die Fuzzifizierung, das Berechnen von unscharfen Werten aus ursprünglich scharfen Werten, und die Defuzzifizierung, das Berechnen von scharfen Werten aus ursprünglich unscharfen Werten.

1.2.3.2 Syntax

In diesem Abschnitt wird die Syntax von Fuzzy-Termen, Fuzzy-Variablen und Fuzzy-Regeln definiert.

1.2.3.2.1 Fuzzy-Term

Ein Fuzzy-Term ft, auch unscharfe Zahl genannt, beschreibt die Abbildung μ_{ft} (*Zugehörigkeitsfunktion*) eines scharfen Wertes auf einen unscharfen Wert. Er ordnet dem gesamten Wertebereich S des scharfen Wertes einen Wert zwischen 0 und 1 zu. Ein Fuzzy-Term ist dabei konvex und normalisiert, wenn für die Abbildung μ_{ft} folgendes gilt:

- Es existiert genau ein $s \in S$ mit $\mu_{ft}(s) = 1$
- μ_{ft} ist mindestens stückweise stetig
- $\exists\ s_1, s_2 \in S$ mit folgenden Bedingungen:
  * $s_1 < s_2$
  * $\forall s$ mit $s \leq s_1$: $\mu_{ft}(s) = 0$ und $\forall s$ mit $s \geq s_2$: $\mu_{ft}(s) = 0$
  * $\forall s$ mit $s_1 < s < s_2$: $\mu_{ft}(s) > 0$

Ein Beispiel für einen Fuzzy-Term ft wäre zum Beispiel die unscharfe Zahl „ungefähr Null". Die Umschreibung „ungefähr Null" umschreibt sprachlich den Fuzzy-Term und wird auch *Linguistische Variable* genannt. Man kann den Fuzzy-Term so interpretieren, dass die scharfe Zahl Null eine maximal mögliche Zugehörigkeit zu dem Term hat, also $\mu_{ft}(0) = 1$, und alle Zahlen größer als 1 oder kleiner als -1 eine minimal mögliche Zugehörigkeit, also $\mu_{ft}(-1) = 0$ und $\mu_{ft}(1) = 0$, haben. Die Zwischenwerte werden linear interpoliert. Ist eine Zahl nur etwas kleiner oder größer als Null, dann wird die Zugehörigkeitsfunktion μ_{ft} eine Zugehörigkeit knapp unter Eins liefern. Andere Interpretationen des Fuzzy-Terms „ungefähr Null" sind auch möglich. Die maximale Aktivierung muss nicht bei der Null sein, aber liegt sie nicht dort, dann ist der Name ungefähr Null auch nicht mehr gerechtfertigt.

1.2.3.2.2 Fuzzy-Variable

Eine Fuzzy-Variable ist die Zusammenfassung verschiedener Fuzzy-Terme. Die Fuzzy-Terme müssen dabei den gleichen Wertebereich und die gleiche Einheit besitzen. So können Fuzzy-Terme mit Zugehörigkeitsfunktionen für die Temperatur und die Helligkeit nicht zu einer Fuzzy-Variablen zusammengefasst werden.

Als Verdeutlichung dient die Fuzzy-Variable mit dem Namen Körpertemperatur. Sie ist in Abbildung 2 dargestellt und beinhaltet die Fuzzy-Terme *normal*, *erhöht*, *hoch* und *fiebrig*. Beschrieben ist der Bereich von ca. 36° bis 40° Celsius. Die Temperatur bezeichnet man demnach als *erhöht*, wenn sie zwischen 36.5° und 38.5° Celsius liegt. Am ehesten wird sie als *erhöht* bezeichnet, wenn die Temperatur exakt 37.5° Celsius beträgt.

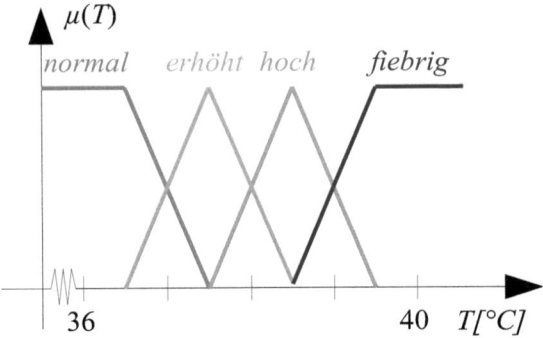

Abbildung 2: Die Linguistische Variable Körpertemperatur mit den Fuzzy-Termen normal, erhöht, hoch und fiebrig.

Die Fuzzy-Variable besteht aus vier Fuzzy-Termen. Für einen gegebenen, scharfen Wert erhält man für jeden einzelnen Fuzzy-Term einen Zugehörigkeitswert. Diese Zugehörigkeitswerte werden als Zugehörigkeitsvektor $Z(x)$ bezeichnet. In unserem Beispiel ergibt sich bei einer Temperatur von 38°C der Zugehörigkeitsvektor $Z(38°C) = (0, 0.5, 0.5, 0)$, da die Fuzzy-Terme *normal* und *fiebrig* von 38°C nicht aktiviert werden und die Fuzzy-Terme *erhöht* und *hoch* beide zu 50% aktiviert werden. Bei vollständigen Fuzzy-Variablen ergibt die Summe über alle Elemente des Zugehörigkeitsvektors immer 1. Außerdem sind maximal zwei Fuzzy-Terme ungleich Null. In Formeln ausgedrückt bedeutet dies:

(1) $$Z(x) = \begin{pmatrix} \mu_1(x) \\ \vdots \\ \mu_n(x) \end{pmatrix}$$

$$\forall x \sum_{i=1}^{n} \mu_i(x) = 1$$

$$\forall x \exists i, j : i \neq j \wedge \mu_i(x) + \mu_j(x) = 1$$

Da die Zugehörigkeitsfunktionen $\mu_i(x)$ normiert sind, liefern diese immer einen Wert zwischen 0 und 1. Also bedeutet die zweite und dritte Formel zusammen genommen, dass für einen Wert x nur maximal zwei Zugehörigkeitsfunktionen ungleich Null sind.

Da in einem Zugehörigkeitsvektor (Menge von Zugehörigkeitsfunktionen) maximal zwei Einträge ungleich Null sind, wird im Folgenden immer explizit angegeben, welche beiden Fuzzy-Terme ungleich Null sind. Diese Angabe ist platzsparender und übersichtlicher, da man sich die Reihenfolge der Fuzzy-Terme im Zugehörigkeitsvektor nicht merken muss.

1.2.3.2.3 Fuzzy-Regel

Eine Fuzzy-Regel dient dazu, Informationen über Expertenwissen zu erhalten. Eine Regel besteht dabei aus einer Regel-Bedingung und einer Regel-Folgerung. Ist die Regel-Bedingung erfüllt, so wird die Regel-Folgerung ausgeführt. Da es sich um Fuzzy-Regeln handelt, sind die Regel-Bedingungen auch in Fuzzy-Logik geschrieben. Das heißt, sie sind zu einem gewissen Grad erfüllt, wodurch die Regel-Folgerungen zu einem gewissen Grad ausgeführt werden. Im Folgenden wird genauer auf die einzelnen Bestandteile einer Regel eingegangen. Die eigentliche Berechnung der Aktivierungen ist ausführlich in Kapitel 1.2.3.3.2 dargestellt.

In der Fuzzy-Logik bestehen die Regel-Bedingungen meistens aus AND-verknüpften Bedingungen. Dabei sind immer alle e Eingabevariablen durch Fuzzy-Variablen mit m Fuzzy-Termen abgedeckt. Da die Anzahl der Regeln $n = m^e$ in diesem Fall exponentiell von der Anzahl der Eingangsvariablen abhängt, kann man auf die volle Ausmultiplizierung der möglichen Bedingungen verzichten und auch OR-Verknüpfungen erlauben. Diese Möglichkeit wird zwar sehr selten verwendet, aber in dieser Arbeit werden durchaus Regeln mit AND und OR verknüpften Bedingungen gemischt verwendet. Dies ist eine einfache Möglichkeit, ein Problem mit sehr wenigen Regeln zu beschreiben. Dazu muss zuerst beschrieben werden, wie die Regel-Bedingungen aufgebaut sind.

Die Regel-Bedingung besteht aus Termen und Atomen. Die Terme T_i sind dabei nicht mit Fuzzy-Termen ft zu verwechseln. Die Regelbedingung wird mit folgender Grammatik G mit den Produktionsregeln P, den Terminalsymbolen T und Nichtterminalsymbolen N gebildet:

$$G = \{N, T, P, T_i\}$$
mit:
$$N = \{T_i\}$$
$$T = \{(,), \text{AND}, \text{OR}, A_i\}$$
$$P = \begin{Bmatrix} T_i \rightarrow (T_i \text{ AND } T_i), \\ T_i \rightarrow (T_i \text{ OR } T_i), \\ T_i \rightarrow A_i \end{Bmatrix}$$

Eine Regelbedingung kann allein durch ihre Terme beschrieben werden. Hier ein Beispiel bestehend aus 4 Termen: T_1 = { T_2, AND, T_3 }, T_2 = { A_1, OR, A_2 }, T_3 = { T_4, OR, A_3 } und T_4 = { A_4, AND, A_5, AND, A_6 }. Nun werden die Terme schrittweise beginnend mit dem Startterm T_1 ersetzt. Dies führt zur Regelbedingung: ((A_1 OR A_2) AND ((A_4 AND A_5 AND A_6) OR A_3)).

Die Regel-Folgerungen, also die Aktionen, welche ausgeführt werden sollen, wenn die Regel-Bedingungen erfüllt sind, werden als Liste von Folgerungen angegeben. Damit kann eine Regel beliebig viele Folgerungen besitzen. Die Folgerungen sind nur zu beachten, wenn die Regel-Bedingung aktiviert wird, also einen Aktivierungsgrad größer Null hat. Ist dies der Fall, so sind alle Folgerungen aus dieser Liste mit dem Aktivierungsgrad der Regel-Bedingung auszuführen, falls es keine andere Regel mit einer höheren Aktivierung gibt.

Zu guter Letzt besitzt jede Regel eine optionale Angabe WITH x, welche nach den Folgerungen steht und einen Verstärkungs- ($x > 1$) beziehungsweise einen Abschwächungsfaktor ($x < 1$) für die Aktivierung der Folgerungen beinhaltet. Wird $x = 1$ gewählt, kann die Angabe auch weggelassen werden. Eine Folgerung kann dabei keine Aktivierung größer 1 haben.

1.2.3.3 Fuzzy-Regelung

Die Fuzzy-Regelung besteht aus fünf Schritten. Erstens aus der Fuzzifizierung, auch Aggregation genannt, also dem Übergang von scharfen zu unscharfen Werten. Zweitens aus der Inferenz, dem Auswerten der Fuzzy-Regeln. Drittens aus der Akkumulation, der Aktivierung der Regel-Folgerungen, viertens aus der Komposition, dem Zusammensetzen der Fuzzy-Terme in den Ausgabevariablen und fünftens aus der Defuzzifizierung, dem Übergang von unscharfen zu scharfen Werten.

Im Folgenden werden als durchgängiges Beispiel die folgenden beiden Fuzzy-Regeln verwendet:

- **IF** a **IS** *normal* **AND** b **IS** *erhöht* **THEN** x_S = *niedrig*
- **IF** c **IS** *normal* **OR** d **IS** *erhöht* **THEN** x_S = *hoch*

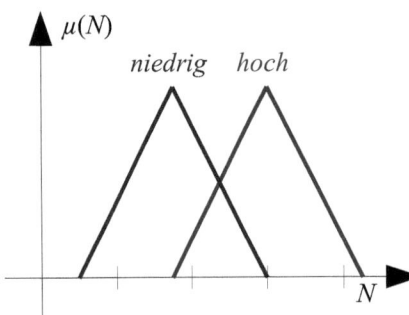

Abbildung 3: Die Fuzzy-Terme niedrig und hoch.

Die beiden Regeln haben die vier Eingabevariablen a, b, c und d, welche allesamt Temperaturen repräsentieren. Die vier Temperaturen sind untereinander unabhängig, tragen aber gleichermaßen zu der Ausgabe x_s der beiden Regeln bei.

Die Fuzzy-Terme, welche in den oben stehenden Regeln verwendet werden, sind aus den Abbildungen 2 beziehungsweise 3 für die Bedingungen beziehungsweise die Folgerungen der Regel als Zugehörigkeitsfunktionen dargestellt. In den Regel-Bedingungen werden die Fuzzy-Terme *hoch* und *fiebrig* nicht verwendet, da die

Fuzzy-Terme *normal* und *erhöht* schon genügen, um die Funktionsweise der Fuzzy-Regelung zu erklären.

Abbildung 4 zeigt vier Schritte der Fuzzy-Regelung. Die beiden Schritte Akkumulation und Komposition sind zu einem Schritt zusammengefasst.

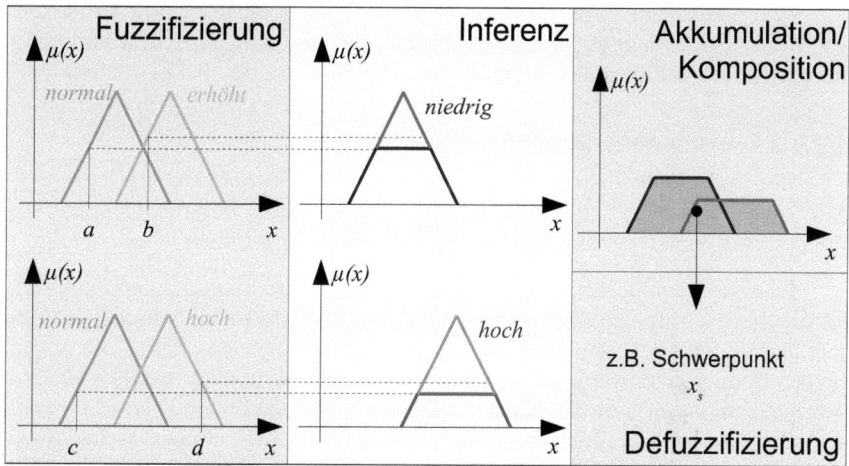

Abbildung 4: In der Fuzzy-Regelung werden scharfe Eingabevariablen durch die Fuzzifizierung zu unscharfen Fuzzy-Variablen. Die Inferenz bestimmt den Aktivierungsgrad der unscharfen Ausgabevariablen. Durch Komposition und Defuzzifizierung erhält man schlussendlich einen scharfen Ausgabewert.

1.2.3.3.1 Fuzzifizierung

Die Fuzzifizierung bezeichnet im Allgemeinen die Umrechnung von scharfen Werten zu unscharfen Fuzzy-Werten. Dazu kann für jede Variable die Zugehörigkeit zu jedem möglichen Fuzzy-Term berechnet werden. In der Fuzzy-Regelung ist es jedoch zweckmäßiger, wenn man die Aggregation verwendet, denn bei der Aggregation wird der Aktivierungsgrad jeder einzelnen Bedingung bestimmt. Somit wird nicht für jede Kombination von Variable und Fuzzy-Term die Fuzzifizierung berechnet, sondern nur für die Kombinationen, für welche sie auch benötigt wird.

Für das im vorherigen Abschnitt begonnene Beispiel bedeutet dies, dass der Zugehörigkeitsgrad von *a* und *c* zu *normal* und von *b* und *d* zu *erhöht* berechnet wird. Zur Berechnung wird weiterhin folgendes angenommen:

$a = 36.5°C$, $b = 37°C$, $c = 37.5°C$, $d = 38.25°C$

Daraus ergeben sich für die Bedingungen folgende Aktivierungen:

a **IS** *normal*: 1.0

b **IS** *erhöht*: 0.5

c **IS** *normal*: 0.0

d **IS** *erhöht*: 0.25

Wie man sehen kann, ist es für die Aggregation nicht wichtig zu wissen, wie die Regel-Bedingungen aufgebaut sind, denn es wird für jede Bedingung die gleiche Berechnung ausgeführt.

1.2.3.3.2 Logisches Schließen (Inferenz)

Das logische Schließen, auch Inferenz genannt, bezieht sich in der Fuzzy-Logik auf die Auswertung der Aktivierungen von Regel-Bedingungen, um somit den Aktivierungsgrad einer einzelnen Regel zu bestimmen.

Die Berechnung der Regelaktivierung, auch *activation* genannt, betrachtet die Aktivierung der einzelnen Bedingungen und deren Verknüpfungen untereinander. Nun zu dem Beispiel aus dem vorherigen Abschnitt. Die ersten beiden Bedingungen sind mit **AND** verknüpft. Die Bedingungen selbst sind zu 1.0 beziehungsweise zu 0.5 aktiviert. Um nun den Aktivierungsgrad der gesamten Aussage zu berechnen, nimmt man oft den min-Operator. Da das Minimum von 1.0 und 0.5 gleich 0.5 ist, ist dies der Aktivierungsgrad der **AND** verknüpften Bedingungen und somit auch der Aktivierungsgrad der ersten Regel. In der zweiten Regel dagegen sind die Bedingungen mit **OR** verknüpft. Hierfür verwendet man oft den max-Operator. Also ergibt sich eine Regelaktivierung von 0.25 für die zweite Regel. Weitere Operatoren für die Verknüpfungen **AND** und **OR** sind in Tabelle 2 nachzulesen.

Name	Abkürzung	t-Norm (AND)	s-Norm (OR)
Minimum, Maximum	AND_MIN, OR_MAX	$\min(n, m)$	$\max(n, m)$
Algebraisches Produkt, Summe	AND_PROD, OR_ASUM	$m \cdot n$	$n + m - n \cdot m$
Beschränkte Differenz, Summe	AND_BDIF, OR_BSUM	$\max(0, n + m - 1)$	$\min(1, n + m)$

Tabelle 2: Verschiedene AND- und OR-Operatoren für unscharfe Mengen

1.2.3.3.3 Akkumulation

Nachdem nun für jede Regel die Regelaktivierung berechnet wurde, folgt die Akkumulation, also das Berechnen der Aktivierungen der Fuzzy-Terme in den Ausgabevariablen. Die Ausgabevariablen sind, genauso wie die Eingabevariablen, Linguistische Variablen. Bei der Akkumulation werden zuerst die Aktivierungen der Fuzzy-Terme in allen Linguistischen Ausgabevariablen auf

Null gesetzt. Man geht anschließend alle Folgerungen durch und trägt den Aktivierungsgrad in den dazugehörigen Fuzzy-Term der zu aktivierenden Linguistischen Variablen ein, aber nur, wenn dieser größer ist als der aktuelle Aktivierungsgrad. Dies ist die so genannte Maximumsmethode zur Akkumulation. Alternativ kann man auch das Produkt oder den Mittelwert aller Aktivierungen für einen Fuzzy-Term einer Linguistischen Variablen benutzen.

Für die beiden Regeln des Beispieles sind die Regelaktivierungen 0.5 beziehungsweise 0.25. Die dazugehörigen Folgerungen lauten x_S = *niedrig* beziehungsweise x_S = *hoch*. Demnach ist die erste Folgerung zu 50% und die zweite Folgerung zu 25% aktiviert. Bei der Akkumulation werden nun alle Folgerungen je nach ihrer Ausgabevariablen zusammengefasst. Bei jeder Ausgabevariablen wird durch die Folgerung ein bestimmter Fuzzy-Term aktiviert. In dem Beispiel gibt es nur die Variable x_s, in welcher der Fuzzy-Term *niedrig* zu 50% und der Fuzzy-Term *hoch* zu 25% aktiviert ist.

1.2.3.3.4 Komposition

Im vorherigen Abschnitt wurden die Fuzzy-Terme der Linguistischen Ausgabevariablen x_s aktiviert. Diese müssen nun im Kompositionsschritt in einem Diagramm zu einer einzigen Kurve $\mu(N)$ pro Ausgabevariable vereinigt werden. Im Folgenden kann man als Beispiel davon ausgehen, dass die Ausgabevariable, wie in Abbildung 3 dargestellt, definiert ist und deren Fuzzy-Terme *niedrig* zu 50% und *hoch* zu 25% aktiviert sind.

In dem Beispiel gibt es nur eine Ausgabevariable, also erstellt man auch nur eine einzige Komposition. Hierzu gibt es drei verschiedene Möglichkeiten, welche in Abbildung 5 dargestellt sind.

Links dargestellt ist die Komposition mit Singletons. Sie haben für jeden Fuzzy-Term einen scharfen Wert auf der x-Achse. Die Aktivierung des jeweiligen Fuzzy-Terms gibt die Höhe der Singletons an.

Mittig ist die Komposition mittels des Produkts dargestellt. Hierzu wird der Fuzzy-Term, welcher in der Regel durch ein Dreieck dargestellt wird, mit der Aktivierung des jeweiligen Fuzzy-Terms multipliziert. Daraus entsteht ein Dreieck, welches in seiner Höhe reduziert ist.

Rechts dargestellt ist die Komposition mit der Minimum-Funktion. Zur Berechnung der Komposition wird das Minimum des Fuzzy-Terms und der jeweiligen Aktivierung berechnet, wodurch die Fuzzy-Terme auf Höhe der Aktivierung beschnitten werden. Es entstehen so Trapeze, wenn der Fuzzy-Term als Dreieck definiert ist.

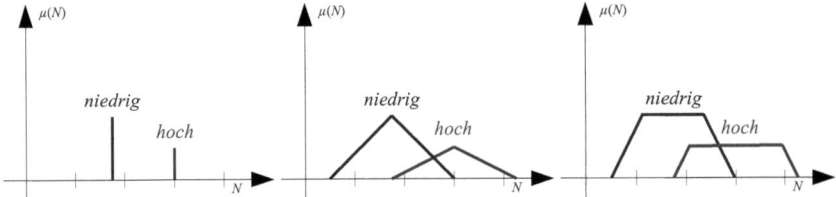

Abbildung 5: Die Fuzzy-Terme niedrig beziehungsweise hoch bei einer Aktivierung von 50% beziehungsweise 25%. Dargestellt sind die Kompositionen für Singletons (links), Produkt (mittig) und Minimum (rechts)

1.2.3.3.5 Defuzzifizierung

Bei der Defuzzifizierung wird aus der durch die Komposition gewonnenen Kurve $\mu(N)$ ein scharfer Ausgabewert berechnet.

Die einfachsten Lösungen zur Berechnung des scharfen Ausgabewertes suchen lokal den höchsten Aktivierungsgrad $\mu(N)$ und bestimmen den Ausgabewert zu dem gefundenen N. Betrachtet man Abbildung 5, so sieht man, dass die Lösung für die Komposition mit den Singletons und dem Produkt eindeutig ist. Bei dem Minimum aber ist das ganze Plateau des Fuzzy-Terms *niedrig* eine mögliche Lösung. Diese Mehrdeutigkeiten löst man auf, indem man das kleinste oder größte N nimmt, bei welchem $\mu(N)$ das Maximum erreicht hat. Alternativ kann man auch das Mittel über alle N mit $\mu(N)$ gleich dem Maximum bilden. Bei einem Fuzzy-Term, bestehend aus einem gleichschenkligen Dreieck im nicht aktivierten Zustand, fällt dieses N dann auch gleichzeitig mit der Dreiecksspitze zusammen.

Die genannten Methoden betrachten alle nur den Fuzzy-Term, welcher am stärksten aktiviert ist, also dem globalen Maximum der aktivierten Linguistischen Ausgabevariablen. Ist ein Fuzzy-Term nur ein bisschen weniger aktiviert, so fließt er nicht mehr in die Berechnung des scharfen Ausgabewertes ein. In dem Beispiel bedeutet dies, dass es keinen Unterschied macht, ob der Fuzzy-Term *hoch* zu 1% oder zu 49% aktiviert ist. Da der Fuzzy-Term *hoch* aber aktiviert ist, sollte er auch einen Einfluss auf den Ausgabewert haben. Dieses Problem wird mit der üblicherweise verwendeten Schwerpunktmethode gelöst. Diese Methode betrachtet alle Aktivierungen einer Ausgabevariablen und kann so als globale Lösung angesehen werden. Die Schwerpunktmethode berechnet den Schwerpunkt der Fläche unter der Kurve, welche durch die Komposition berechnet wird. Der Schwerpunkt gibt dann durch Projektion auf die x-Achse das gesuchte N an.

Eine Variante der Schwerpunktmethode ist die Alpha-Schwerpunktmethode. Bei dieser gibt ein Wert α einen Schwellwert an, unter dem die Aktivierung eines Fuzzy-Terms auf Null gesetzt wird, also die Aktivierung in der Berechnung des Ausgabewertes nicht beachtet wird. Ist der Schwellwert gleich Null, dann entspricht die Alpha-Schwerpunktmethode der herkömmlichen Schwerpunktmethode. Tabelle 3 zeigt den Ausgabewert in Abhängigkeit der gewählten Defuzzifizierung und Komposition.

Probleme treten bei der Defuzzifizierung mit der Schwerpunktmethode auf, wenn mehrere voneinander getrennte Flächen entstehen. Dann kann dies zum Beispiel beim „Split" (eine Fläche, die in der Mitte getrennt ist) dazu führen, dass der Schwerpunkt in einem Bereich liegt, in welchem die Linguistische Ausgabevariable nicht aktiviert ist. In diesem Fall nimmt man die größte Fläche und berechnet von dieser den Schwerpunkt. Sind mehrere Flächen gleich groß, muss man sich für eine entscheiden. Zum Beispiel für die, in welcher der letzte Ausgabewert liegt, die am weitesten links liegende Fläche, u.s.w. Sollten diese Ansätze bei einer Anwendung nicht genügen, so kann die Schwerpunktmethode von [Oussalah01] verwendet werden, die genau das Problem des „Splits" betrachtet.

Defuzzifizierung \ *Komposition*	*Singleton*	*Produkt*	*Minimum*
Links Maximum	1,75	1,75	1,125
Rechts Maximum	1,75	1,75	2,375
Mittel Maximum	1,75	1,75	1,75
Schwerpunkt	2,167	2,23	2,23

Tabelle 3: Berechnung des scharfen Ausgabewertes für das oben angeführte Beispiel in Abhängigkeit der Defuzzifizierungs- und Kompositionsmethode

1.2.3.4 Eigenschaften

Die wichtigste Eigenschaft der Fuzzy-Logik ist ihre Natürlichsprachlichkeit. Diese macht den Transfer von Expertenwissen in die Fuzzy-Logik einfach. Eine Umsetzung des Expertenwissens über eine Regelung direkt in ein Programm ist deutlich schwieriger.

Des Weiteren ist das Wissen in einer standardisierten Sprache formuliert. So kann ein Experte die Auswirkung einer Regel verstehen, wodurch die Regelbasis wartbar bleibt. So können auch kleinere Modifikationen problemlos vorgenommen werden.

Ein weiterer Pluspunkt für die Fuzzy-Logik ist, dass die Mathematik, welche für die Berechnungen benötigt wird, sehr einfach ist. Einfach definiert sich in diesem Fall dadurch, dass keine Differentialgleichungen oder Gleichungssysteme gelöst werden müssen. Die kompliziertesten Berechnungen stecken im Berechnen der Schwerpunktmethode und im effizienten Berechnen der Hülle der Kurve, die durch die Komposition entsteht.

1.3 Angestrebte Ziele

Ziel ist es, einen Fuzzy-Regler formal zu beschreiben und zu entwickeln. Das Verhalten des Reglers soll so beschrieben werden können, dass aus den so entstehenden mathematischen Formeln nachvollziehbar ist, wie der Regler funktioniert. Auch soll der Beweis über die Korrektheit oder Vollständigkeit eines konkreten Reglers erfolgen. Zum Lösen von mathematisch geschlossenen Formeln ist ein Computer geeignet, welcher den Regler in seiner Softwareversion beinhaltet. Die Berechnungen sind wenig komplex, so dass sich der Regler auch leicht in Hardware realisieren lässt. Dies sorgt wegen seiner geringen Produktionskosten für eine leichtere industrielle Akzeptanz und damit eine weitere Verbreitung.

Es sollte einem Endbenutzer möglich sein, den Regler durch geeignete Schnittstellen zu benutzen, ohne über das Expertenwissen zu verfügen. Auch soll der Regler nicht auf eine spezielle Anwendung maßgeschneidert sein. Einem Experten eines beliebigen Prozesses wäre es möglich, durch eine einfach zu bedienende grafische Oberfläche dieses Expertenwissen linguistisch mittels Beschreibung durch temporal erweiterte Fuzzy-Logik in den Regler zu integrieren, damit dieser Regler für diese Anwendung als vorausschauendes Wartungs- und Überwachungssystem eingesetzt werden kann. Auch ist es möglich, den Regler mit einer erweiterten Form der *Fuzzy-Control-Language* (FCL, standardisiertes Datenformat für Fuzzy-Regeln, siehe [IEC97]) textbasiert beziehungsweise in der Zukunft auch grafisch zu programmieren.

Viele Ansätze verwenden, wie links in Abbildung 6 gezeigt, die Zeit als weitere Eingabevariable für das Fuzzy-System. So kann auf die Zeit selbst zugegriffen werden. Werden Daten aus unterschiedlichen Zeiten in das Fuzzy-System eingegeben, so können auch Daten verarbeitet werden, die zu unterschiedlichen Zeiten aufgenommen wurden. Dadurch kann das Fuzzy-System aber noch nicht direkt mit der Zeit an sich umgehen, da die Eingaben für das Fuzzy-System nicht zeitbehaftet sind. Rechts in Abbildung 6 ist das angestrebte Ziel gezeigt. Es ist dem *DAFC-System* (= direct adaptive fuzzy control) von [Bertolissi00] beziehungsweise dem *predictive controller* von [Gomez00] nachempfunden. Diese verwenden einen zurückgekoppelten Prediktor in der Regelschleife beziehungsweise einen *future vehicle position predictor*.

Hier existiert eine Datenbank, in der alle Daten gespeichert sind. So kann das Fuzzy-System auf vergangene Daten zurückgreifen. Werden jedoch Daten aus der Zukunft benötigt, so kommt eine Vorhersage (angedeutet durch eine

Kristallkugel) zum Einsatz. Die Vorhersage hängt natürlich von der jeweiligen Anwendung ab. Im weiteren Verlauf der Arbeit werden verschiedene allgemeine Methoden zur Vorhersage von Zeitreihen vorgestellt. Es sollte jedoch bedacht werden, dass es günstiger ist, ein genaues, physikalisches Modell zu verwenden, um akkurate Vorhersagen treffen zu können.

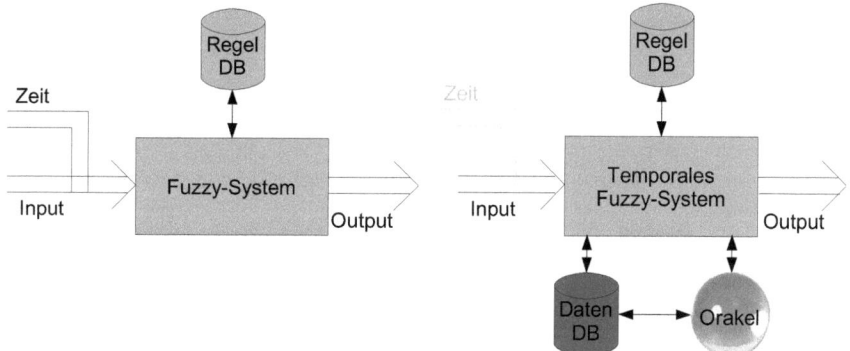

Abbildung 6: Links ein Fuzzy-Regler mit Zeit als weiterer Eingabevariable. Rechts ein Fuzzy-Regler ohne Zeit als Eingabevariable, dafür aber mit einer Datenbank zum Aufzeichnen von Sensordaten und einem „Orakel" zum Vorhersagen von in der Zukunft liegenden Sensordaten.

Zur Visualisierung des Verhaltens stehen verschiedene Möglichkeiten zur Auswahl. Zum einen können die Regeln als dreidimensionale Grafiken berechnet und dargestellt werden. So erhält der Betrachter beziehungsweise Benutzer ein leichteres Verständnis über die Aussage einer Regel und kann diese einfacher modifizieren oder Fehler in der Semantik finden, als wenn die Regel rein textuell dargestellt werden würde. Des Weiteren kann auch das Regelverhalten der Regeln mehrdimensional visualisiert werden. Dazu werden verschiedene Eingangs- und Ausgangsvariablen für das System ausgewählt. Die Eingangsvariablen werden über ihren Gültigkeitsbereich diskretisiert und die dazugehörigen Ausgangswerte zu den diskreten Stützstellen berechnet. Daraus entsteht ein Gitternetz, welches eine Regelkurve, ein Kennfeld, darstellt. Diese Repräsentation dient dazu, Sprünge im Regelverhalten zu erkennen, die meistens auf eine unzureichende Spezifizierung des Systems zurückzuführen sind.

Das Ergebnis ist ein universell und flexibel einsetzbares vorausschauendes Wartungssystem zur Aufrechterhaltung beziehungsweise Steigerung der Produktivität eines Prozesses. Nach [Škrjanc01] sind auf Fuzzy-Logik basierende Regler zweckmäßig für stark nichtlineare Prozesse. Auch können diese Regler nach [Melin01] in komplexen Systemen, in welchen ein Prozessmodell wegen der großen Anzahl zu lösender Gleichungen nicht zuverlässig, also nur näherungsweise berechnet werden kann, eingesetzt werden.

1.4 Aufgabe

Die Arbeit bedient sich den allgemein bekannten Ansätzen zur Modellierung von Fuzzy-Reglern [Bothe95]. Die Fuzzy-Logik nutzt hierbei zur Beschreibung von Zusammenhängen zwischen Sensordaten und Regelgrößen oder zur Fuzzifizierung von Sensordaten die Prädikaten-Logik erster Stufe. Die Fuzzy-Logik wird um weitere zum Teil zeitliche Prädikate erweitert. Daraus entsteht die Temporale-Fuzzy-Logik, mit welcher nicht nur dynamisches Verhalten in der Gegenwart, sondern auch Vorgänge in der Zukunft durch Regeln beschrieben werden können. Temporal-Logik erlaubt das Fassen der Zukunft mit zwei Quantoren – „wird wahr in allen zukünftigen Pfaden" und „wird in mindestens einem zukünftigen Pfad wahr". Ein Pfad entspricht dabei dem Weg, welcher von einer Konstellation (Zustand) zu einer zukünftigen Konstellation führt. Existieren zu einem Zeitpunkt zwei oder mehr Möglichkeiten, so spaltet sich ein Pfad in genau so viele Pfade auf.

Das Kalkül, welches der Fuzzy-Logik zugrunde liegt, erlaubt es, Folgerungen aus Regeln zu ziehen, wenn bestimmte definierte Vorbedingungen gegeben sind. Häufig wird der so genannte *Modus-Ponens* oder *Modus-Tollens* [Schöning00] benutzt, um aus den Regeln und Vorbedingungen die Folgerungen abzuleiten. In der Logik spricht man anstatt von Regeln auch von Implikationen, deren Bedingungen auch Prämissen genannt werden. Eine Folgerung, welche durch eine Prämisse und eine Implikation bestätigt wird, wird als *wahr* angesehen. Diese Schlüsse funktionieren auch mit dem allgemeingültigen Prädikat **IS** (u **IS** *low* oder $u = x_0$) der Fuzzy-Logik. Aber was ist mit Erweiterungen der Grundmenge von Prädikaten wie zum Beispiel **WAS** (Fuzzifizierung historischer Daten) und **WILL_BE** (Fuzzifizierung vorhergesagter Daten), welche zur Beschreibung der meisten Sensorauswertungen und ihres Verhaltens in der Vergangenheit und Zukunft benötigt werden? Durch das Festlegen auf eine feste Grundmenge können die Schlüsse und Kalküle auf diese Grundmenge optimiert werden und eine höhere Effizienz in der Anwendbarkeit und Berechnungszeit erreichen. Zur Wartung ist nicht zwingend ein Echtzeitsystem erforderlich, aber dennoch sollte das System kurze Antwortzeiten haben, denn wenn eine Vorhersage berechnet wird und zur Berechnung so viel Zeit benötigt wurde, dass die Vorhersage zeitlich schon in der Vergangenheit liegt, so ist der Nutzen dieser Vorhersage sehr gering, da keine Gegenmaßnahmen mehr eingeleitet werden können. Außerdem ist für die Algorithmen eine überschaubare, maximal polynomiale Komplexität für die Rechenzeit erwünscht.

Zur Visualisierung werden Qt-Methoden (http://www.trolltech.com) benutzt. Diese stellen eine mächtige Schnittstelle zur Grafikausgabe dar und sind auf verschiedenen Plattformen lauffähig. Somit bleibt das System unabhängig von einer bestimmten Plattform und von einem bestimmten Betriebssystem. Dies lässt die Möglichkeit zur Portierung auf ein echtzeitfähiges Betriebssystem, wie zum Beispiel QNX (http://www.qnx.org), offen. Bei der Entwicklung der grafischen Oberfläche (GUI) werden des Weiteren ergonomische Aspekte eingehalten, welche durch DIN EN ISO 9241 definiert sind (siehe [Ergo02]). Die Bedienerfreundlichkeit und intuitive Benutzbarkeit steht bei der Entwicklung sowohl bei der grafischen Oberfläche als auch bei der temporalen Fuzzy-Logik an vorderster Stelle.

1.5 Abgrenzung

Diese Arbeit legt den Schwerpunkt auf die Definition einer neuen Logiksprache, der Temporalen-Fuzzy-Logik. Diese kann in einem Temporalen-Fuzzy-Regler mit der Sprache Temporal Fuzzy Control Language (TFCL), welche aus der Fuzzy Control Language (FCL) abgeleitet wird, genutzt werden. Es sei darauf hingewiesen, dass die Temporale-Fuzzy-Logik aus einer Kombination der Fuzzy-Logik und Temporal-Logik entwickelt ist. Bei dieser Entwicklung werden keine tiefer gehenden mathematischen Untersuchungen gemacht, denn diese gibt es getrennt für Temporal-Logik und für Fuzzy-Logik. Es wird jedoch geprüft, ob die neu entwickelten Prädikate und Fuzzy-Zeit-Terme die grundlegenden Eigenschaften der Fuzzy-Logik erfüllen.

Aus der Entwicklung der Temporalen-Fuzzy-Logik ergibt sich die Notwendigkeit, Daten nicht nur zu speichern, sondern auch vorherzusagen. Der Vorhersage von Zeitreihen ist deshalb ein eigenes Kapitel gewidmet. Dabei wird davon ausgegangen, dass alle Daten einfach vorhergesagt werden können: Also die vorgestellten nicht lernenden Vorhersage-Algorithmen ausreichend sind. Mit diesen Algorithmen können viele Aufgaben gelöst werden. Bei den nicht lösbaren Aufgaben liefern die Vorhersage-Algorithmen nicht brauchbare Daten für die Zeitreihen. Mit diesen verhält sich ein zu regelnder Prozess anders als erwartet, denn die Regeln im Temporalen-Fuzzy-Regler werden nicht so feuern, wie es erwünscht ist. In diesem Fall müsste weiteres Wissen zur Vorhersage der Zeitreihen verwendet werden.

Die Beispiele, in welchen die Temporale-Fuzzy-Regelung genutzt wird, sind exemplarisch zu sehen. Sie decken nicht die volle Mächtigkeit der hier entwickelten Temporalen-Fuzzy-Logik oder Vorhersage-Algorithmen ab. Hier würden weitere Untersuchungen sicherlich nützliche Ergebnisse liefern und den Vorteil der Temporalen-Fuzzy-Logik gegenüber der Temporal-Logik und Fuzzy-Logik aufzeigen, oder es würden sich weitere Einsatzgebiete für die Vorhersage-Algorithmen ergeben.

Des weiteren wird gezeigt, dass ein Temporaler-Fuzzy-Regler ein Überwachungs- und Wartungssystem sein kann. Ein solches Überwachungssystem wird in einer Lampenregelung zur Raumüberwachung genutzt. In der Regelung ist auch ein Wartungssystem inbegriffen. Außerdem wird gezeigt, wie ein Wartungssystem mit Temporaler-Fuzzy-Regelung im Allgemeinen aussehen könnte. Das Überwachungssystem ist als Beispielanwendung und das Wartungssystem in Grundgedanken gegeben. Eine methodische Untersuchung über das Vorgehen zum Einsatz von Temporaler-Fuzzy-Logik bei Überwachungs- und Wartungssystemen würde eine eigene Arbeit darstellen, deshalb wird sie hier nur exemplarisch vorgestellt.

1.6 Übersicht und Vorgehen

Dieses Kapitel beschreibt kurz die Vorgehensweise zur Erreichung der Zielsetzung. Die Ziele sind es, die Reglerbeschreibungssprache *Temporal Fuzzy Control Language* und zwei praktisch einsetzbare Beispiele, ein Wartungs- und Überwachungssystem und Fuzzy-Videoverarbeitung, zu entwickeln.

Im Folgenden wird zunächst das Ziel dieser Arbeit beschrieben. Anschließend erfolgt eine Einführung in die Thematik der verschiedenen Logiken und eine Abgrenzung zu ähnlichen Arbeiten in der Literatur. Das dritte Kapitel führt die Temporale-Fuzzy-Logik ein. Danach folgt ein Kapitel über die Vorhersage von Zeitreihen, welche man benötigt, wenn man mit den Regeln der Temporalen-Fuzzy-Logik nicht nur Aussagen in der Vergangenheit oder Gegenwart formulieren will. Nach den theoretischeren Kapiteln folgt ein praktisches Kapitel über die Verwendung von Temporalen-Fuzzy-Reglern, welche in den beiden darauf folgenden Kapiteln an praxisnahen Beispielen einer Gebäudeautomatisierungsanlage und der Fuzzy-Videoverarbeitung eingesetzt werden.

Zuerst wird ein Fuzzy-Regler mit Prädikaten-Logik erweitert, um das Verhalten in der Vergangenheit und Zukunft zu erfassen, so dass ein Experte in der Lage ist, auch Möglichkeiten außerhalb der Gegenwart in Betracht zu ziehen. Zum Beispiel ist mit dieser Erweiterung die Aussage: „*Wenn die Temperatur morgen hoch sein wird, dann* drossle jetzt die Anlage." genauso möglich wie: „*Wenn* Druck im Rohr gestern hoch *und* Rohr ist jetzt defekt, *dann* Folgeschaden wegen Überdruck im Rohr". Tabelle 4 beziehungsweise Tabelle 5 zeigen Beispiele für Regeln dieser Art von einem Experten eines Wartungs- beziehungsweise Überwachungssystems. Es ist auch möglich, dass eine Regel Ausgaben liefert, welche von anderen Regeln als Eingaben verwendet werden (siehe Tabelle 4 S_2 bei Regel 1 in der Ausgabe und bei Regel 3 in der Eingabe). Da in einem Aktualisierungsschritt alle Regeln gleichzeitig feuern (also die Regelbedingung erfüllt ist, so dass die Regelfolgerung ausgeführt wird), also zuerst alle Eingaben berechnet werden, bevor die Ausgaben berechnet werden, wird der Einfluss der Ausgaben erst beim nächsten Feuern der Regeln sichtbar.

Um die oben genannten Aussagen zu modellieren und auch auswerten zu können, kann nicht nur die Temporal-Logik allein verwendet werden, welche nur Aussagen in der Zukunft fassen kann, denn die Temporal-Logik besitzt kein Prädikat für die Vergangenheit. Schlüsse wie der *Modus Pones* aus der

Prädikaten-Logik sind schon für die Temporal-Logik angepasst, was in Logikbüchern, zum Beispiel [Hajnicz96] oder [Leßke95], nachgelesen werden kann. Aber wie sieht dies mit der hier zu entwickelnden Erweiterung aus? Wenn in einer Regel im Bedingungsteil (der Eingabe) verlangt wird, dass eine Aussage zu einem bestimmten Zeitpunkt wahr ist, wie sieht es dann mit dem zeitlichen Gültigkeitsbereich der Folgerung (der Ausgabe) aus? Ein Repräsentant für ein solches Beispiel ist die Aussage: „*Wenn S_1 morgen normal und S_2 nächste Woche hoch dann Fehler*". Es ist klar, dass ein Fehler eintreten wird, wenn die beiden Bedingungen der Regel wahr werden. Aber welches ist der „logisch" richtige Zeitpunkt? Heute, morgen oder doch erst nächste Woche? Sind diese allgemeinen, grundlegenden Fragen beantwortet, kann ein temporal erweiterter Fuzzy-Regler erforscht werden.

Regel		Eingabe		Ausgabe
1	IF	(S_1 **IS** hoch)	THEN	S_2 := hoch
2		(S_1 **IS** viel zu tief)		Aktion$_1$
3		(S_1 **IS** hoch) **AND** (S_2 **IS** hoch)		Aktion$_2$

Tabelle 4: Beispielregeln aus der Wissensbasis für das Überwachungssystem

Regel		Eingabe		Ausgabe
1	IF	(S_1 **WAS** YESTERDAY normal) **AND** (S_1 **IS** hoch)	THEN	S_2 := normal
2		(S_1 **IS** hoch) **AND** (S_2 **WILL_BE** TOMORROW hoch)		Aktion$_3$
3		(S_2 **WILL_BE** NEXT WEEK tief)		Aktion$_4$

Tabelle 5: Beispielregeln aus der Wissensbasis für das Wartungssystem

Es wird der *Multiple-Input-Multiple-Output (MIMO)*-Ansatz für den Regler gewählt, also mehrere simultane Eingaben können mehrere simultane Ausgaben hervorrufen. Die Regeln werden hierfür in einer *Fuzzy-Control-Language (FCL)* Datei (standardisiertes Datenformat für Fuzzy-Regeln, siehe [IEC97]) abgelegt. Auch ist die Regelauswertung nicht auf Takagi-Sugeno-Ausdrücke beschränkt. Es muss also die FCL-Sprache so angepasst und erweitert werden, dass sie beim Verfassen der Regeln keine Einschränkungen für den Experten bei dem Beschreiben des Systemverhaltens darstellt. Eine Erweiterung des Standards ist unumgänglich, da nur so die mächtigeren Aussagen beschrieben werden können. Es ist jedoch immer noch möglich, Standard FCL-Files mit dem neuen zu entwickelnden Regler zu verwenden. Damit existiert eine Rückwärtskompatibilität, da FCL eine Teilmenge der neuen Sprache ist.

Nun können mehr oder weniger beliebige, bekannte Fuzzy-Regler für das Überwachungssystem eingesetzt werden, wenn sie dahingehend erweitert werden, dass sie den größeren Sprachumfang verstehen. Zum Beispiel zählt [Jaanineh96] verschiedene Fuzzy-Regler mit ihren jeweiligen Einsatzgebieten auf. Diese Regler sind neben dem klassischen Fuzzy-Regler die PID-Fuzzy-Regler, Modellbasierte-Fuzzy-Adaptions-Regler beziehungsweise Stellgrößenkorrektur-Fuzzy-Regler. Ihnen allen ist gemeinsam, dass sie hybride Regler, aufgebaut aus PID- und Fuzzy-Reglern, sind. Soll einer dieser Regler mit zeitlichen Erweiterungen in einer Anwendung verwendet werden, ist hierfür jeweils der Fuzzy-Regler der hybriden Regler um Temporal-Logik zu erweitern und als vorausschauendes Überwachungssystem einzusetzen. Somit kann sich diese Arbeit voll und ganz auf die Erweiterung des klassischen Fuzzy-Reglers beschränken. Bei der Erweiterung werden neue Kalküle ausgearbeitet und in den Regler eingearbeitet.

Abbildung 7 beschreibt den möglichen Aufbau eines temporalen Fuzzy-Reglers, welcher in einer Umgebung eingesetzt wird, für die Expertenwissen zur Regelung und Wartung vorliegt. Er beinhaltet Überwachung und vorausschauende Wartung. Hierbei gliedert sich die Abbildung in drei grobe Teile: Hardware, Mensch und Software.

Der erste Teil ist der allgemeine Prozess, der über Sensoren Messdaten über seine internen Zustände aufnimmt und durch Aktuatoren direkt oder auch indirekt beeinflussbar ist. Es wird nicht genauer auf diesen Prozess eingegangen, da es sich um einen beliebigen Automaten oder eine beliebige Maschine handelt. Der Prozess erhält Eingaben, durch welche seine Aktuatoren Einfluss auf sein Verhalten nehmen können und seine internen Zustände verändern. Auch liefert der Prozess Ausgaben in Form von gemessenen Sensordaten oder sonstigen Informationen über seine Zustände. Mehr Informationen müssen nicht bekannt sein. Ziel der Entwicklung ist es, einen nahezu beliebigen Prozess, dessen Ein- und Ausgabeverhalten durch Expertenwissen gegeben ist, regeln, überwachen und warten zu können. So darf es auch keine oder nur sehr wenige Einschränkungen an den zu wartenden Prozess geben. In [Schulz02] ist diese Annahme als vollständige Steuerbarkeit und vollständige Beobachtbarkeit eines Systems (Prozesses) beschrieben. Ein Prozess heißt vollständig zustandssteuerbar, wenn er für jeden beliebigen Anfangszustand in endlicher Zeit in einen beliebigen Endzustand überführt werden kann, und vollständig beobachtbar, wenn jeder Anfangszustand mit endlich vielen Messungen (auch zukünftige) des Ausgangssignals (Sensoren) exakt bestimmt werden kann.

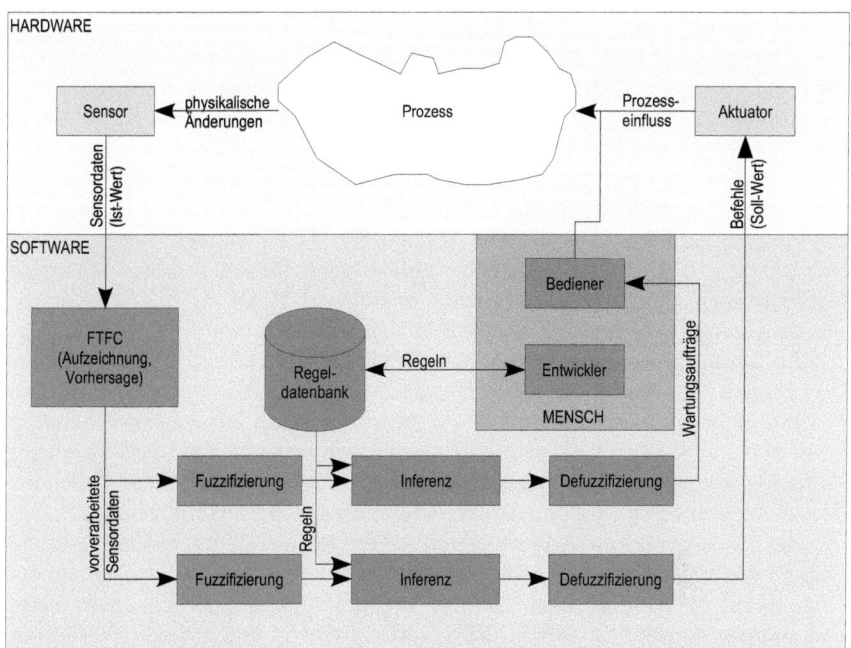

Abbildung 7: Überblick über die Parallelschaltung der drei Teilbereiche Hardware, Mensch und Software des Überwachungssystems und des vorausschauenden Wartungssystems mit Zugriff auf gemeinsame Wissensbasis.

Der zweite Teil sind die Benutzer oder Entwickler des Reglers. Die Benutzer erhalten Wartungsaufträge vom Regler, welche sie dazu anleiten, Arbeiten an der Maschine vorzunehmen, um deren Produktivität zu erhalten oder zu steigern. Diese Wartungsarbeiten können unterschiedlich ausfallen und von Kalibrierungsaufgaben bis hin zum Ersetzen von Maschinenkomponenten reichen. Dabei nimmt der Benutzer nicht unbedingt über die Aktuatoren die Veränderungen am Prozess vor, denn der Benutzer hat eine direkte Einflussmöglichkeit auf die Teilprozesse des Prozesses, wie zum Beispiel durch das Austauschen von Komponenten. Die Entwickler sind die Experten des Prozesses oder erhalten ihr Wissen von Experten des Prozesses. Sie können ihr Wissen über das Verhalten der Maschine oder über Zustände, welche Ausfälle nach sich ziehen in die Datenbank des Reglers einfließen lassen. Dadurch kann dieser genauer und effizienter arbeiten. Werden Teile des Prozesses verändert, so muss der Entwickler dafür sorgen, dass diese neuen Informationen der Datenbank des Reglers mitgeteilt werden.

Der dritte Teil, die Software, ist das Herzstück dieses Diagramms und des Reglers, denn er beinhaltet den Aufbau der eigentlichen Softwarekomponenten und deren Zusammenspiel untereinander. Der *FCFT (ForeCast and Fore-Time)* hat hauptsächlich die Aufgabe, den zukünftigen Verlauf von Sensordaten vorherzusagen (forecast). Es existieren mathematische Methoden, um Funktionen zu extrapolieren. So wie zum Beispiel die *Taylor-Reihenentwicklung*, die *Regressionsgeraden-Berechnung* oder der *Kalman-Filter*. Diese bekannten Methoden müssen auf ihre Praktikabilität überprüft werden. Auch ist es denkbar, mehrere Methoden miteinander zu verbinden, um ein genaueres Ergebnis zu erzielen. Eine weitere Aufgabe des FCFT ist, die Vergangenheit (foretime), also schon aufgezeichnete Sensordaten für die Inferenz-Maschine bereitzustellen, da es Prädikate gibt (zum Beispiel **WAS** mit „S_1 **WAS** *letzte Woche niedrig*"), welche auf schon vergangene Daten zugreifen. Dabei müssen die Werte für Zeiten zwischen zwei Sensordaten eventuell (linear) interpoliert werden. Als Annahme muss man davon ausgehen, dass sich die Werte im Prozess nicht sprunghaft ändern – die Ableitung nach der Zeit also beliebig groß, aber nicht unendlich sein darf. Außerdem muss gelten, dass zu einem Zeitpunkt zwischen zwei Messwerten alle möglichen, dazwischen liegenden Werte angenommen wurden, sich die Werte also stetig ändern. Somit können zwischen den gemessenen Werten weitere Werte (linear) interpoliert werden. Dies ist wichtig, da ein interpolierter Wert einen höheren Aktivierungsgrad bei einer Regel hervorrufen kann, als die wenigen diskreten gemessenen Werte und somit sehr wahrscheinlich Fuzzy-Terme nicht in ihrem möglichen Maximum getroffen werden. Bei diskreten Signalverläufen ist es also immer vorteilhaft, wenn überprüft wird, ob das Maximum eines Fuzzy-Terms zwischen zwei diskreten gemessenen Werten erreicht wurde.

Beide Fuzzy-Regler erhalten die aktuellen Sensordaten beziehungsweise die vorhergesagten oder vergangenen Sensordaten. Der untere Fuzzy-Regler dient zur Überwachung des Prozesses. Er soll so ausgelegt sein, dass von ihm Parameter der Maschine verändert werden, so dass sie auf einer konstanten Effizienzstufe gehalten wird. Der obere Fuzzy-Regler überwacht alle Daten aus der FCFT (Aufzeichnungen und Vorhersagen), um daraus mögliche Ausfälle der Maschine frühzeitig erkennen zu können. So kann rechtzeitig ein Wartungsauftrag für die Benutzer generiert werden, um die Maschine instand zu setzen.

Die Fuzzy-Regler greifen auf eine Datenbank mit Regeln zurück. Diese Regeln sind entweder für die Inferenz-Maschine des Überwachungssystems oder des Wartungssystems bestimmt. Mit einer Regel wird entweder der Prozess gesteuert oder ein Wartungsauftrag generiert. Somit existiert für jede Inferenz-Maschine ein eigener Satz an Regeln. Die Regeln werden von einem Entwickler, der ein Experte der Maschine sein muss, verändert und angepasst. Auch können die Regeln ausgetauscht werden (anderer Prozess oder Maschine), um mit dem Regler an einer anderen Aufgabe arbeiten zu können.

Am Ende der Arbeit wird gezeigt, dass die Temporale-Fuzzy-Logik nicht nur zur Regelung, Überwachung oder Wartung verwendet werden kann. Die Temporale-Fuzzy-Logik kann auch zur Fuzzy-Videoverarbeitung eingesetzt werden. Um dies zu zeigen, wird eine Kamera, die als Eingabegerät (Sensor) dient, verwendet. Jeder Pixel wird von dem Temporalen-Fuzzy-Regler verarbeitet und liefert ein Ausgabebild. Das Ausgabebild ist demnach als Aktuator anzusehen.

Wichtig bei der Herangehensweise ist, dass ein Datenstrom aufgenommen, verarbeitet und auch angezeigt werden kann. Abbildung 8 stellt die für diese Arbeit erstellte Software dar, welche diese Aufgabe leistet. Dabei spielt die Echtzeitfähigkeit eine Rolle. Die Datenverarbeitung muss aber auch effizient sein, damit so viele Bilder wie möglich verarbeitet werden können. Ein angestrebtes Ziel sind 15-25 Bilder pro Sekunde auf einem heutigen Rechner. Diese können aber heute nur erreicht werden, wenn der Fuzzy-Code zur Beschreibung einer Aufgabe nicht interpretiert werden muss, sondern direkt ausführbar ist. Deshalb ist es wichtig, einen Codegenerator zu erstellen, welcher aus einer Fuzzy-Beschreibung ein ausführbares Programm in Maschinensprache generiert, welches um ein vielfaches schneller verarbeitet werden kann. In Zukunft wird zwar die Rechenleistung steigen, aber auch die Auflösung der Bilder wird steigen.

Abbildung 8: Screenshot der Demonstrationssoftware für die Videoverarbeitung. Links Ausgabebild, rechts Eingabebild.

2 Stand der Forschung

Der Stand der Forschung ist in zwei Bereiche gegliedert. Zum Einen in Arbeiten, welche sich mit Wartungs- und Überwachungssystemen beschäftigen und zum Anderen in Arbeiten, welche Zeit in Fuzzy-Logik einbinden oder zumindest zeitliche Aspekte in einem unscharf arbeitenden System verwenden.

2.1 Arbeiten mit Überwachungs- und Wartungssystemen

Um diese Arbeit als Ganzes gegenüber anderen ähnlichen Arbeiten abzugrenzen, sei zunächst auf den Artikel [Giron02] verwiesen. Hier werden ca. 200 Artikel zitiert, welche sich mit den verschiedensten Arten von Fuzzy-Reglern in den unterschiedlichsten Gebieten befassen. [Giron02] teilt die *Stable FCL Alternatives* in 13 Klassen ein, die wie folgt lauten: *PID-like FCL, Mamdani FCL, Takagi-Sugeno, Classic methods, Adaptive, Gain-scheduling, Model-based, Sliding-mode, Feedback alternatives, Predictive systems, Robust FCL* und *Others*. Fuzzy-Regler, welche zur vorausschauenden Wartung eingesetzt werden, können nur unter dem Punkt *Others* eingeordnet werden, da dieses Einsatzgebiet noch nicht ausreichend untersucht wurde, um eine eigenständige Sparte darzustellen. Dies zeigt, wie schwierig es ist, ähnliche Themen zu finden. Beschränkt man sich bei der Suche auf ein verwandtes Themengebiet, die *Predictive Systems*, so ist die Fülle der Veröffentlichungen nicht zu fassen. Vorausschauende Wartungs- und Überwachungssysteme basierend auf Fuzzy-Logik sind leider sehr schwer oder überhaupt nicht zu finden. Aus diesem Grund werden die im Folgenden vorgestellten Systeme alle Wartungs- und Überwachungssysteme sein. Die Bedingung, dass diese vorausschauend sein und auf Fuzzy-Logik basieren müssen, wird demnach nicht zutreffen. Dennoch können diese Systeme durchaus als ähnlich bezeichnet werden, denn beiden (den Wartungs- und Überwachungssystemen und den vorausschauenden Wartungs- und Überwachungssystemen basierend auf Fuzzy-Logik) liegt die gleiche Idee, die Produktivität beziehungsweise Qualität von Prozessen durch Beobachten von Sensoren aufrecht zu halten, zugrunde. Im weiteren Verlauf dieses Kapitels werden unter anderem industrielle Produkte, Artikel und Dissertationen aus diesem Bereich untersucht. Auch existieren ähnliche Arbeiten mit guten Ansätzen ohne Fuzzy-Logik, welche in diesem Kapitel wegen ihrer Ähnlichkeit zur vorausschauenden Wartung Beachtung finden.

In der Forschungsabteilung der Firma Flender Service GmbH werden spezielle Sensoren zur Überwachung entwickelt (siehe [Flender01] und [Flender02]). Diese Sensoren dienen der Überwachung von beispielsweise Fräsmaschinen, welche Lager, Zahnräder und andere Komponenten mit hohem Verschleiß beinhalten. Zur Beobachtung der Komponenten mit hohem Verschleiß werden Schwingungssensoren verwendet, denn die Erfahrung hat gezeigt, dass sich das Schwingungsprofil dieser Komponenten charakteristisch mit dem Erreichen des Endes der Lebensdauer verändert. Das heißt, die Schwingungen werden aufgenommen, zur Steuereinheit übertragen und dort Fouriertransformiert. Aus den Signalverläufen werden aus schon mit diesen Maschinen gesammeltem Wissen Rückschlüsse über die weitere Lebensdauer der Komponenten gezogen, so dass diese ausgetauscht werden können, bevor es zu einem Ausfall kommt. Einsetzbar ist dieses System für alle Maschinen, an denen über Jahre hinweg der Verschleiß der Komponenten gemessen und protokolliert wurde. Die Einschränkung bei diesem Ansatz liegt dabei, Einzelteile einer Maschine zu beobachten, welche sich bewegen beziehungsweise hohen mechanischen Kräften ausgesetzt sind und durch diese Bewegung verschleißen beziehungsweise durch auf sie einwirkende Kräfte ermüden. Dies stellt den Überwachungsanteil des Systems dar. Sobald das Überwachungssystem eine Wartungsfirma über das Internet über einen baldigen Ausfall informiert, werden Wartungsarbeiten vorgenommen.

Diagnosesysteme werden schon seit vielen Jahren untersucht und entwickelt. Zum Beispiel stellt die Moltke-Werkbank, welche unter anderem von [Althoff92] und [Pfeifer93] ausgearbeitet wurde, ein gutes Beispiel für ein Diagnosesystem dar. Tritt bei einem technischen oder biologischen Prozess ein Fehler auf, so stellt sich die Frage, wodurch dieser Fehler ausgelöst wurde. Nicht immer ist die Ursache auch in der Komponente zu finden, welche gerade ausgefallen ist. Um nun den Verursacher zu finden, nutzt das Diagnosesystem Wissen über das Zusammenspiel der Komponenten. Daraus lassen sich Hypothesen über einen möglichen Verursacher aufstellen. Um nun Hypothesen zu bestätigen oder zu verwerfen, müssen Daten von dem technischen oder biologischen Prozess abgefragt werden. Diese Abfragen sind mit Kosten belegt. Man geht also davon aus, dass die Daten nicht vorliegen. Dies wird am Beispiel eines Arztes als Diagnosesystem und eines Patienten als Prozess klar. Fieber und Blutdruck messen sind günstige Daten, aber ein Blutbild zu erstellen ist teuer. Dabei entstehen nicht nur finanzielle Kosten, auch die Zeit ist ein Kostenfaktor, da sie kein unbeschränktes Gut ist. Zuerst werden also die Daten gewählt, welche geringere Kosten bei ihrer Erhebung verursachen. Am Ende der Schlussfolgerung bleibt im günstigen Fall eine bestätigte (oder nicht verworfene) Hypothese übrig. Der Vorteil ist, dass der Prozess aus gegebenem Wissen neues Wissen schließen kann und somit als „intelligent" (lernfähig) bezeichnet werden kann. Aber wie bei allen Diagnosesystemen werden sie nur im Fehlerfall beziehungsweise durch gezielte Anfragen von außen aktiv. Wie zum Beispiel ein Patient, der sich krank fühlt und deshalb zu einem Arzt geht. Es wird nicht versucht, diesen Fehler im Vorfeld zu vermeiden oder gar Wartungsaufträge (Vorsorgeuntersuchungen) zu generieren. So ist ein Diagnosesystem nur bei einem Fehler oder bei einer Anfrage aktiv und kann nicht zur permanenten Überwachung eines Prozesses eingesetzt werden.

Die Arbeit von [Mechler94] stellt ein lernfähiges, rechnergestütztes Entscheidungssystem vor. Dabei handelt es sich um ein intelligentes, lernfähiges System, welches einen Menschen in seinen Entscheidungen unterstützt und durch ein Feedback von einem Lehrer (einem Menschen, nicht einem automatischen Bewertungssystem) über die Qualität seiner eigenen Entscheidungen informiert wird. In diesem Fall überwacht also der Mensch das Entscheidungssystem. Ein Teil seiner Arbeit beschäftigt sich mit *Fuzzy-Neuro-Systemen* und beschreibt die Entwicklung von Systemen basierend auf Fuzzy-Logik als eher zögerlich. Zwei Gründe zu dieser Aussage sind zum einen die fehlende Möglichkeit, Wissen automatisch zu akquirieren und zum anderen das Fehlen von Objektivität in Fuzzy-Systemen. Die fehlende Objektivität liegt darin begründet, dass zwei verschiedene Experten unterschiedliche Wissensbasen über ein und dasselbe System erstellen. Offen bleibt in der Arbeit von Mechler jedoch, ob es zwar verschiedene Wissensbasen gibt, diese aber zum selben Ziel, einem funktionsfähigen Regler, führen. Dabei wird außer Acht gelassen, dass auch das Feedback eines Lehrers subjektiv sein kann, denn die Qualitätsbeurteilung fällt von Mensch zu Mensch unterschiedlich aus, selbst wenn die Beurteilung nur richtig und falsch erlaubt, denn es gibt ja ein fast richtig, welches man als richtig oder falsch sehen kann. Dennoch kann sich das Rechnersystem von Mechler an neue Gegebenheiten anpassen und neues Wissen lernen. Ein Grundsatz beim Lernen ist jedoch: Wer lernt, muss auch Fehler machen können. Bei einem Wartungssystem sind Fehler aber nicht tolerierbar, somit ist dieser Ansatz entweder nicht oder erst nach einer langen Einlernphase zur Wartung geeignet.

In der Arbeit von [Helmke99] stehen das Monitoring und der Aufbau einer minimalen Wissensdatenbank im Vordergrund. Sie reißt im Vorwort den Begriff Fuzzy-Logik an und diskutiert ihren praktikablen Nutzen, um mit ihr die bestehenden Unsicherheiten im Überwachungs- und Diagnosewissen zu berücksichtigen. Denn dieses Wissen stammt von Experten oder ist von Expertenwissen abgeleitet und diesem kann nicht hundertprozentig vertraut werden, vor allem, wenn von mehreren Experten unterschiedliche oder widersprüchliche Aussagen vorliegen. Obwohl Fuzzy-Logik als nützlich und vorteilhaft beschrieben ist, geht die Arbeit von [Helmke99] nicht weiter auf dieses Thema ein, sondern beschränkt sich auf das automatische Erstellen von scharfen Beziehungen zwischen Diagnosen und Ausfallsmerkmalen durch Hierarchien. Diese Hierarchien gliedern alle zu überwachenden Komponenten zu unterschiedlichen Gruppen zusammen, wobei es auch Untergruppen geben kann, so dass eine oder mehrere Komponenten in einer anderen Komponente beinhaltet sein können. Durch eine solche Gliederung ist es laut dieser Arbeit möglich, mit minimalem Aufwand von Rechenzeit und Operationen den Auslöser eines Fehlers zu lokalisieren, da der Suchbaum durch die Hierarchisierung eingeschränkt wird. Versuche wurden an kleineren Mehrkomponentensystemen wie einem Roboterarm, bestehend aus mehreren Schrittmotoren, unternommen. Helmke verfolgt nicht das Ziel, Sensorwerte zu Wartungszwecken vorherzusagen, und ferner löst er sich ganz von der Auswertung von Sensordaten. Somit kann dieser Ansatz eher als ein Diagnosesystem als ein Wartungssystem bezeichnet werden. Da das System kontinuierlich läuft und den Prozess auf Fehler untersucht, kann man das System auch als Überwachungssystem ansehen.

In [Sousa00] wird ein Regler bei der Druckkontrolle eines Gärungstankes eingesetzt. Dabei wird der Fluss der Luft durch den Tank auf einem konstanten Level gehalten. Dagegen entwickelt [Škrjanc00] einen Regler für einen Wärmetauscher. Die zu regelnden Größen sind hier der Fluss des Warmwassers durch den Wärmetauscher und die produzierte Energie, welche das Wasser erwärmt. Dabei soll das Kühlwasser eine festgesetzte Temperatur nicht überschreiten, aber die abgegebene Wärmemenge soll maximal sein. Das Problem ist, dass der Zusammenhang zwischen Temperatur und abgegebener Wärmemenge nichtlinear ist. [Goodrich99] implementiert als Beispiel für eine Regelung, auf Basis eines Modells des Prozesses, das Inverse Pendel, bei dem ein Wagen mit einem Elektromotor eine Stange balanciert. Obwohl diese Veröffentlichungen verschiedene Ziele auf unterschiedlichen Wegen verfolgen, ist ihnen dennoch etwas gemeinsam: Sie versuchen einen nichtlinearen Prozess zu regeln, von welchem ein Modell vorhanden ist, so dass das zukünftige Verhalten sehr genau berechnet oder approximiert werden kann. Wegen der Möglichkeit, das Verhalten vorauszuberechnen, wird dabei von einem vorausschauenden System geredet. Um dieses Wissen in den Regler einzubringen, werden Fuzzy-Regeln verwendet. Es werden Fuzzy-Regeln im *T-S Modell* (*Takagi-Sugeno Modell* [Takagi85]) verwendet, welches für den Bedingungsteil der Regeln nur das Prädikat **IS** mit der Verknüpfung **AND** kennt und die Konsequenzen der Regeln lineare Funktionen der Bedingungen sind. Die Eingaben in den Regler haben also einen direkten Einfluss auf die Ausgaben. Somit kann mit T-S eine Bereichsabfrage eines Sensors realisiert werden, in welchem die Regeln (Formeln) nur in einem gewissen Eingabebereich gelten müssen. Der Eingabebereich wird also partitioniert und jeder Partition wird ein Modell des Prozesses zugewiesen. Durch die Inferenz der Fuzzy-Regeln wird zwischen den einzelnen Modellen interpoliert, denn wenn mehrere Regeln feuern, wird automatisch der gewichtete Mittelwert der Ausgaben gebildet. Der vorausschauende Aspekt liegt beim Fuzzy-Regler, bei welchem ein Steuersignal für den Prozess anhand von einem Modell vorhergesagt wird. Dies ermöglicht einen effizienten PID-Regler, weil Probleme wie Übersteuern und Instabilität durch das bekannte Modell schon frühzeitig abgefangen werden können. Damit wird nach der Aussage von [Camacho95] ein optimaler

Regler basierend auf dem Prinzip der *Model Predictive Control* (*MPC*) realisiert. Experimente aus den drei genannten Veröffentlichungen zeigen, dass sich diese Regler schneller als ein PID-Regler mit guten Parametern einem stabilen Zustand nähern. Dabei ist zu beachten, dass die Aussage, „gute Parameter" recht unklar ist, denn es kann zu jedem Problem immer noch ein Parametersatz existieren, so dass die Optimalitätsaussage von [Camacho95] nicht gilt. Entschärft man die Aussage jedoch zu: „Man extrahiert aus Expertenwissen leichter einen guten Regelsatz für einen Fuzzy-Regler als gute Parametersätze für einen PID-Regler", so kann man sie gelten lassen.

Um bei der im letzten Absatz genannten Art von Reglern, den Fuzzy-Reglern basierend auf Takagi-Sugeno Regeln, zu einem echtzeitfähigen System zu kommen, schlägt [Hanh99] eine Modifikation vor, die es erlaubt, die möglichen Ausgaben (Aktionen für den Prozess) des Fuzzy-Reglers vorherzusagen, bevor die gesamten Informationen (zum Beispiel Sensordaten) des Prozesses vorliegen. Liegen neue Sensordaten vor, so werden schon die Regeln ausgewertet, welche keine weiteren Sensordaten benötigen. Liegen zu einer vorgegebenen Zeit nicht alle Sensordaten vor, so wird nicht auf diese gewartet, sondern vermutet, wie deren Werte sein könnten. Durch die Einhaltung dieser festen Zeiten wird das System echtzeitfähig. Den Fuzzy-Reglern basierend auf [Hanh99] ist gemeinsam, dass mit der Vorhersage entweder noch nicht bekannte Steuersignale (Input) oder Regeln mit dem vermutlich höchsten Aktivierungsgrad (Output) vorhergesagt werden, um die Regelauswertung zu beschleunigen beziehungsweise echtzeitfähig zu machen. Niemand beschäftigt sich jedoch mit der Vorhersage des Systemverhaltens durch Vorhersage von Sensorwerten oder die Beschreibung des Systemverhaltens in den Regeln selbst. Die Regeln werden nur zur Auswahl (Aktivierung) von verschiedenen mathematischen Funktionen des Modells benötigt, welche den aktuellen Systemzustand am passendsten beschreiben. Folglich kann man einen solchen Regler als einen Zustandsautomaten ansehen, bei welchem der Zustand durch einen Fuzzy Wert bestimmt ist.

Die Arbeit von [Sturm00] stellt Methoden zum Einbringen von Expertenwissen in ein Maschinenmodell (Prozessmodell) zur Verfügung. Dieses Ziel wird durch das Aufstellen von nichtlinearen Differentialgleichungssystemen, welche das Maschinenmodell bilden, erreicht. Hierauf wird eine Regelung mit neuronalen Netzen aufgebaut, mit welcher auch zukünftiges Verhalten der Maschine erfasst wird. Der Aufwand zum Lösen von Differentialgleichungssystemen kann mitunter sehr hoch sein. Auch wenn effiziente Verfahren zu ihrer Lösung existieren (siehe [Schwarz97]), so besitzen sie keine Echtzeitfähigkeit, denn Algorithmen zum Lösen von nichtlinearen Differentialgleichungssystemen sind Näherungsverfahren, welche mitunter nie eine Lösung finden und eine Lösung ist unumgänglich für ein Überwachungssystem. Bricht man jedoch die Berechnung nach einer bestimmten Anzahl von Iterationen ab, so kann man dennoch Echtzeitfähigkeit mit einem angenäherten Ergebnis erreichen. Auch nimmt das Aufstellen eines Maschinenmodells sehr viel Offline-Zeit (Entwicklungsarbeit) in Anspruch. Wartungsarbeiten am Überwachungssystem (um sich neuen Gegebenheiten oder neuen zu überwachenden Maschinenteilen anzupassen) sind ineffizient und unflexibel. Um den Berechnungsaufwand zu minimieren, ist es möglich, Expertenwissen als Vorwissen in das System einzubringen. Zu diesem Expertenwissen kommt mit dem Online-Verfahren LEMON (*Local Ellipsoidal Model Network*) im laufenden Betrieb des Systems neues Wissen hinzu. Demnach handelt es sich um ein lernendes System, aus welchem Wissen abstrahiert wird, so dass ein generalisiertes Modell entsteht. Die Ergebnisse, welche aus dem neuen Modell ablesbar sind, werden zum Entwurf oder zur Beantwortung der Frage nach der Stabilität eines Reglers benötigt. Es wird in [Sturm00] aber kein Regler entworfen. Vielmehr behandelt er die Grundlagen zur Entwicklung von vorausschauenden Reglern, aufbauend auf einem nicht notwendigerweise vollständigen Maschinenmodell.

Die Autoren von [Kim99b] sprechen das Thema Wartung an, nutzen jedoch die Fuzzy-Logik nicht zur Überwachung eines Prozesses, sondern nur zur Offline-Maximierung des Wirkungsgrades einer Maschine. So beschreiben sie den Zusammenhang zwischen dem Grad der Umweltverschmutzung und der gelieferten Energie eines mit Brennstoff arbeitenden Elektrizitätswerkes durch Zugehörigkeitsfunktionen von Fuzzy-Variablen. Der Nettogewinn entspricht der Menge des verkauften minus unnötig produzierten Stromes und den Kosten der Umweltverschmutzung. Die Kosten der Umweltverschmutzung lassen sich schlecht in Zahlen fassen, deshalb liegt die Beschreibung durch Fuzzy-Terme sehr nahe. Der Gewinn der Anlage ist dann maximal, wenn die Anlage ihre Reserven optimal ausnutzt und genauso viel Strom produziert wie benötigt wird. Ein weiterer Punkt ist die Planung von Wartungszeiten. Wartungen sollten nur ausgeführt werden, wenn die aktuelle Auslastung das Abschalten eines Generators erlaubt. Die Anlage besitzt zum Beispiel vier Generatoren, so dass die Last beim Abschalten eines Generators bei einer Gesamtlast von weniger als 75% von den anderen drei Generatoren getragen werden kann. Die aufgestellten Zugehörigkeitsfunktionen werden so beschrieben, dass sie minimiert werden müssen, um einen größtmöglichen Nutzen zu erzielen. Nun entsteht eine Fuzzy-Menge, welche aus dem Schnitt der vorherigen Funktionen entsteht. Anhand der aufgestellten Fuzzy-Menge werden die Parameter zur Gewinnmaximierung berechnet. Somit ist diese Arbeit zur Wartungsplanung nicht im oben vorgestellten Sinne ein Wartungssystem zur Überwachung eines Prozesses.

Nachdem nun ein paar Ansätze zur Wartung und Überwachung vorgestellt wurden, ist eine Gemeinsamkeit der Arbeiten klar – es wird meistens eine Vorhersage über das zukünftige Verhalten getroffen. Da die in der hier vorliegenden Arbeit entwickelte Fuzzy-Regelung einen allgemeinen Prozess beobachten soll und der Regler als Eingaben Sensordaten erhält, ist eine Vorhersage des zukünftigen Verhaltens gleichbedeutend mir einer Vorhersage der Sensordaten. Dies ist in Abbildung 9 dargestellt. Im weiteren Verlauf werden ein paar Möglichkeiten zur Vorhersage von Sensordaten vorgestellt. Dies ist natürlich nur dann möglich, wenn die Sensordaten überhaupt vorhergesagt werden können. So muss bekannt sein, wie ein bestimmter Sensor überhaupt funktioniert, in welchem Intervall gemessen werden kann, und so weiter. Es wird angenommen, dass diese Informationen zur Verfügung stehen.

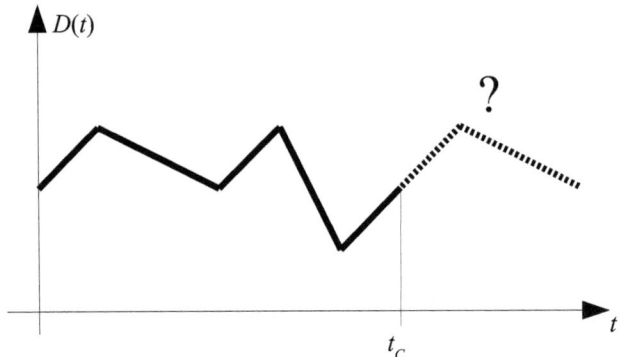

Abbildung 9: Aufgezeichnete Sensordaten D(t) bis zum Zeitpunkt t_C. Die Frage ist, wie der zukünftige Verlauf der Sensordaten aussieht.

In [Palit99] und [Palit00] werden Methoden zur Vorhersage von Zeitfolgen beschrieben. Es werden konventionelle Ansätze wie Linearer-Filter (LF), Gleitender-Mittelwert (GM) und Autoregression (AR) vorgestellt. Im weiteren Verlauf dieser Arbeit werden zwei speziellere Verfahren entwickelt. Diese bauen auf Fuzzy-Logik beziehungsweise Neuronalen Netzen auf. Von weiterem Interesse ist jedoch nur die Vorhersage von Zeitserien mit Fuzzy-Logik. Hierfür werden aufgezeichnete Datenreihen analysiert und aus ihrem Krümmungsverhalten automatisch Fuzzy-Regeln generiert. Der Bedingungsteil der Regeln beinhaltet dabei eine bestimmte Anzahl v von Datenpunkten X_i in der Vergangenheit, und der Konsequenzteil der Regel beinhaltet einen Wert X_i in der Zukunft. Wurden zum Beispiel die Werte $X_i (0 \leq i \leq v)$ aufgezeichnet und $F_j (0 \leq j \leq t)$ sind t mögliche Fuzzy-Terme für die Variable X_i, so sehen die automatisch generierten Regeln folgendermaßen aus:

(2) **IF** $(X_{k-3}$ **IS** $F_{a1})$ **AND** $(X_{k-2}$ **IS** $F_{a2})$ **AND** $(X_{k-1}$ **IS** $F_{a3})$ **THEN** $(X_k$ **IS** $F_{a4})$
$a_m \in \{0, ..., t\}$
$k \in \{3, ..., v\}$

Beim Lernen eines neuen Datenverlaufes wird bei jeder Regel die Permutation der a_m angepasst, so dass eine Regel den Verlauf eines Teilstückes approximiert. Mit den gelernten Regeln wird anschließend der weitere Verlauf der Zeitfolge vorhergesagt. Die Approximation funktioniert bei allen periodischen Signalverläufen, wenn genügend Teilstücke vorhanden sind und mindestens eine Periode zum Lernen vorliegt. Die Signalverläufe dürfen sogar leicht verrauscht sein. Wenn der Rauschabstand kleiner als die halbe Breite eines Fuzzy-Terms ist, feuern die selben Regeln wie bei einem nicht verrauschten Signalverlauf. Zu der Aussage, dass dieser Ansatz auch bei anderen nicht periodischen oder chaotischen Funktionen funktioniert, fehlt leider eine Begründung oder ein Beweis in der Literatur. Der praktische Nutzen, Zeitserien vorhersagen zu können, ist mit der Vorhersage des Energiebedarfs für Kraftwerke, der Anzahl der weißen Blutkörperchen, dem Verlauf von Aktienkursen, der Änderung des Wetters oder dem Verhalten chaotischer chemischer Reaktionen gegeben. Gesucht ist nun ein Verfahren, welches aus dem statischen Modell ein dynamisches macht, so dass nicht in jedem Zeitschritt die Regelbasis neu aufgebaut werden muss, sondern neue Informationen (neue Daten) in die Regeln mit aufgenommen werden und alte Daten nach noch zu suchenden Heuristiken verworfen werden. Diese Erweiterung erlaubt den effizienteren Einsatz in einem vorausschauendem System.

Die Arbeit von [Iokibe95] untersucht ebenso wie [Palit00] Zeitfolgen sowie die Genauigkeit von Vorhersagen auf diesen Zeitfolgen. Um eine bessere Vergleichbarkeit zu erhalten, werden die Zeitfolgen aus dem Bifurkationsdiagramm der Logistic Map (siehe Abbildung 10) gewonnen. Das verwendete Bifurkationsdiagramm wird aus der Folge

(3) $\quad x_{t+1} = a x_t (1 - x_t) \qquad$ *(Formel für Bifurkationsdiagramm)*
mit:
$x \in \{x \in \mathbb{R} | 0 \leq x \leq 1\}$
$x_0 = 0{,}5$
$a \in \{a \in \mathbb{R} | 0 < a \leq 4\}$

berechnet. Der Parameter a bestimmt dabei das Verhalten (periodisch oder chaotisch) der Folge. Im Diagramm sind die Attraktoren (Häufungspunkte) für $a \in [3,4]$ dargestellt. Im Bereich von $a = 3{,}00$ bis $a \approx 3{,}45$ existieren genau zwei Häufungspunkte zu jedem a, von $a \approx 3{,}45$ bis $a \approx 3{,}54$ existieren vier Häufungspunkte zu jedem a. Ab $a \approx 3{,}54$ verdoppelt sich die Anzahl der Häufungspunkte immer schneller, bis ab $a \approx 3{,}58$ zumeist unendlich viele Häufungspunkte existieren.

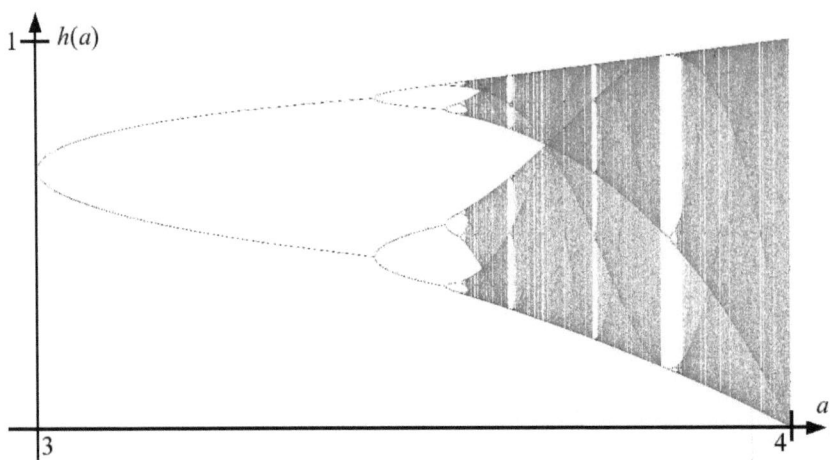

Abbildung 10: Bifurkationsdiagramm der Logistic Map mit den Häufungspunkten h(a) der Folge $x_{t+1} = x_t\, a(1-x_t)$.

In [Iokibe00] werden nun Teilfolgen mit einem beliebigen Wert für a genommen, wobei $a < 3{,}58$ immer periodisch und $a > 3{,}58$ zumeist chaotisch ist. Der Verlauf dieser Folgen wird, ohne die Bildungsformel (3) zu verwenden, vorausgesagt. Hierzu existieren verschiedene Methoden wie zum Beispiel die *Gram Schmidt Orthogonal System Methode* [Jimenez92], die *Tessellation Methode* [Mees91] oder die *Local Fuzzy Reconstruction Methode* [Iokibe95]. Dabei wird die Genauigkeit der Vorhersage ausgehend von der Fraktalen Dimension $D \in \mathbb{R}^+$ (für den Euklidischen Raum gilt $D = 3$) betrachtet. Die Ergebnisse zeigen, dass es möglich ist, auch chaotische Folgen vorherzusagen. Um die Vorhersagegenauigkeit zu quantisieren, wird die quadratische Fehlerabweichung genutzt. Diese ist bei allen Folgen selbst nach fünf vorhergesagten Schritten noch nahe an Null. Je größer die fraktale Dimension (größeres a), desto größer wird die quadratische Fehlerabweichung. Auf diesem Gebiet werden schon seit mehreren Jahrzehnten brauchbare Ergebnisse wie die von [Iokibe00] geliefert, so dass eine weitere Untersuchung zur Vorhersage des Verhaltens von Folgen nicht mehr nötig ist und diese bekannten Ergebnisse weiterverwendet werden können.

Eine weitere Methode zur Vorhersage ist die Extrapolation durch Splines, also mit m aneinandergesetzten Polygonen n-ten Grades, welche an den Stoßpunkten $n - 1$ mal stetig differenzierbar sind. Hierbei legt man durch die aktuellen Daten einen Spline und betrachtet das Verhalten des Splines außerhalb des bekannten Datenbereiches. So können kurzfristige Vorhersagen getroffen werden. Eine ähnliche Methode ist es, eine bekannte Funktion (Sinus, Gerade, Parabel, ...) durch die bekannten Daten zu legen und ebenfalls das Verhalten außerhalb des Datenbereiches als Vorhersage zu betrachten. Diese Methoden werden später in Kapitel 4.4.4 genauer untersucht.

Zusammenfassend zur Abgrenzung lässt sich sagen, dass obwohl ein System zur Überwachung und Wartung entwickelt wird, der Schwerpunkt der vorliegenden Arbeit nicht auf der Wartung selbst liegt. Wartungsaufträge werden von einem Experten als Prosatext verfasst. In dem Fall, dass dieser Wartungsauftrag ausgeführt werden soll, wird der Prosatext unverändert an einen Benutzer, welcher die Maschine warten kann, weitergeleitet. Das Wartungs- und Überwachungssystem soll die Wartungsaufträge zwar in einer sinnvollen Frequenz und Reihenfolge generieren, aber es werden keine neuen, unbekannten Wartungsaufträge generiert. Damit distanziert sich dieser Ansatz von einem Diagnosesystem beziehungsweise einem lernenden System.

Neben dem Wartungssystem ist die Fuzzy-Bildverarbeitung ein weiteres Einsatzgebiet. Wie in [Tizhoosh98] gezeigt wird, ist die Fuzzy-Bildverarbeitung sinnvoll und wird auch in speziellen Anwendungsdomänen eingesetzt. Die zeitliche Erweiterung der Fuzzy-Logik erlaubt es nun nicht nur auf Einzelbildern zu arbeiten, sondern ein Video als das zu behandeln, was es ist – eine Abfolge von Bildern mit zeitlichen Zusammenhängen. Die Temporale-Fuzzy-Logik arbeitet auf Daten mit zeitlicher Abhängigkeit und kann jederzeit auf schon aufgenommene Daten zurückgreifen. Somit können in der temporalen Fuzzy-Logik auch Zusammenhänge von Videobildern zu unterschiedlichen Zeiten formuliert und verarbeitet werden. Da es diese Herangehensweise noch nicht gibt, wird sie mit dieser Arbeit eingeführt.

2.2 Zeit in Verbindung mit Fuzzy-Logik

In den vorhergehenden Abschnitten wird beschrieben, wie die Fuzzy-Logik aufgebaut ist und welche Annahmen und Herangehensweisen getroffen werden.

Das Thema dieser Dissertation ist die Erweiterung der klassischen Fuzzy-Logik zur Temporalen-Fuzzy-Logik. Diese wird in Kapitel 3 beschrieben. Zuvor jedoch werden noch sieben verschiedene Ansätze vorgestellt, die sich mit Zeit in der unscharfen Logik befassen. Diese Ansätze sind dabei nicht als vollständige Aufzählung zu verstehen, vielmehr stehen sie als Repräsentanten für eine ganz bestimmte Herangehensweise. Jede Herangehensweise gibt eine Möglichkeit an, wie Zeit in die Fuzzy-Logik integriert werden könnte. Allen Ansätzen gemein ist, dass sie in Tabelle 6 im Bereich rechts unten liegen.

Bei jeder Herangehensweise ist mit angegeben, wie die Zeit in die Fuzzy-Logik integriert wurde, indem der verwendete Bereich einer Regel markiert ist. Ist zum Beispiel die ganze Regel markiert, so bedeutet dies, dass die Zeit durch Regeln integriert wird. Ist nur die Variable markiert, so wird die Zeit durch spezielle Variablen integriert. Im folgenden werden für sieben von fünfzehn möglichen Fällen Beispiele von anderen Ansätzen angegeben. Für die restlichen acht Fälle wurden keine Ansätze gefunden.

	scharf	unscharf
atemporal	Prädikaten-Logik (PL) $P: \mathbb{R} \to [0,1]$ z.B. $P(x)$ prüft, ob x wahr oder falsch ist.	Fuzzy-Logik (FL) mit $ft \subseteq \mathbb{R}^2$ $IS: \mathbb{R} \times ft \to [0,1]$ z.B. x **IS** ft prüft mit $\mu_{ft}(x)$ wie genau x im Fuzzy-Term ft liegt.
temporal	Temporal-Logik (TL) Einfach: $P: \mathbb{R}^n \to [0,1]$ Komplex: $Q: \mathbb{R}^{2n} \to [0,1]$ $P \in \{\Box, \boxminus, \Diamond, \diamondsuit, O, \Theta\}$ $Q \in \{u, s\}$ Beispiele für Prädikate: $\Box x \coloneqq \forall t > t_C : P(x_t)$ $\boxminus x \coloneqq \forall t < t_C : P(x_t)$ $\Diamond x \coloneqq \exists t > t_C : P(x_t)$ $\diamondsuit x \coloneqq \exists t < t_C : P(x_t)$ $O x \coloneqq P(x_{t+1})$ $\Theta x \coloneqq P(x_{t-1})$ $x \, u \, y \coloneqq \exists t : \forall u < t, v > t : \neg P(y_u)$ $\quad \wedge P(y_t) \wedge \neg P(x_u) \wedge P(x_v)$ $x \, s \, y \coloneqq \exists t : \forall u < t, v > t : P(y_u) \wedge$ $\quad \neg P(y_t) \wedge \neg P(x_u) \wedge P(x_v)$	**?**

Tabelle 6: Aufteilung von Logiken in vier unterschiedliche Klassen: in scharfe bzw. unscharfe und temporale bzw. atemporale. Für drei Klassen gibt es bekannte Beispiele. Für die unscharfe, temporale Klasse stellt sich jedoch die Frage, welche Logiken in diese fallen.

2.2.1 Zeit in Variable und Folgerung

Im Folgenden ist die Zeit durch Variablen gesteuert, die nur zu bestimmten Zeiten aktiviert sind und so Folgerungen aktivieren, welche ebenfalls zeitliches Verhalten steuern.

IF	Variable	IS	Fuzzy Term	THEN	Folgerung

Mit einem Problem einer Vorhersage von freien Stellplätzen auf einem Parkplatz beschäftigt sich die Arbeit von [Hellendoorn99]. Er gibt ein System an, welches mittels Fuzzy-Logik eine Vorhersage über den Zustand bezüglich der Belegung der Parkbuchten eines Parkplatzes, zum Beispiel einer Tiefgarage oder eines Parkhauses, in der nächsten Stunde treffen kann. Bisher existieren Schilder, die Angaben wie zum Beispiel „Parkhaus Innenstadt: 44" zeigen und damit die Anzahl der in diesem Moment freien Parkplätze angeben. Das Problem dabei ist oft, dass der Fahrer noch eine längere Strecke bis zum Parkplatz zurücklegen muss, dieser dann aber bereits voll sein kann. Darum wird ein Konzept vorgestellt, das zur Vorhersage der Parksituation zum Zeitpunkt der Ankunft dient. Implementiert und getestet ist das System für eine Vorhersage von einer Stunde.

Für die zu untersuchenden Parkplätze werden folgende Eigenschaften angenommen: Der Parkplatz befindet sich in der Stadt, in der Nähe eines Einkaufszentrums und wird somit zum größten Teil von den Kunden benutzt. Dabei belegen die meisten Kunden eine Parkbucht tagsüber immer nur für wenige Stunden. Es gibt also nur wenige Dauerparker. Außerdem kann der Parkplatz, wenn er leer ist, nicht innerhalb einer Stunde vollständig belegt werden, da die Autos nicht schnell genug auf den Parkplatz fahren können.

Um eine der oben genannten Vorhersagen treffen zu können, ist es des Weiteren nötig, diese Parameter zu erfassen. Gemessen werden also die Anzahl der auf den Parkplatz ein und aus fahrenden Autos. Dies ist zwar keine Fuzzy-Variable, aber für eine solche Vorhersage einer der wichtigsten Faktoren. Weiter wird die im System herrschende Verkehrsdichte mittels vier Sensoren, die sich an verschiedenen Stellen der Stadt befinden, bestimmt. Dies erlaubt eine Einschätzung der aktuellen Verkehrslage. Die aktuelle Zeit wird in verschiedene Typen wie zum Beispiel Morgen, Nachmittag, Wochentag, Feiertag und Jahreszeit unterteilt.

Das eigentliche Fuzzy-System besteht nun aus verschiedenen Regelblöcken, wie beispielsweise dem Zeitregelblock (siehe Zeile 1 bis 6), welcher wiederum aus einigen Fuzzy-Regeln besteht. Am Ende dieses Regelblockes wird die Fuzzy-Variable *Temporal need* gesetzt. Andere Regelblöcke wie der Wetterregelblock haben am Ende auch eine solche Fuzzy-Variable. Diese Ergebnisvariablen werden dann schließlich in den Hauptregelblöcken wieder benutzt, um die Vorhersage zu treffen, ob der Parkplatz voll sein wird oder nicht (siehe Zeile 8 bis 13). In diesen Regelblöcken werden die Parameter, die zu berücksichtigen sind (beim Faktor Zeit sind es: Feiertage, Tageszeit, Wochentag) benutzt, um den Wert einer Ergebnisvariable (hier *Temporal need*) zu errechnen.

Wie hier zu sehen ist, muss die Variable des Zeitregelblockes (*Temporal need*) auf *high* oder *very high* gesetzt und die Kapazität kritisch sein, um wie in diesem Fall die Vorhersage zu bekommen, dass der Parkplatz voll sein wird.

```
1    RULE SUB_RULE_II_Day_of_week_5
2    IF (Holiday IS false)
3      AND (Time_of_day IS evening)
4      AND (Day_of_Week IS NOT Thursday)
5    THEN (Temporal_need IS low)
6    END
7
8    RULE Rule_II__8
9    IF (Capacity IS critical)
10     AND (Temporal_need IS high)
11     OR (Temporal_need IS very_high)
12   THEN (Forecast IS parking_garage_full)
13   END
```

2.2.2 Zeit in der ganzen Regel

Wird Zeit in einer scharfen Logik verwendet, aber dennoch eine unscharfe Regelauswertung vorgenommen, so kann man solche Ansätze als Fuzzy ähnlich ansehen und sagen, dass die Zeit in der kompletten Regel steckt.

IF	Variable	IS	Fuzzy Term	THEN	Folgerung

In [Lamine01] wird die Lineare-Temporale-Logik (LTL) genutzt, um zeitliche Abhängigkeiten in Programme einzubringen. Die Syntax der LTL ist ähnlich zu der Programmiersprache C. Die LTL ist unscharf in der Auswertung von Bedingungen, denn es wird mit Wahrscheinlichkeiten beziehungsweise Wahrscheinlichkeitsverteilungen für ihr Eintreten gerechnet. Aber es werden keine natürlichsprachlichen Konstrukte verwendet, auch keine Fuzzy-Inferenz. Somit steht die LTL zwischen der Temporal-Logik und der Fuzzy-Logik. Die Zeit in einer Bedingung ist durch das Prädikat **always** mit dem Zeitintervall [0, ?] gegeben. Das angegebene Zeitintervall steht für „von Jetzt (0) bis in alle Ewigkeit (?)". Das vorgestellte Anwendungsgebiet ist ein Roboter, welcher auf einem Straßennetz fährt, wobei die Wahrscheinlichkeitsverteilungen für den weiteren Straßenverlauf bekannt sind. Die einzelnen Regeln werden dazu genutzt, um in einer Regelschleife die Programmteile zu aktivieren, welche bei den aktuell vorliegenden und vermuteten zukünftigen Bedingungen mit hoher Wahrscheinlichkeit das gewünschte Ergebnis liefern. Es sind UND- beziehungsweise ODER-Verknüpfungen von Zeitintervallen möglich, aber es wird hierzu keine Fuzzy-Logik beziehungsweise keine Inferenz darauf verwendet, da die Zeitintervalle nur darüber entscheiden, ob eine Regel überhaupt in Betracht gezogen wird.

2.2.3 Zeit im Regel-Term

Zeit kann explizit in Variablen und Fuzzy-Termen oder wahlweise in Folgerungen verwendet werden um Terme zu bestimmten Zeiten zu aktivieren oder um Regeln nur zu bestimmten Zeiten mit einem angegebenen Grad zu feuern.

| IF | Variable | IS | Fuzzy Term | THEN | Folgerung |

Als drittes Beispiel für die Modellierung von Zeit in Fuzzy-Logik folgen die zeiterweiterten Fuzzy-Regeln von [Fick00] beziehungsweise [Filev00], welche bei der Modellierung des Verhaltens dynamischer Systeme Anwendung finden, wenn zustandsabhängige Beeinflussungen mit einer gewissen zeitlichen Verzögerung auftreten. Der klassische Ansatz zur Modellierung solcher Systeme ist die Benutzung von Differentialgleichungsmodellen.

Für die Modellierung von dynamischen Systemen auf Fuzzy-Regelbasis ist die Angabe ungefährer zeitlicher Verzögerungen notwendig. Dies wird durch die Verwendung unscharfer Mengen für relative Zeitangaben realisiert. Da zu diesem Zwecke Linguistische Variablen genutzt werden, wird auch eine bessere Verständlichkeit des Modells erreicht. Ebenso wird die Einbringung unscharfen (Experten-) Wissens möglich. Im Folgenden werden diese Bezeichnungen benutzt:

T bezeichne eine Fuzzymenge für eine (relative) Zeitangabe mit analog definierter Zugehörigkeitsfunktion, wobei der Zeitpunkt des Zutreffens des betrachteten Fuzzy-Terms mit t_r bezeichnet ist. Der Zeitpunkt des Zutreffens von Konklusion ist mit t_s angegeben und $\Delta t = t_s - t_r$ gibt die Zeitdifferenz zwischen Konklusion und Bedingung an. In Worte gefasst kann man sich die Interpretation dieser Regeln wie folgt vorstellen: Wenn die Verzögerung ungefähr diesen Wert hat, trifft die Prämisse und somit auch die Konklusion zu.

Innerhalb von Fuzzyregeln mit expliziter Zeitdarstellung gibt es zwei Möglichkeiten, an denen die Zeitangabe stehen kann. Dies ist zum einen in der Konklusion und zum anderen in der Prämisse. Somit ergeben sich Regeln der Formen:

IF x **IS** ft_A **THEN** y **IS** ft_B **AND** Δt **IS** T

IF x **IS** ft_A **AND** Δt **IS** T **THEN** y **IS** ft_B

Da allerdings nur bei Regeln mit einem Fuzzy-Term erkennbar ist, auf welchen Zeitpunkt sich die Zeitverzögerung bezieht, wird es bei Regeln mit mehreren Fuzzy-Termen nötig, die jeweilige Zeitverzögerung anzugeben (falls nicht alle zum selben relativen Zeitpunkt ausgewertet werden sollen) wie beispielsweise hier:

IF x_1 **IS** ft_{A1} **AND** Δt_1 **IS** T_1 **AND** x_2 **IS** ft_{A2} **AND** Δt_2 **IS** T_2 **THEN** y **IS** B

Anzumerken bleibt nun noch, dass die beiden Regelarten nur bei geeigneter Wahl der Fuzzy-Operatoren und des Inferenzschemas logisch äquivalent sind, auch wenn dies auf den ersten Blick immer zu gelten scheint (Beweis siehe [Fick00]).

2.2.4 Zeit in der Variable

Werden Daten extrapoliert und diese dann in einem Fuzzy-Regler oder Fuzzy ähnlichem System verwendet, so liegt der zeitliche Einfluss in den Variablen der Fuzzy-Regel.

| **IF** | Variable | **IS** | Fuzzy Term | **THEN** | Folgerung |

Das Verhalten einer Gurtförderanlage wird in [Jeinsch01] modelliert. Dabei beschränkt er sich auf die Dynamik der Stahlseile der Förderanlage, welche Gurte zum Befördern von Steingut antreiben. Die Stahlseile selbst werden als *Kelvin Voigt Elemente (= Feder-Masse-Dämpfer-System (FMDS))* mit wenigen diskreten Massen modelliert. Die Parameter für das FMDS werden entweder aus Materialkonstanten berechnet oder durch gezielte Experimente mit den Materialien ermittelt. Die gesamte Dynamik des Systems wird simuliert, so dass bei gegebenen Eingabewerten zu jedem Zeitpunkt bekannt ist, wie sich das ideale, nicht fehleranfällige Modell verhält. Die Eingabewerte werden durch Sensordaten einem realen System entnommen und in den Simulator eingespeist. Der Simulator berechnet den Zustand des Systems zu einem zukünftigen Zeitpunkt. Der vorhergesagte Zustand wird mit dem gemessenen Zustand des realen Systems zu dem vorhergesagten Zeitpunkt unscharf verglichen. Aus den Abweichungen zwischen den Werten aus dem realem System und der Simulation können Betriebsstörungen frühzeitig erkannt und vorhergesagt werden. Zur Vorhersage werden Residuen (Regressionsanalyse) betrachtet, wodurch dieser Ansatz einen vorausschauenden Aspekt erhält. Die Beschränkung nur auf Residuen macht ihn unflexibel. Außerdem basiert er nicht auf Regeln, welche leicht von einem Experten gewonnen werden können, sondern auf Differentialgleichungen und ist somit schwierig auf ein anderes Problemgebiet zu übertragen. So bedeutet ein neues Einsatzgebiet auch gleichzeitig, dass ein Großteil der gesamten Entwicklungsarbeit wiederholt werden muss. Selbst um diesen Ansatz auf eine anders aufgebaute Gurtförderanlage zu übertragen, müssen von dieser neuen Anlage die gesamte Dynamik in Form von Differentialgleichungen bekannt sein und unter Umständen auch alle Materialparameter neu bestimmt werden. Dieser Ansatz ist als eine Speziallösung für Gurtförderanlagen anzusehen.

Als weiteres Beispiel für Zeit in Variablen werden noch Zeiträume in Fuzzy-Regeln von [Lambert94] vorgestellt. Er beschäftigt sich mit einem alternativen Lösungsvorschlag für Kurzzeitvorhersagen von Datenbusauslastungen. Diese Lösung vereint die traditionellen mathematischen Techniken mit denen der Fuzzy-Logik. Für die Auslastungsvorhersage gemäß der Zeit existieren drei Spezifikationen. Erstens, die kurzen Zeiträume (short-term), welche die nächste halbe Stunde bis zu den kommenden 24 Stunden abdecken. Dann die mittleren Zeiträume (medium-term) für den nächsten Tag bis zum nächsten Jahr und drittens lange Zeiträume (long-term) für Intervalle über das nächste Jahr hinaus.

Ein Zeitraum, in dem etwas geschehen ist, wird in den Bedingungen einer Fuzzy-Regel angegeben. Dazu ein Beispiel:

IF the 24 hour temperature variation IS *big* THEN add 10% to forecasted load

Beim Zeitintervall handelt es sich um eine scharfe Zeitangabe, über die eine Bedingung, hier die Temperaturänderung, den Fuzzy Wert groß annimmt. Daraufhin wird entsprechend reagiert (also die Konklusion ausgeführt). Es werden also die aufgezeichneten Daten über dem angegebenen Intervall betrachtet und dafür ein Skalar (hier die Variation der Temperatur) berechnet. Dieser Skalar wird wie eine Eingabevariable auf der klassischen Fuzzy-Logik behandelt.

2.2.5 Zeit im Prädikat

Das Prädikat **IS** vergleicht den Wert einer Variablen mit einem Fuzzy-Term. Werden neue Prädikate eingeführt, welche zeitliche Einflüsse beachten, wird die Zeit in Prädikaten von Termen in den Regeln modelliert.

IF	Variable	IS	Fuzzy Term	THEN	Folgerung

In [Cardenas02] wird die *Fuzzy Temporal Constraint Logic (FTCL)*, eine Erweiterung von Prolog mit Horn-Klauseln um Fuzzy-Logik und temporale Prädikate, präsentiert. Die temporalen Prädikate **before**, **after** und **at_the_same_time** ermöglichen es, zeitliche Abhängigkeiten von Ereignissen untereinander auszudrücken. Die Zeit ist dabei als unscharf anzusehen. Außerdem sollen alle Ereignisse, die zu einer gegebenen Zeit eintreten, nur mit Ereignissen im gleichen Zeitintervall verglichen werden, da Relationen zu unterschiedlichen Zeiten mit FTCL nicht möglich sind. Der in [Cardenas02] vorgestellte Ansatz eignet sich nicht für ein Wartungssystem, welches immer Kausalitäten beobachtet. Denn kausale Ereignisse können nicht modelliert werden, da nur Ereignisse aus gleichen Zeitintervallen verglichen werden können. Am folgenden Ereignis wird dies ersichtlich: „Gestern war es heiß und heute leckt das Rohr, dann existiert heute ein Folgeschaden durch die Hitzeeinwirkung". Es kann nur geprüft werden, ob „gestern" vor „heute" liegt.

2.2.6 Zeit im Fuzzy-Term

Werden Fuzzy-Terme um eine Zeitachse erweitert, so wird die Zeit in den Fuzzy-Termen der Regeln modelliert.

| IF | Variable | IS | Fuzzy Term | THEN | Folgerung |

Eine echt unscharfe Angabe von Zeit in Fuzzy-Logik stellt [Bovenkamp97] vor. Die Zeit wird durch sogenannte Fuzzy-Zeit-Objekte angegeben. Ein bedeutender Punkt bei diesem Ansatz ist der Umgang mit zeitlicher Unsicherheit, die mit anderen unsicheren Faktoren kombiniert wird. Die unsichere Zeit und der unsichere Fakt dürfen sich nicht gegenseitig beeinflussen. Dadurch können die Zeit und der Fakt auch getrennt behandelt werden.

Ein Fuzzy-Zeit-Objekt ist eine dreidimensionale Repräsentation der Unschärfe von Zeit und Fakt. Die dreidimensionalen Fuzzy-Zeit-Objekte werden im Raum durch die Achsen Zeit und Fakt aufgespannt. Dabei existieren trennbare Fuzzy-Zeit-Objekte, in welchen Zeit und Fakten unabhängig voneinander in jenem Objekt dargestellt werden können. Existiert eine indirekte Beziehung zwischen Zeit und Fakt des selben Objekts, so nennt man es semi-trennbar. Dies bedeutet, dass die korrekte zweidimensionale Repräsentation des Fuzzy-Zeit-Objekts abgeleitet werden kann, nicht aber umgekehrt.

Ein Fuzzy-Zeit-Objekt $FZO(x,t) := F(x) \times Z(t)$ mit x gleich t-Norm ist *separierbar*, wenn sowohl für die Zugehörigkeitsfunktion des Fakts $F(x)$, als auch für die Zugehörigkeitsfunktion der Zeit $Z(t)$ ein x_{max} und t_{max} existieren, so dass gilt $F(x_{max}) = 1$ und $F(t_{max}) = 1$. Denn es gilt für diese Werte: $F(x) = FZO(x,t_{max})$ und $Z(t) = FZO(x_{max},t)$.

Ein solches Fuzzy-Zeit-Objekt soll dabei den gleichen Bedingungen genügen wie eines der formalen temporalen Logik (also Verknüpfungen wie zum Beispiel *tritt auf* enthalten), wobei diese Verknüpfungen normalerweise nur die Wahrheitswerte wahr/falsch annehmen können, hier aber, wie in der Fuzzy-Logik üblich, Werte in dem Intervall [0, 1].

Fuzzy-Zeit-Objekte können wie normale Fuzzy-Variablen gehandhabt werden. Darum lässt sich auch unter der Annahme von Trennbarkeit die Zugehörigkeitsfunktion μ_{tobj_f} des Fuzzy-Zeit-Objektes $tobj_f$ aus der Fuzzy Bewertung der Fakten f_x und dem zugehörigen zeitlichen Auftreten f_t konstruieren. Daraus resultiert dann die folgende Gleichung:

$$\mu_{tobj_f}(x, t) = TOV(\mu_{fx}(x), \mu_{ft}(t))$$

Darin steht *TOV* für Zeitobjektbewertung (time object valuation) welches definiert ist als:

$$TOV(\mu_{fx}(x), \mu_{ft}(t)) = \mu_{fx}(x) \times \mu_{ft}(t)$$

Die Definition der *TOV* spiegelt die gegenseitige Unabhängigkeit und somit die Trennbarkeit der Fuzzy-Zeit-Objekte wider. Wegen der angenommenen Trennbarkeit des Fuzzy-Zeit-Objektes können somit die Wertemengen von f_x und f_t aus einem Fuzzy-Zeit-Objekt rekonstruiert werden. Da solche Fuzzy-Zeit-Objekte wie normale Fuzzy-Variablen gebraucht werden, sind auch **IF** ... **THEN** Regeln wie

IF $t_{obj_f}(x, t_1)$ **THEN** $t_{obj_g}(y, t_2)$

formulierbar. Es ist also möglich, von einem Fuzzy-Zeit-Objekt auf ein anderes zu schließen. Die Beziehung zwischen zwei Fuzzy-Zeit-Objekten ist eine fünfdimensionale Beziehung zwischen den beiden dreidimensionalen Fuzzy-Zeit-Objekten. Wegen der hohen Dimensionalität bei der Konstruktion einer Verknüpfung ist es nicht möglich, mehrere AND- beziehungsweise OR- verknüpfte Fuzzy-Zeit-Objekte in einer Regel zu verwenden. Ob dies wirklich so ist oder ob es nicht doch eine Möglichkeit der Erweiterung gibt, wird von [Bovenkamp97] leider auch weiter untersucht.

Offene Fragen bei diesem Ansatz sind: Wie sieht es mit der Fuzzifizierung von Daten aus, wie mit der Komposition? Wie sieht die Fuzzy-Regelung mit Fuzzy-Zeit-Objekten aus, die auf Daten angewandt werden, also aktiviert werden? Diese erreichen nämlich unter Umständen keine hundertprozentige Aktivierung und sind auch nicht mehr separierbar. Aus diesen Gründen kann der Ansatz nicht in dieser Arbeit hier eingesetzt werden.

2.2.7 Zeit in der Folgerung

Nun ein Beispiel, bei welchem die Zeit in den Folgerungen der Regeln verwendet wird.

IF	Variable	**IS**	Fuzzy Term	**THEN**	Folgerung

In [Batyrshin01] ist die Zeit implizit in Form von Geschwindigkeiten angegeben. So zum Beispiel in der Regel „**IF** *temperature* **IS** *high* **THEN** *density* **IS** *quickly decreasing*". Die Linguistischen Variablen beziehungsweise Modifikatoren der Variablen wie *quickly* oder *slowly* geben Geschwindigkeiten an. Da aber eine Geschwindigkeit nichts anderes als die Änderung nach der Zeit ist, geben diese Modifikatoren den zeitlichen Horizont von Änderungen an. Soll sich eine Änderung schnell einstellen, so beschreibt dies einen kurzen Zeitraum, während eine langsame Änderung eher einen größeren Zeitraum angibt. Diese Beschreibung wird von den Autoren zur Modellierung von granularen Abhängigkeiten bei der Analyse von Proteinen verwendet. Es werden damit die Eigenschaften von Mamdani- und Takagi-Sugeno-Regeln kombiniert, da sich diese Kombination zur Beschreibung von granularen Abhängigkeiten eignet.

2.3 Schlussfolgerungen

Fuzzy-Logik ohne Zeit unter Verwendung von Mamdani- (AND oder OR verknüpfte Bedingungen und Fuzzy Folgerungen) oder Takagi-Sugeno- (AND verknüpfte Bedingungen und Funktionen aus Differentialgleichungen als Folgerungen) Regeln ist schon oft untersucht und ausgereift, aber eine explizite Darstellung von Zeit in Fuzzy-Logik ist, wie gezeigt, ein kaum betrachtetes Gebiet in der Forschung. Es gibt Ansätze, um Zeit in Fuzzy-Logik zu integrieren. Aber Zeit wird nur als Anhängsel oder in impliziter Darstellung verwendet. Auch sind diese Ansätze nicht aus der Fuzzy-Logik oder Logik heraus motiviert, sondern immer aus einer Anwendung heraus und nur auf Spezialfälle zugeschnitten.

Deshalb wird hier ein anderer Ansatz gewählt und die Temporale-Fuzzy-Logik aus der Logik heraus motiviert. Siehe dazu das anschließende Kapitel.

3 Temporale-Fuzzy-Logik

Die Temporale-Fuzzy-Logik ist die konsequente Vereinigung der Temporal-Logik mit der Fuzzy-Logik, so dass die Vorteile beider Logiken vereint genutzt werden können. Dazu wurde die unscharfe Welt der Fuzzy-Logik mit den zeitlichen Prädikaten der Temporal-Logik vereint.

Zuerst werden in Kapitel 3.1 Abkürzungen und Definitionen angegeben, welche im weiteren Verlauf dieses Kapitels benötigt werden. Kapitel 3.2 zeigt die Vorteile zeitlicher Prädikate auf und Kapitel 3.3 vergleicht die Herangehensweise dieser Arbeit mit anderen Logiken unter dem Gesichtspunkt der Zeit. Anschließend werden Fuzzy-Zeit-Terme (nicht zu verwechseln mit Fuzzy-Zeit-Objekten von [Bovenkamp97], siehe Kapitel 2.2.6) eingeführt und in Kapitel 3.5 gezeigt, wie eine Regelung mit diesen realisiert wird. In Kapitel 3.6 werden dann passend zu den Fuzzy-Zeit-Termen die temporalen Fuzzy-Prädikate eingeführt, welche dann in Kapitel 3.7 auf mehrstellige Prädikate erweitert werden. Das Schließen mit der neuen Temporalen-Fuzzy-Logik wird in den Kapiteln 3.8 bis 3.10 für Fuzzyfizierung, Inferenz und Defuzzifizierung an Beispielen gezeigt. Die Schlussfolgerungen für die Temporale-Fuzzy-Logik folgen in Kapitel 3.11.

3.1 Abkürzungen und Definitionen

Die hier dargestellten Abkürzungen und Definitionen werden im Verlauf dieses Kapitels benötigt.

t_P Zeitpunkt in der Vergangenheit, bis zu welchem aufgezeichnete Daten eines Prozesses vorhanden sind. Daten von früheren Zeitpunkten sind nicht bekannt.

t_F Zeitpunkt in der Zukunft, bis zu welchem Daten eines Prozesses verfügbar sind, oder bis zu welchem Zeitpunkt eine Vorhersage noch Sinn ergibt. Diese Definition ist nötig, da Vorhersagen immer ungenauer werden, je weiter in die Zukunft geschaut wird.

t_C Aktueller Zeitpunkt eines Prozesses $t_C \in\ ]t_P, t_F[$. Es existiert immer ein Teilintervall mit Sensordaten des Prozesses für die Vergangenheit $[t_A, t_C[$ und für die Zukunft $]t_C, t_O]$.

$S^i(t)$ Eingabewert des i-ten Elementes eines Eingabevektors zum Zeitpunkt t. Liegt der Zeitpunkt $t > t_C$ in der Zukunft, so wird eine Vorhersage zurückgeliefert. Liegt er jedoch in der Vergangenheit $t < t_C$ oder Gegenwart $t = t_C$, so wird ein aufgezeichneter Wert zurückgeliefert.

A^i Ausgabewert i des Reglers, welcher durch diesen Einfluss auf den Prozess nimmt.

ft Fuzzy-Term

$$(4) \quad ft = \{(x_i, y_i) | x_i < x_j, 0 \leq y_i \leq 1, i < j, 0 \leq i, j < n\}$$

welcher durch die Punkte (x_i, y_i) eines Polygonzugs der Länge n dargestellt wird. In den meisten Fällen gilt $n = 3$ und $y_0 = y_{n-1} = 0$ und so wird, mit dem Fuzzy-Term, ein gleichschenkeliges Dreieck dargestellt. Da ein Fuzzy-Term beliebig viele Stützstellen n besitzen kann, können beliebige stetige Funktionen durch lineare Interpolation approximiert werden.

fact Fuzzy-Term, der für einen Wert x den Zugehörigkeitsgrad angibt.

time Fuzzy-Term, der für eine Zeit t den Zugehörigkeitsgrad angibt.

$\mu_{ft}(x)$ ist eine Zugehörigkeitsfunktion für den Fuzzy-Term *ft*, für die folgende vier Bedingungen nach [Bothe95] gelten:

- (5) $\forall x \in \mathbb{R} : \mu_{ft}(x) \geq 0$; Die Zugehörigkeitsfunktion bildet nicht auf negative Werte ab.

- $\mu_{ft}(x)$ umso größer, je besser x ein Bewertungskriterium eines Experten erfüllt

- Einheitsintervall-Normalisierung, so dass gilt $\mu(x): x \rightarrow [0,1]$

- Normalisierung auf genau ein Bezugselement x_0 mit $\mu_{ft}(x_0) = 1$

Während die ersten beiden Bedingungen harte Bedingungen sind, welche in jedem Fall erfüllt sein müssen, sind die dritte und vierte Bedingung weiche Bedingungen, welche nicht unbedingt erfüllt sein müssen. Sind sie nicht erfüllt, so spricht man von einem unpräzisen, ungenauen oder auch unsicheren Fuzzy-Term, ansonsten von einem präzisen, genauen oder sicheren Fuzzy-Term. Wenn nicht anders genannt, ist mit einem Fuzzy-Term immer ein präziser Fuzzy-Term gemeint. Die Einheitsintervall-Normalisierung impliziert nicht notwendigerweise die Normalisierung auf ein Bezugselement, denn die Zugehörigkeitsfunktionen müssen keine surjektiven Abbildungen sein.

Es ist zu beachten, dass es den Anschein hat, als wären normalisierte Fuzzy-Terme nichts anderes als die Fuzzy-Zeit-Objekte von [Bovenkamp97]. Da aber bei Fuzzy-Termen die Normalisierung nicht unbedingt gelten muss, ist dies ein erster Unterschied zu eben erwähnter Arbeit. Des Weiteren werden bei der Temporalen-Fuzzy-Logik die Zeitserien X verwendet, um Fuzzy-Terme zu aktivieren. Diese aktivierten Fuzzy-Terme sind nicht mehr separierbar, denn die definierten Bedingungen zur Separierbarkeit (siehe Kapitel 2.2.6) für Fuzzy-Zeit-Objekte gelten nicht mehr, da folgendes gilt:

$$\exists X \, \forall (x,t) \in X | \max_x \left[\mu_f(x)\right] < 1, \max_t \left[\mu_z(t)\right] < 1$$

Diese Aussage gilt für die meisten Zeitserien X. Aus diesem Grund werden in dieser Arbeit eigene Fuzzy-Zeit-Terme verwendet.
Zugehörigkeitsfunktionen sind hier stetige, stückweise lineare, nicht notwendigerweise monotone Funktionen, deren Stützstellen durch den Fuzzy-Term *ft* gegeben sind. Sie sind im gesamten Definitionsbereich definiert. Es gilt folgende Definition:

$$(6) \quad \mu_{ft}(x) = \begin{cases} y_i + (y_{i+1} - y_i) \cdot \dfrac{(x - x_i)}{(x_{i+1} - x_i)} & , x_i \leq x < x_{i+1} \\ y_0 & , x < x_0 \\ y_{n-1} & , x \geq x_{n-1} \end{cases}$$

Alternativ kann auch eine höherdimensionale Interpolation der Stützstellen verwendet werden. In dieser Arbeit wird aber bewusst eine Beschränkung auf stückweise lineare Funktionen gewählt, denn mit diesen berechnet sich die Vereinigung von Fuzzy-Termen, zum Beispiel *ft*$_A$ ∪ *ft*$_B$, und die Akkumulierung mit der Schwerpunktmethode nach [Watanabe86] (Berechnung von Integralen) sehr schnell und effizient und führt so zu effizienteren und schneller berechenbaren Fuzzy-Reglern.
Man spricht bei $\mu_{ft}(x)$ von der Zugehörigkeit von x zum Fuzzy-Term *ft* oder von der Aktivierung des Fuzzy-Terms *ft* durch x.

3.2 Vorteile zeitlicher Prädikate

Zeitliche Prädikate sind Prädikate, welche in ihrem Aktivierungsgrad unter anderem von der Zeit abhängen. Die Verwendung von zeitlichen Prädikaten bietet einige Vorteile gegenüber herkömmlichen Ansätzen, welche Zeit in Fuzzy-Logik verwenden. Üblicherweise wird die Zeit nur als weiterer Eingabewert in den Fuzzy-Regler eingegeben. So kann dieser auf die aktuelle Zeit zugreifen und Regeln in Abhängigkeit der Zeit feuern.

Ein Vorteil von zeitlichen Prädikaten ist, dass ein Prädikat selbst Zugriff auf die Eingabewerte zu unterschiedlichen Zeitpunkten hat. Durch die Angabe einer unscharfen Zeit wird angegeben, aus welchem Zeitbereich die zu fuzzifizierenden Eingabewerte genommen werden. Der Fuzzy-Zeit-Term bestimmt durch seine Aktivierung die Gewichtung der einzelnen Eingabewerte.

Ein weiterer Vorteil ist, dass ein Prädikat so definiert sein kann, dass es beispielsweise nur auf Werte von vor einem Tag reagiert, während ein anderes

Prädikat auf die aktuell an dem Regler anliegenden Werte reagiert. Die Prädikate können also auf Eingabewerte aus unterschiedlichen Zeitbereichen zugreifen und sind so nicht aneinander gekoppelt. Eine Kopplung würde dann vorliegen, wenn eine gesamte Regel mit vielen Prädikaten nur zu bestimmten Zeitpunkten feuert, wie dies der Fall ist, wenn die Zeit als Eingabewert verwendet wird, siehe hierzu [Hellendoorn99], welcher durch Fuzzy-Regeln die zukünftige Belegung von Parkplätzen berechnet, [Arita93], welcher anhand von Fuzzy-Clustering in Zeitreihen mit zwei Merkmalen einen Glukose-Toleranz-Test vorstellt oder [Hoogendoorn06], welcher den Straßenverkehr und dessen zeitliches Verhalten beschreibt.

Ein letzter zu nennender Vorteil ist aus der Sicht eines Experten, welcher Regeln für einen Temporalen-Fuzzy-Regler über einen Prozess aufstellt. Die Regeln können natürlichsprachlich erstellt werden, so zum Beispiel die Bedingung „Gestern herrschte irgendwann in der Befeuerungsanlage eine hohe Temperatur und heute ist der durchschnittliche Durchsatz gering". Diese Bedingung kann sehr leicht in eine Bedingung der Temporalen-Fuzzy-Logik transformiert werden. Diese könnte wie folgt lauten: „*temperature* **IS**$_{EXISTS}$ *yesterday high* **AND** *capacity* **IS**$_{TIME}$ *today low*".

3.3 Vergleich mit anderen Logiken

Betrachtet man die Logik mit der Unterteilung, wie in Tabelle 7 dargestellt, in atemporale und temporale Logik in den Tabellenreihen beziehungsweise in scharfe und unscharfe Logik in den Tabellenspalten, so repräsentiert die Prädikaten-Logik, welche den Wertebereich {0, 1} besitzt und zeitlich konstant ist, die Gruppe der scharfen, atemporalen Logik. Die Prädikaten-Logik kann nun zum einen zeitlich erweitert werden oder zum anderen unscharf gemacht werden.

Die zeitliche Erweiterung ist für die Modellierung von dynamischen Systemen wie Zustandsautomaten, physikalischen Prozessen und ähnlichem nötig. Also erweitert man die Prädikaten-Logik um Operatoren, welche es erlauben, zeitliche Abhängigkeiten zu beschreiben. Diese temporalen Operatoren beschreibt [Karjoth87] für Zustandsautomaten beziehungsweise für Prozesse mit zeitlicher Diskretisierung. Zu den Operatoren werden Kalküle und Herleitungen (Beweise), welche in der Prädikaten-Logik gültig sind, so angepasst, dass sie auch in der Temporalen-Logik gültig sind. Somit ist die Prädikaten-Logik ein Spezialfall der Temporalen-Logik, ohne Verwendung der temporalen Operatoren. Die temporalen Operatoren sind unten links in Tabelle 7 erläutert.

Die unscharfe Erweiterung der Prädikaten-Logik kommt Anwendungsgebieten mit ungenauem oder unscharfem Wissen zu Gute. Denn bei diesen Anwendungen existiert Wissen von einem oder mehreren Experten, welches meistens nicht präzise formuliert ist. Da die Fuzzy-Logik dazu gedacht ist, unscharfes Wissen darzustellen und zu verarbeiten, kann das unscharfe Expertenwissen einfacher in Fuzzy-Logik als in Prädikaten-Logik ausgedrückt werden. Die Fuzzy-Logik erweitert wie die Temporale-Logik ebenfalls die Prädikaten-Logik, führt aber keine neuen Operatoren ein, sondern weicht den Wertebereich von $\{0, 1\}$ beziehungsweise $\{falsch, wahr\}$ zum Intervall $[0,1]$ auf. Wobei $x = 0$ falsch und $x = 1$ wahr entspricht. Dass dadurch ebenfalls alle Beweise und Kalküle aus der Prädikaten-Logik gelten, wurde schon mehrfach in der Literatur gezeigt [Bothe95], [Karjoth87]. Die Prädikaten-Logik ist demnach auch ein Spezialfall der Fuzzy-Logik.

Um nun die Temporale-Fuzzy-Logik, welche einerseits unscharf und andererseits temporal ist, zu erhalten, gibt es zwei Möglichkeiten. Entweder wird der Wertebereich der Temporalen-Logik unscharf gemacht, oder die Fuzzy-Logik erhält wie die Temporale-Logik temporale Operatoren, um zeitliche Abhängigkeiten zu beschreiben. Vergleicht man in Tabelle 7 die Temporale-Logik mit der Temporalen-Fuzzy-Logik, so sieht man, dass für jeden temporalen Operator ein Fuzzy-Prädikat existiert. Ganz offensichtlich ist die Temporale-Fuzzy-Logik (TFL) eine Mischung der Temporalen-Logik (TL) und der Fuzzy-Logik (FL), da von beiden die Erweiterungen zur Prädikaten-Logik (PL) eingeflossen sind. So erhält man durch Weglassen der Unschärfe von der TFL die TL und durch Weglassen der temporalen Prädikate von der TFL die FL.

Die Darstellung in der Tabelle lässt durch die Prädikate **WILL_EXIST_NEXT** und **PREEXIST_PREVIOUS** den Schluss zu, dass die Temporale-Fuzzy-Logik sowie die Temporale-Logik nur für zeitlich diskrete Prozesse geeignet sind. Dass dem nicht so ist, wird im nächsten Abschnitt erläutert. Dort wird gezeigt, wie die unscharfen temporalen Prädikate nach dem menschlichen Empfinden intuitiv modelliert sind und dass sie auch zum Beschreiben zeitlich kontinuierlicher Prozesse eingesetzt werden können.

Die Prädikate **WAS, PREEXIST, PREEXIST_PREVIOUS, WILL_BE, WILL_EXIST** und **WILL_EXIST_NEXT** können in zwei Klassen unterteilt werden. Zum einen in die Klasse **IS**$_{TEMP}$, welche den Verlauf der Daten über einen Zeitraum betrachtet (**WAS, WILL_BE**) und zum anderen in die Klasse **IS**$_{EXISTS}$, welche sich nur für den Zeitpunkt der höchsten Aktivierung in einem Zeitintervall interessiert (**PREEXIST, PREEXIST_PREVIOUS, WILL_EXIST** und **WILL_EXIST_NEXT**).

	scharf	*unscharf*
atemporal	Prädikaten-Logik (PL) $P: \mathbb{R} \to \{0,1\}$ z.B. $P(x)$ prüft, ob x wahr oder falsch ist.	Fuzzy-Logik (FL) mit $ft \subseteq \mathbb{R}^2$ $IS: \mathbb{R} \times ft \to [0,1]$ z.B. x **IS** ft prüft mit $\mu_{ft}(x)$ wie genau x im Fuzzy-Term ft liegt.
temporal	Temporal-Logik (TL) Einfach: $P: \mathbb{R}^n \to \{0,1\}$ Komplex: $Q: \mathbb{R}^{2n} \to \{0,1\}$ $P \in \{\Box, \boxminus, \Diamond, \Diamondtilde, O, \Theta\}$ $Q \in \{u, s\}$ Beispiele für Prädikate: $\Box x := \forall t > t_C: P(x_t)$ $\boxminus x := \forall t < t_C: P(x_t)$ $\Diamond x := \exists t > t_C: P(x_t)$ $\Diamondtilde x := \exists t < t_C: P(x_t)$ $Ox := P(x_{t+1})$ $\Theta x := P(x_{t-1})$ $x\,u\,y := \exists t: \forall u<t, v>t: \neg P(y_u)$ $\quad \land P(y_t) \land \neg P(x_u) \land P(x_v)$ $x\,s\,y := \exists t: \forall u<t, v>t: P(y_u) \land$ $\quad \neg P(y_t) \land \neg P(x_u) \land P(x_v)$	Temporale-Fuzzy-Logik (TFL) Einfach: $P: \mathbb{R}^n \times ft \to [0,1]$ Komplex: $Q: \mathbb{R}^{2n} \times ft^2 \to [0,1]$ $P \in \{$IS, WILL_BE, WAS, ..., PREEXIST_PREV$\}$ $Q \in \{$SINCE, UNTIL$\}$ Beispiele für Prädikate: x **WILL_BE** $ft := \forall t > t_C: \mu_{ft}(x_t)$ x **WAS** $ft := \forall t < t_C: \mu_{ft}(x_t)$ x **WILL_EXIST** $ft := \exists t > t_C: \mu_{ft}(x_t)$ x **PREEXIST** $ft := \exists t < t_C: \mu_{ft}(x_t)$ x **WILL_EXISTS_NEXT** $ft := \mu_{ft}(x_{t+1})$ x **PREEXIST_PREV**. $ft := \mu_{ft}(x_{t-1})$ x **IS** ft_A **UNTIL** $\quad \exists t: \forall u<t, v>t: \neg \mu_{ftB}(y_u)$ y **IS** ft_B $:= \quad \land \mu_{ftb}(y_t) \land \neg \mu_{ftA}(x_u) \land \mu_{ftA}(x_v)$ x **IS** ft_A **SINCE** $\quad \exists t: \forall u<t, v>t: \mu_{ftB}(y_u) \land$ y **IS** ft_B $:= \quad \neg \mu_{ftb}(y_t) \land \neg \mu_{ftA}(x_u) \land \mu_{ftA}(x_v)$

Tabelle 7: Einordnung der Temporalen-Fuzzy-Logik in Bezug zur scharfen/unscharfen beziehungsweise atemporalen/temporalen Logik.

3.4 Fuzzy-Zeit-Terme

3.4.1 Semantik

Der wichtigste Unterschied zu anderen Ansätzen, wie zum Beispiel dem recht ähnlichen Ansatz von [Bovenkamp97], ist, dass in der Temporalen-Fuzzy-Logik die Zeit durch Fuzzy-Zeit-Terme angegeben wird. Diese geben den Zeitbereich der zu verwendenden Daten an. Das heißt, dass zeitlich unscharf ein Bereich aus einer Historie gewählt werden kann.

Um Zeit in Fuzzy-Logik nutzen zu können, werden hier Mamdani-Regeln (keine Takagi-Sugeno-Regeln) verwendet und die Prädikate so erweitert, wie in [Schmidt04] beschrieben und in [Schmidt05] erweitert. So erhält man temporale Prädikate, wie zum Beispiel **WILL_BE** oder **WAS**. Hinzu kommt, dass nicht nur aufgezeichnete Daten aus der Vergangenheit oder vorhergesagte Daten aus der Zukunft nutzbar sein sollen. Es werden zusätzlich noch die Zeitangaben in einer fuzzymäßigen Art und Weise beschrieben. Dies kann ähnlich wie mit Fuzzy-Termen geschehen. Dann steht auf der x-Achse nicht ein Fakt, sondern eine Zeitangabe. Auf der y-Achse bleibt die Zugehörigkeit – in diesem Fall zu einem Zeitpunkt und nicht zu einem Fakt – stehen. Eine solche Zugehörigkeitsfunktion wird in dieser Arbeit als Fuzzy-Zeit-Term definiert. Zuerst wird noch die Semantik dieser Makros beschrieben, um anschließend ihre Definition anzugeben. Abbildung 11 zeigt den schematisch dargestellten Vergleich zwischen einer klassischen, scharfen Zugehörigkeitsfunktion für einen Fakt x und die Zeit t und einem Fuzzy-Zeit-Term mit unscharfem Fakt x und unscharfer Zeit t. In der klassischen Variante kann die Funktion sowohl für den Fakt als auch für die Zeit nur den Wert 0 oder 1 annehmen, während das unscharfe Pendant überall Werte zwischen einschließlich 0 und 1 annehmen kann.

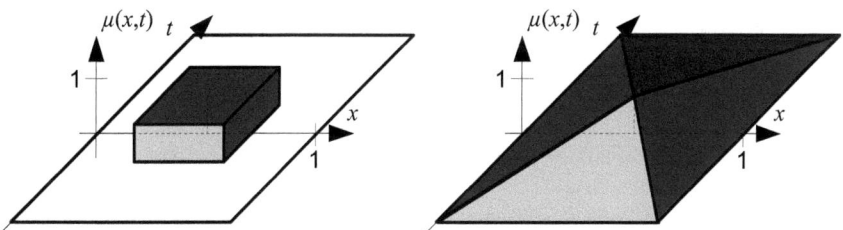

Abbildung 11: Beispielhafte Zugehörigkeitsfunktionen in Abhängigkeit von der Zeit. Einmal für scharfen Fakt und scharfe Zeit (links) und einmal für unscharfen Fakt und unscharfe Zeit (rechts).

Fuzzy-Zeit-Terme können in einer Fuzzy-Regel an drei Stellen eingesetzt werden. Zuerst können sie nach Prädikaten im Bedingungsteil einer Regel stehen. Wie zum Beispiel der Fuzzy-Zeit-Term *morgen* in folgender Bedingung „*temperatur* **IS** *morgen niedrig*". In der Regel werden die Prädikate je nach ihrem Verwendungszweck auf alle vorhandenen Sensordaten in der Vergangenheit, Gegenwart oder Zukunft angewendet. Mit einem Fuzzy-Zeit-Term kann dieser Zeitraum jedoch eingeschränkt werden. Dadurch werden die Prädikate nur auf Sensordaten aus einem ausgewählten Zeitraum angewendet. Zusätzlich wird das Ergebnis des Prädikates $P(x)$ für jeden Sensorwert x zu einer gegebenen Zeit t mit dem Zugehörigkeitsgrad $\mu(t)$ des Fuzzy-Zeit-Terms multipliziert. So kann ein Fuzzy-Zeit-Term auch dazu verwendet werden, Daten aus einer Zeitserie zu bestimmten Zeiten mehr oder weniger zu gewichten. Wie im Beispiel in Abbildung 12 zu sehen ist, können die Ränder der Intervalle weniger gewichtet sein als deren Zentren.

Die zweite Stelle, an welcher Fuzzy-Zeit-Terme verwendet werden können, ist als alleinstehende Folgerung im Folgerungsteil einer Regel. Dort werden die Fuzzy-Zeit-Terme je nach der Regelaktivierung generiert. Daher repräsentieren sie für eine Regel den Intensitätsverlauf über die Zeit. Aus diesem Grund ergibt es auch nur Sinn, die alleinstehenden Fuzzy-Zeit-Terme bei Regeln zu verwenden, welche in ihren Bedingungen zeitliche Prädikate verwenden. Eine Regel, der nur die aktuellen Daten zu Grunde liegen, wird immer nur zum aktuellen Zeitpunkt feuern. Man betrachte als Beispiel die Regel „**IF** *x* **WILL_BE** *condition* **THEN** *time*". Erhält man als Resultat der Regelaktivierung für *time* den linken Aktivierungsverlauf aus Abbildung 12, so besagt dies, dass die Regelbedingung bei den berechneten Vorhersagen in etwa einer Stunde für nur kurze Zeit zu 100% wahr sein wird.

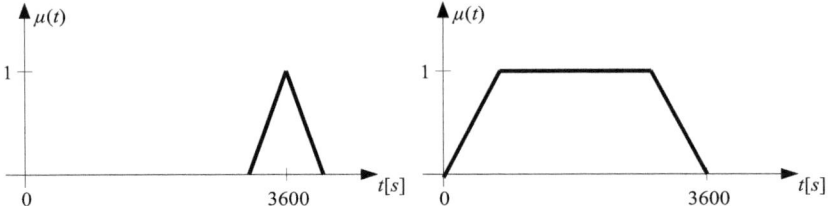

Abbildung 12: Die Fuzzy-Zeit-Terme „in einer Stunde" (links) und „in der nächsten Stunde" (rechts).

Nun kann man analog zu den Ausgabevariablen, die auch als Eingabevariablen für andere Regeln verwendet werden können, den zeitlichen Verlauf des Aktivierungsgrades einer Regel als Eingabe einer anderen Regel verwenden.

Die dritte und letzte Stelle, um Fuzzy-Zeit-Terme einzusetzen, ist im Folgerungsteil einer Regel in Verbindung mit einem Prädikat. Gegeben sei die Folgerung „x_S **WILL_BE** *inOneHour low*", welche die Ausgabevariable mit der berechneten Regelaktivierung für den Aktuator x_s auf *low* setzt. Der Wert wird nur in dem durch den Fuzzy-Zeit-Term *inOneHour* gegebenen Zeitintervall gesetzt.Werte außerhalb des Zeitintervalls bleiben unverändert beziehungsweise unbekannt, falls sie nie durch einen Fuzzy-Zeit-Term auf einen Wert gesetzt wurden.. Zur Berechnung wird die Regelaktivierung zu einem Zeitpunkt *t* mit der Zugehörigkeit $\mu(t)$ des Fuzzy-Zeit-Terms multipliziert.

Zu beachten ist, dass der Zeitpunk *t*, zu welchem der Wert einer Ausgabevariablen bestimmt wird, meistens in der Gegenwart liegt. In diesem Fall wird der Wert dazu verwendet, einen Aktuator zu steuern. Liegt *t* jedoch in der Zukunft, so gibt der Wert der Ausgabevariablen den Wert an, der zu einem zukünftigen Zeitpunkt eingestellt werden soll. Entsprechend, wie später in Abbildung 25 gezeigt, kann es auch Sinn ergeben, in den Folgerungen Fuzzy-

Zeit-Terme in der Vergangenheit anzugeben, so dass t in der Vergangenheit liegt. Dies ist dann der Fall, wenn die Eingabedaten für den Regler schon vorhergesagte Werte sind.

In Abbildung 13 ist gezeigt, wie ein Regler mit extrapolierten Eingabedaten umgehen kann. Die aktuelle Zeit des Prozesses ist t_C. Die Eingabedaten werden um die Zeitspanne d vorhergesagt. Die vorhergesagten Werte werden an den Regler übergeben. Da der Regler nichts von der Vorhersage weiß, ist für ihn die aktuelle Zeit gleich t_0. Eine Regel kann also maximal um die Zeitdifferenz d in die Vergangenheit reichen, da der Zeitpunkt $t = -d$ für den Prozess nicht in der Vergangenheit liegen darf, wenn der Regler noch einen Einfluss auf die bereits getroffene Vorhersage haben will. Denn Werte vor t_C können nicht mehr geändert werden, da diese wirklich schon der Vergangenheit angehören.

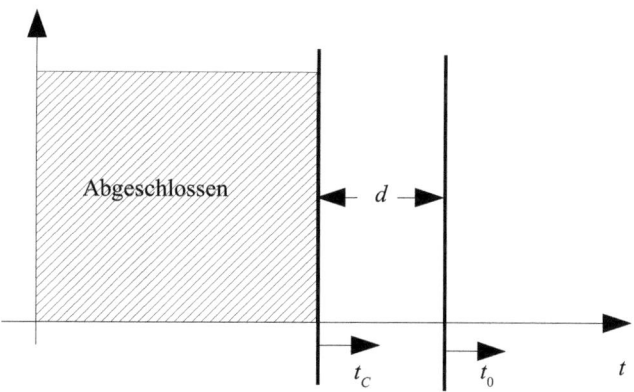

Abbildung 13: Für einen Regler mit um d vorhergesagten Eingabedaten ist t_0 die aktuelle Zeit, während t_C die aktuelle Zeit für den Prozess ist.

3.4.2 Syntax

Im Folgenden ist die Definition von Fuzzy-Zeit-Termen gegeben. Ein Fuzzy-Zeit-Term ist ähnlich wie ein Fuzzy-Term definiert mit dem Unterschied, dass der Fakt x durch die Zeit t ersetzt ist. Er ist der Einfachheit wegen ein Polygonzug mit n Stützstellen, welcher durch die Punkte $(t_i, y_i) \in \mathbb{R}^2$ mit $i \in \mathbb{N}^+$ des Polygonzugs der Länge n dargestellt wird. In den meisten Fällen gilt $n = 3$ oder $n = 4$ und $y_0 = y_{n-1} = 0$ und so wird, mit dem Fuzzy-Zeit-Term, ein gleichschenkeliges Dreieck beziehungsweise ein Trapez dargestellt. Da ein Fuzzy-Zeit-Term (wie auch ein Fuzzy-Term) beliebig viele

Stützstellen n besitzen kann, können beliebige stetige Funktionen durch lineare Interpolation approximiert werden. Ein Fuzzy-Zeit-Term ist definiert als

(7) $ft = \{(t_i, y_i) | t_i < t_j, 0 \leq y_i \leq 1, i < j, 0 \leq i, j < n\}$.

mit:
n: Stützstellen
$i, j \in \mathbb{N}$
$t, y, \in \mathbb{R}$

Der Fuzzy-Zeit-Term interpoliert die Stützstellen linear und liefert so zu jedem Zeitpunkt einen Zugehörigkeitswert zwischen 0 und 1. Dabei ist die Zeit immer relativ zur aktuellen Zeit t_C angegeben. Wenn $t < 0$ ist, dann liegt der Zeitpunkt in der Vergangenheit während er für $t > 0$ in der Zukunft liegt. Der Gegenwart entspricht $t = 0$. Die Zugehörigkeitsfunktion eines Fuzzy-Zeit-Terms ist wie folgt definiert:

(8) $\mu_{ft}(t) = \begin{cases} y_i + (y_{i+1} - y_i) \cdot \frac{(t - t_i)}{(t_{i+1} - t_i)} & , t_i \leq t < t_{i+1} \\ y_0 & , t < t_0 \\ y_{n-1} & , t \geq t_{n-1} \end{cases}$

Außer der bis jetzt vorgestellten Verwendung können die Fuzzy-Zeit-Terme auch noch zu anderen Zwecken verwendet werden. Mit dem Prädikat **COUNT** kann überprüft werden, wie oft ein Fuzzy-Zeit-Term aktiviert wurde. Als Anzahl der Aktivierungen zählen in diesem Fall die Scheitelpunkte, welche einen definierten Schwellwert überschreiten. Wird der Schwellwert überschritten, so ist dies der Anfang eines Scheitelpunktes. Wird der Schwellwert zu einem späteren Zeitpunkt wieder unterschritten, so ist dies das Ende eines Scheitelpunktes. Auf die Anzahl der gefundenen Scheitelpunkte p wird dann die Zugehörigkeit $\mu(p)$ angewandt und so die Aktivierung der Bedingung bestimmt.

Als Beispiel hierfür sei die Bedingung „*time* **COUNT** *none*" gegeben. Hier werden die Scheitelpunkte p in *time* gezählt. Je nachdem, wie der Fuzzy-Term *none* definiert ist, wird die Aktivierung der Bedingung berechnet. In Abbildung 14 ist ein solches Beispiel gegeben. Das linke Bild zeigt einen Fuzzy-Zeit-Term, welcher in der Folgerung einer Regel gesetzt wurde, also die Aktivierung der Regel widerspiegelt. Bei einem Schwellwert von $S = 80\%$ gibt es zwei Scheitelpunkte $p = 2$. Das rechte Bild zeigt den Fuzzy-Term *none*. In diesem Fall ergibt sich für $x = 2$ eine Zugehörigkeit von 50%. Damit ist die Bedingung „*time* **COUNT** *none*" zu 50% aktiviert.

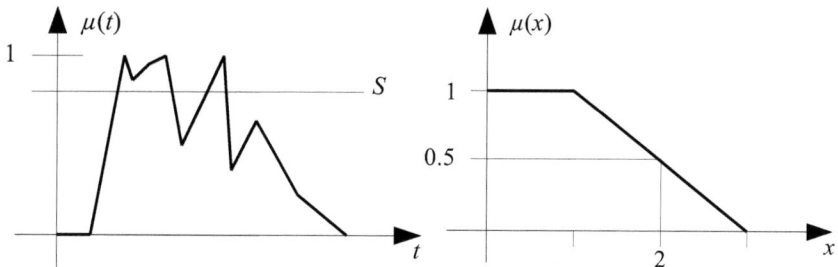

Abbildung 14: Links: Fuzzy-Zeit-Term, der den Verlauf einer Aktivierung über die Zeit mit einem Schwellwert S anzeigt. Rechts: Darstellung des Fuzzy-Terms none.

Kurz dargestellt ist ein Fuzzy-Zeit-Term immer in Verbindung mit einem Fuzzy-Term zu sehen. So kann mit einem Fuzzy-Zeit-Term aus einer Zeitserie ein Bereich, wie in Abbildung 15 gezeigt, gewählt werden, welcher hinsichtlich eines Faktes durch einen Fuzzy-Term fuzzifiziert wird.

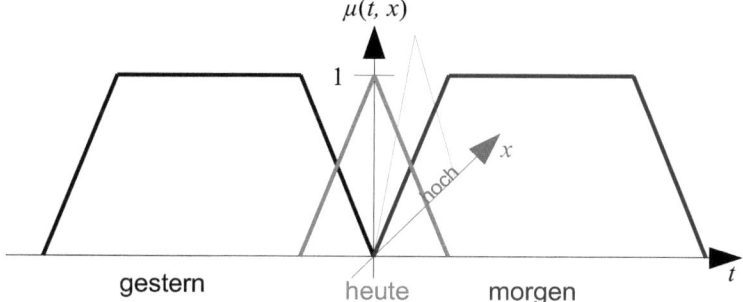

Abbildung 15: Fuzzy-Zeit-Terme (z. B. gestern, heute und morgen) liegen auf der Zeit-Achse t und Fuzzy-Terme (z. B. hoch) liegen auf der Fakt-Achse x. Die z-Achse gibt die Aktivierungsgrade von Fuzzy-Zeit-Termen und Fuzzy-Termen an.

Beispielrechnung

Als Beispiel sei ein beliebiges Prädikat **P** gegeben, welches als Eingabe eine Zeitserie $\vec{x}$ verarbeitet. Des Weiteren ist ein Fuzzy-Zeit-Term *time* und ein Fuzzy-Term *fact* angegeben. Es ergibt sich daraus folgende Bedingung:

$\vec{x}$ **P** *time fact*

Betrachtet man nun den Einfluss des Fuzzy-Zeit-Terms auf die gegebene Bedingung, so genügt es, den Einfluss von *time* auf $\vec{x}$ zu untersuchen. Hierfür sei die Zeitreihe $\vec{x}$ mit den Zeit-, Wertpaaren (x, t)

$\vec{x}$ = { (1, 0), (2, 1), (3, 2), (2, 3), (1, 4), (0, 5), (1, 6), (2, 7), (3, 8), (2, 9) }

gegeben. Des Weiteren sei der Fuzzy-Zeit-Term *time* durch die Stützpunkte

time = { (0, 0), (1, 0), (3, 1), (5, 0), (9, 0) }

gegeben. Zur Berechnung der Bedingung wählt der Fuzzy-Zeit-Term aus der Zeitserie die Werte aus, für welche die Aktivierung in *time* größer als Null ist. Dies ist nur für Zeitpunkte echt größer als 1 und echt kleiner als 5 der Fall. Für die Zeitpunkte $t = 2$ und $t = 4$ ist die Aktivierung des Fuzzy-Zeit-Terms 0.5 (bei linearer Interpolation), also werden die Werte der Zeitserie $\vec{x}$ an diesen Zeitpunkten mit 0.5 multipliziert. Es ergibt sich somit folgende neue Zeitserie:

$\vec{x}\,'$ = {(1.5, 2), (2, 3), (0.5, 4) }

Die Zeitserie $\vec{x}\,'$ wird als Eingabe für das Prädikat verwendet, bei welchem der Fuzzy-Zeit-Term steht. Also ist nur noch folgende Bedingung auszuwerten:

$\vec{x}\,'$ **P** *fact*

Zur Auswertung des Prädikates mit der Zeitserie $\vec{x}\,'$ ist jetzt noch zu beachten, ob es wichtig ist, dass alle Werte der Zeitserie den Fuzzy-Term *fact* aktivieren (siehe 3.3 IS$_{TEMP}$), oder ob der Wert mit der größten Aktivierung ausschlaggebend ist (siehe 3.3 IS$_{EXISTS}$).

3.5 Fuzzy-Regelung mit Fuzzy-Zeit-Termen

Dieses Kapitel beschreibt die Verwendung von Fuzzy-Zeit-Termen in Temporaler Fuzzy-Logik.

Dadurch, dass es in der Temporalen-Fuzzy-Logik möglich ist, zeitliche Einschränkungen bei den Prädikaten zu verwenden, ändert sich dementsprechend auch die Art, wie die Fuzzy-Regelung durchzuführen ist. In diesem Abschnitt wird nun gezeigt, wie sich dieser Einfluss bemerkbar macht, siehe dazu Abbildung 16.

Als einführendes Beispiel dienen je zwei Regeln ohne und mit Fuzzy-Zeit-Termen. Die Regeln ohne Fuzzy-Zeit-Term sind dabei wegen der Einfachheit in der Gegenwart formuliert, während die Regeln mit Fuzzy-Zeit-Term auf Daten in der Zukunft arbeiten und die Ausgabe für einen Zeitpunkt in der Zukunft berechnen.

Erster Fall: Regeln ohne Fuzzy-Zeit-Terme
IF a **IS** *dunkel* **THEN** N_S = *wenig*
IF d **IS** *hell* **THEN** N_S = *viel*

Zweiter Fall: Regeln mit Fuzzy-Zeit-Termen
IF a **IS**$_{\text{TEMP}}$ inEinerStunde *dunkel* **THEN** N_S **IS** inEinerStunde *wenig*
IF d **IS**$_{\text{EXISTS}}$ inDerNächstenStunde *hell* **THEN** N_S **IS** inDerNächstenStunde *viel*

Die Prädikate sind im nächsten Kapitel genauer dargestellt.

Die Inferenz berechnet aus den Aktivierungen der Bedingungen einer Regel die Regelaktivierung und daraus die Aktivierungen der Ausgabevariablen. Ob nun Fuzzy-Zeit-Terme verwendet werden oder nicht, spielt für das Ergebnis keinerlei Rolle bei der Inferenz, da ein Fuzzy-Zeit-Term genauso einen skalaren Aktivierungsgrad hat wie ein Fuzzy-Term. Aus diesem Grund beinhaltet das Beispiel auch keine Und- (∧) beziehungsweise Oder-Verknüpfungen (∨). Da die Regeln jeweils nur eine Bedingung beinhalten, entsprechen die Prozentangaben der oben genannten Aktivierungen auch den Regelaktivierungen. Das heißt im ersten Fall ist *wenig* zu 50% und *viel* zu 25% aktiviert. Im zweiten Fall dagegen ist *wenig* zu 25% und *viel* zu 50% aktiviert. Zu beachten ist jedoch, dass man sich zu jeder Regel merken muss, wann diese wie stark aktiviert wurde. Mögliche Arten der Inferenz sind in Kapitel 3.9 erläutert.

Die Komposition berechnet für jede Ausgabevariable – hier gibt es nur eine mit dem Namen N_S – eine Zugehörigkeitsfunktion, je nachdem wie stark die einzelnen Fuzzy-Terme aktiviert sind. Im ersten Fall erhält man eine Zugehörigkeitsfunktion $\mu(N)$, welche nur vom Fakt N abhängt, während man im zweiten Fall eine Zugehörigkeitsfunktion $\mu(N, t)$ erhält, welche neben dem Fakt N auch noch von der Zeit t abhängt. Da die Komposition ein Teil der Inferenz ist, wird sie in Kapitel 3.9 über Inferenz beschrieben.

Für die Defuzzifizierung wird die weit verbreitete Schwerpunktmethode aus [Watanabe86] verwendet. So berechnet sich im ersten Fall die Ausgabe N_S durch Ermitteln des Schwerpunktes der Zugehörigkeitsfunktion $\mu(N)$. Im zweiten Fall wird nicht etwa der Schwerpunkt der Funktion $\mu(N, t)$ bestimmt, denn dann würde das Ergebnis ein Skalar und nicht mehr abhängig von der Zeit sein. Vielmehr wird für jeden Zeitpunkt t_i der Schwerpunkt $N_S(t_i)$ aus der Zugehörigkeitsfunktion $\mu(N, t) \mid t = t_i$ berechnet. So erhält man die Schwerpunktsgerade $N_S(t)$, welche zu jedem Zeitpunkt einen Ausgabewert liefert. So kann zum Beispiel zum aktuellen Zeitpunkt schon das Regelverhalten für die Zukunft festgelegt werden. Die Defuzzifizierung ist in Kapitel 3.10 erklärt.

Der Vorteil der Fuzzy-Zeit-Terme ist, dass auf eine einfache Art und Weise ein Zeitbereich aus Eingabedaten gewählt werden kann.

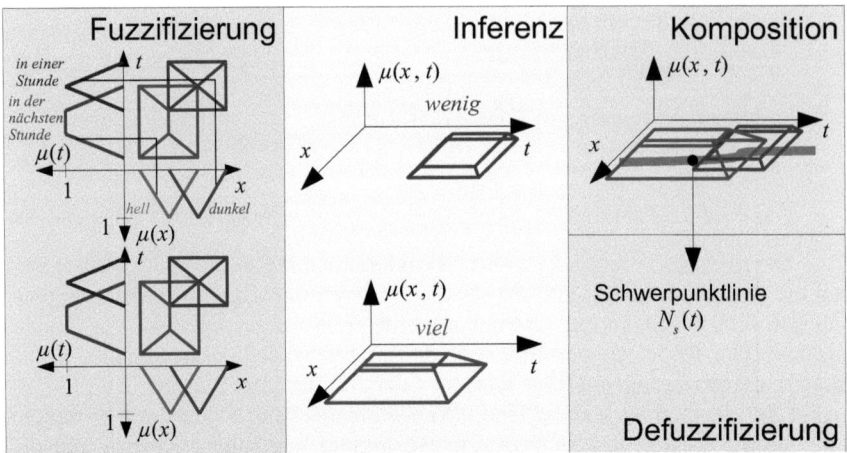

Abbildung 16: Dargestellt sind zwei Regeln (je eine links oben und links unten) mit je zwei zeitlichen Prädikaten (je einem Fuzzy-Term pro Achse) als Bedingung und je einem zeitlichen Prädikat als Folgerung (Mitte oben und unten). Feuern beide Regeln zu jeweils ca. 20% und 80%, so ergibt sich nach Komposition oben rechts dargestellte Aktivierung mit eingezeichneter Schwerpunktlinie. Für die aktuelle Zeit ergibt sich so ein Ausgabewert $x_s(t)$.

3.6 Temporale Fuzzy-Prädikate

Mit Prädikaten wird der Zugehörigkeitsgrad von Daten $\vec{x}$ zu einem gegebenen Fuzzy-Term und einem gegebenen Fuzzy-Zeit-Term bestimmt. Als Annahme gelte im Folgenden, dass die Anzahl der Eingabedaten pro Eingabevariable n ist. Außerdem wird, wenn nicht anders definiert, zur Berechnung des Ergebnisses eines Prädikates der Aktivierungsgrad, welcher durch die Zeit gebildet wird, mit dem Aktivierungsgrad durch den Fakt multipliziert.

(9) $\mu(x, t) = \mu(x)\, \mu(t)$

Des Weiteren sind die Prädikate in zwei Klassen unterteilt. Dies sind zum einen *einfache temporale Prädikate* wie **IS**$_{\text{TEMP}}$ und **IS**$_{\text{EXISTS}}$. Diese Prädikate verwenden einen Fuzzy-Term für den Fakt und einen optionalen Fuzzy-Zeit-Term für die Zeit. Sie sind dreistellige Abbildungen $P(\vec{x}, time, fact) \rightarrow [0,1]$ (mit Zeit) oder zweistellige Abbildungen $P(\vec{x}, fact) \rightarrow [0,1]$ (ohne Zeit). Zum anderen sind dies die *komplexen temporalen Prädikate* **SINCE** und **UNTIL**. Diese nutzen je zwei Fuzzy-Terme und je zwei Fuzzy-Zeit-Terme. Sie sind als sechsstellige Abbildungen $P(\vec{x}, \vec{y}, time_1, fact_1, time_2, fact_2) \rightarrow [0,1]$ definiert.

Nach [Bothe95] müssen für Fuzzy-Prädikate alle folgenden Bedingungen erfüllt sein:

(10) Normierung: $\forall \vec{x}, ft : 0 \leq P(\vec{x}, ft) \leq 1$

(11) Stetigkeit: für beliebige, aber feste ft gilt:
$\forall \vec{x}_0 \, \forall \epsilon > 0 \; \exists |\vec{\delta}| > 0 : \forall \vec{x} \, mit \, |\vec{x} - \vec{x}_0| < |\vec{\delta}| \, folgt \, |P(\vec{x}, ft) - P(\vec{x}_0, ft)| < \epsilon$

(12) Komplement (Standardnegation): ¬P ist definiert durch:
$\neg P(\vec{x}, ft) = 1 - P(\vec{x}, ft)$

Definition: Prädikat **IS**

(13) $S^i \, \mathbf{IS} \, fact := P_\nu(i, t_C, fact) := \mu_{fact}(S^i(t_C))$

Erläuterung: Die Prädikatfunktion P_ν steht für *now* und das Prädikat **IS** entspricht dem schon bekannten Prädikat **IS** der Fuzzy-Logik. Die Semantik ist, dass je genauer der zuletzt aufgezeichnete, also aktuelle Eingabewert $S^i(t_C)$ des i-ten Eingabevektors im gegebenen Fuzzy-Term *fact* liegt, desto höher ist dessen Aktivierungsgrad, welcher durch die Zugehörigkeitsfunktion μ_{fact} bestimmt wird. Durch die Einschränkung auf präzise Fuzzy-Terme (siehe Definition von μ_{fact} in Kapitel 3.1) ist die Zugehörigkeitsfunktion und somit auch das Prädikat normiert (Bedingung 10). Die Zugehörigkeitsfunktion liefert einen Wert zwischen 0 (Datum aktiviert nicht den Fuzzy-Term) und 1 (Datum aktiviert den Fuzzy-Term) und entspricht dem Aktivierungsgrad des Fuzzy-Terms *fact*. Der Aktivierungsgrad entspricht in diesem Fall auch dem Wahrheitsgehalt des Prädikates. Des Weiteren ist das Prädikat eine stetige Funktion, denn die Zugehörigkeitsfunktion ist als stückweise lineare und somit stetige Funktion definiert (Bedingung 11). Für die Negation des Prädikates gilt (Bedingung 12):

(14) $\neg P_\nu(i, t_C, fact) = \mu_{\neg fact}(S^i(t_C))$
$= \mu_{[(x_i, y_i)|x_i \leq x_j, 0 \leq y_i \leq 1, i < j, 0 \leq i, j < n]}^c (S^i(t_C))$
$= \mu_{[(x_i, 1-y_i)|x_i \leq x_j, 0 \leq y_i \leq 1, i < j, 0 \leq i, j < n]} (S^i(t_C))$
$= 1 - \mu_{fact}(S^i(t_C))$
$= 1 - P_\nu(i, t_C, fact)$

Definition: Prädikat **IS**$_{\text{TEMP}}$

(15) $S^i \, \mathbf{IS_{TEMP}} \, time \, fact :=$
$P_\Omega(S^i, time, fact) := \int \mu_{fact}(S^i(t)) \cdot \mu_{time}(t) dt / \int \mu_{time}(t) dt$

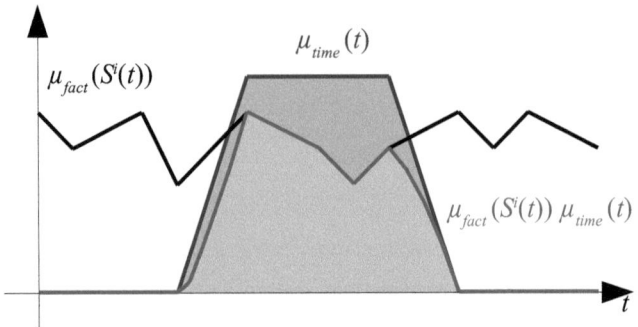

Abbildung 17: Die Eingabedaten S(t) fuzzifiziert mit μ_{fact} und zeitlich aktiviert mit μ_{time} ergeben die Gesamtaktivierung $\mu_{fact} \cdot \mu_{time}$. Der Aktivierungsgrad des Prädikates IS_{TEMP} ist das Verhältnis der beiden Flächen.

<u>Erläuterung:</u> Die Prädikatfunktion P_Ω steht für *whole*. Das Prädikat IS_{TEMP} berechnet die Aktivierung eines Fuzzy-Terms *fact* für Eingabedaten aus dem Fuzzy-Zeitintervall *time*. Je mehr Eingabedaten $S^i(t)$ mit $t \in$ *time* den Fuzzy-Term *fact* aktivieren, desto mehr ist das Prädikat aktiviert, siehe dazu Abbildung 17. Liegen nur wenige Daten innerhalb des Fuzzy-Terms, so ist die Aktivierung des Prädikates gering. Liegen die Daten jedoch die ganze Zeit über, die durch den Fuzzy-Term *time* bestimmt ist, innerhalb des Fuzzy-Terms *fact*, dann ist die Aktivierung des Prädikates hoch. Die Aktivierung des Prädikates berechnet sich aus dem Mittelwert aus allen mit dem Prädikat **IS** und dem Fuzzy-Term *fact* fuzzifizierten Eingabedaten, welche jeweils mit den fuzzifizierten Zeitstempeln der Daten multipliziert werden.

Da die verwendeten Fuzzy-Terme normalisiert sind, ist das Integral von $\mu_{fact} \cdot \mu_{time}$ immer kleiner gleich dem Integral von μ_{time}. Deshalb ist auch der Quotient der beiden Integrale immer kleiner gleich 1 und größer gleich 0. Daraus folgt, dass P_Ω normalisiert ist (Bedingung 10).

Des Weiteren sind die Zugehörigkeitsfunktionen stetig. Wird davon ausgegangen, dass das Integral von μ_{time} nie 0 wird, dann ist auch der Quotient der beiden Integrale immer stetig. Somit ist auch P_Ω stetig. Sollte das Integral von μ_{time} jedoch 0 sein, so bedeutet dies, dass der Fuzzy-Term, der laut Definition zu mindestens einem Zeitpunkt immer die Aktivierung 1 aufweisen muss, nicht ein Zeitintervall, sondern einen festen Zeitpunkt bestimmt. In diesem Fall erhält das Prädikat den folgenden Wert:

(16) $P_\Omega(S^i, time, fact) := \mu_{fact}(S^i(t))$
mit $t = \{t | \mu_{time}(t) = 1\}$
falls $\int \mu_{time}(t) dt = 0$

Mit dieser Definition ist das Prädikat auch in diesem Fall stetig (Bedingung 11).

Um zu zeigen, dass die Negation für das Prädikat P_Ω gilt, ist zu zeigen, dass die Negation des Prädikates 1 minus den Wert des nicht negierten Prädikates ist. Beweis, dass Bedingung (12) gültig ist:

(17) $\neg P_\Omega(S^i, time, fact) = \dfrac{\int \mu_{\neg fact}(S^i(t)) \cdot \mu_{time}(t) dt}{\int \mu_{time}(t) dt}$

$= \dfrac{\int (1 - \mu_{fact}(S^i(t))) \cdot \mu_{time}(t) dt}{\int \mu_{time}(t) dt}$

$= \dfrac{\int \mu_{time}(t) - \mu_{fact}(S^i(t)) \cdot \mu_{time}(t) dt}{\int \mu_{time}(t) dt}$

$= 1 - \dfrac{\int \mu_{fact}(S^i(t)) \cdot \mu_{time}(t) dt}{\int \mu_{time}(t) dt}$

$= 1 - P_\Omega(S^i, time, fact)$

Definition: Prädikat **IS**$_{\text{EXISTS}}$

(18) S^i **IS**$_{\text{EXISTS}}$ $time\ fact := P_\omega(S^i, time, fact) := \max_{t \in time} \left(\mu_{fact}(S^i(t)) \cdot \mu_{time}(t) \right)$

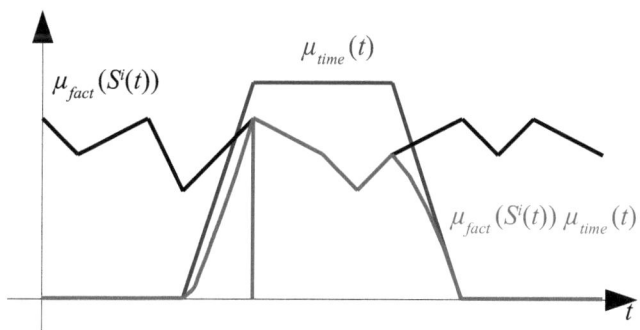

Abbildung 18: Die Eingabedaten S(t) fuzzifiziert mit μ_{fact} und zeitlich aktiviert mit μ_{time} ergeben die Gesamtaktivierung $\mu_{fact}\ \mu_{time}$. Der Aktivierungsgrad des Prädikates **IS**$_{\text{EXISTS}}$ *ist das Maximum der Gesamtaktivierung.*

Erläuterung: Die Prädikatfunktion P_ω steht für *single*. Das Prädikat IS_{EXISTS} berechnet die Aktivierung eines Fuzzy-Terms *fact* für Eingabedaten aus dem Fuzzy-Zeitintervall *time*. Je besser ein einzelnes Eingabedatum $S^i(t)$ mit $t \in time$ den Fuzzy-Term *fact* aktiviert, desto mehr ist das Prädikat aktiviert, siehe dazu Abbildung 18. Ausschlaggebend ist nicht die Gesamtheit der Eingabedaten, sondern nur, ob überhaupt ein Datum existiert, welches den Fuzzy-Term zur gegebenen Zeit aktiviert. Die Aktivierung des Prädikates berechnet sich aus dem Maximum aus allen mit dem Prädikat **IS** und dem Fuzzy-Term *fact* fuzzifizierten Eingabedaten, welche jeweils mit den fuzzifizierten Zeitstempeln der Daten multipliziert werden.

Da die verwendeten Fuzzy-Terme normalisiert sind, ist auch deren Produkt miteinander normalisiert. Das Produkt wird von allen fuzzifizierten Eingabedaten mit den jeweils zugehörigen fuzzifizierten Zeitstempeln gebildet. Daraus ergibt sich eine Menge von gebildeten Produkten, aus welchen das Maximum gewählt wird. Da die einzelnen Produkte normalisiert sind, ist das Maximum ebenfalls normalisiert. Demnach ist das Prädikat P_ω auch normalisiert (Bedingung 10).

Des Weiteren sind die Zugehörigkeitsfunktionen stetig. Von diesen Zugehörigkeitsfunktionen wird das Produkt gebildet, das immer noch eine stetige Funktion darstellt. Da die Maximumsoperation eine stetige Operation ist, bleibt die Funktion stetig. Somit ist auch das Prädikat P_ω stetig (Bedingung 11).

Um zu zeigen, dass die Negation für das Prädikat P_ω gilt, ist zu zeigen, dass die Negation des Prädikates 1 minus den Wert des nicht negierten Prädikates ist. Beweis, dass Bedingung (12) gültig ist:

$$\begin{aligned}
(19) \quad \neg P_\omega(S^i, time, fact) &= \max_{t \in time} \left[\mu_{\neg fact}(S^i(t)) \cdot \mu_{time}(t) \right] \\
&= \max_{t \in time} \left[\left(1 - \mu_{fact}(S^i(t))\right) \cdot \mu_{time}(t) \right] \\
&= 1 - \max_{t \in time} \left[\mu_{fact}(S^i(t)) \cdot \mu_{time}(t) \right] \\
&= 1 - P_\omega(S^i, time, fact)
\end{aligned}$$

Definition: Prädikat **UNTIL / SINCE**

(20) S^i **IS** $time_1\, fact_1$ **UNTIL** S^h **IS** $time_2\, fact_2 := P_{UNTIL}(S^i, S^h, time_1\, fact_1, time_2\, fact_2)$

$$t_0 \in \{t_0 | P_{reset}(t_0) = \max_t P_{reset}(t), t_0 \in time_1\}$$

$$P_{UNTIL}(S^i, S^h, time_1, fact_1, time_2, fact_2, t_l) = \min\left(P_{reset}(t_0,...), \max_{|t_0 - t_m| \leq t_l} P_{edge}(t_m,...)\right)$$

$$P_{SINCE}(S^i, S^h, time_1, fact_1, time_2, fact_2, t_l) = \min\left(\neg P_{reset}(t_0,...), \max_{|t_0 - t_m| \leq t_l} P_{edge}(t_m,...)\right)$$

mit:

$$P_{edge}(t_0, S^i, time_1, fact_1) = \frac{1}{\int \mu_{time_1}(t) dt} \left(\int_{t_A}^{t_0} \mu_{fact_1}(S^i(t)) \cdot \mu_{time_1}(t) dt + \int_{t_0}^{t_O} 1 - \mu_{fact_1}(S^i(t)) \cdot \mu_{time_1}(t) dt \right)$$

$$P_{reset}(t_0, S^h, time_2, fact_2) = \frac{1}{\int \mu_{time2}(t) dt} \left(\int_{t_A}^{t_0} 1 - \mu_{fact_2}(S^h(t)) \cdot \mu_{time_2}(t) dt + \int_{t_0}^{t_O} \mu_{fact_2}(S^h(t)) dt \cdot \mu_{time_2}(t) \right)$$

Man beachte, dass bei P_{reset} in obiger Formel der letzte Fuzzy-Zeit-Term nach dem Integral steht.

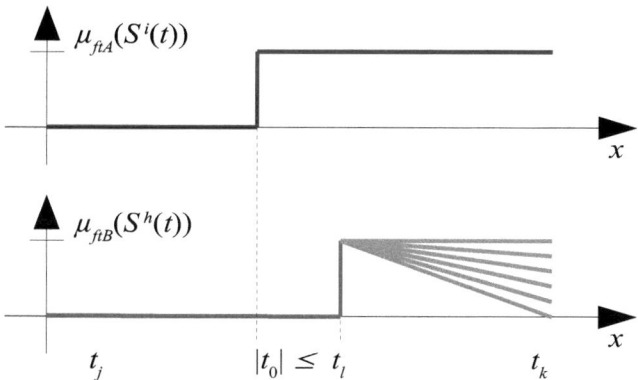

*Abbildung 19: Die Eingabedaten $S^i(t)$ und $S^j(t)$ werden nach ihrer Fuzzifizierung mit μ_{ftA} und μ_{ftB} miteinander verglichen. Je näher die sprunghaften Aktivierungen beieinander liegen, desto geringer ist der Abstand t_0 und desto mehr schlagen die Prädikate **SINCE** (in der Abbildung dargestellt) und **UNTIL** an.*

Erläuterung: Das Prädikat **SINCE** ist äquivalent zu dem Prädikat **UNTIL**. Es muss lediglich P_{reset} durch $\neg P_{reset}$ ersetzt werden. Ohne Beschränkung der Allgemeinheit wird im Folgenden nur das Prädikat **UNTIL** betrachtet. Dieses Prädikat testet mit der Funktion P_{reset} im Fuzzy-Zeitintervall *time*, ob der Eingabevektor S^i, welcher zu Anfang des Zeitintervalls ungültig ist (nicht in der Zugehörigkeitsfunktion μ_{fact1} lag), durch das Gültigwerden eines zweiten Eingabevektors S^h (getestet mit P_{edge}) im Zeitintervall $time_2$ gültig wurde und auch weiterhin gültig bleibt (siehe Abbildung 19).

Dabei ist bei dem Eingabevektor S^h nur wichtig, dass er ungefähr zur selben Zeit ($\pm t_l / 2$) gültig wird, wie S^i ungültig wird. Der weitere Verlauf von S^h spielt für den Aktivierungsgrad des Prädikates keine Rolle. Um P_{UNTIL} aus P_{reset} und P_{edge} zu berechnen, kann entweder das Minimum oder das Produkt der beiden Prädikate genutzt werden. Es seien nun die Zugehörigkeitsfunktionen Dreiecksfunktionen mit den Fuzzy-Termen $fact_1 = fact_2 = \{(0,0),\ (0.5,1),\ (1,0)\}$. Demnach sind die Zugehörigkeitsfunktionen wie folgt definiert:

$$(21)\quad \mu_{fact_1}(x) = \mu_{fact_2}(x) = \begin{cases} 2x, & 0 < x \leq 0.5 \\ 1 - 2x, & 0.5 < x < 1 \\ 0, & \text{otherwise} \end{cases}$$

Das Integral über die zwei Funktionen für das Produkt $\mu_{fact_1}(x) \cdot \mu_{fact_2}(y)$ beziehungsweise für das Minimum $min\left(\mu_{fact_1}(x), \mu_{fact_2}(y)\right)$ der beiden Zugehörigkeitsfunktionen ist 1/4 beziehungsweise 1/3.

Berechnung der Integrale:

$$P_{Produkt} = \int_0^1 \int_0^1 \mu_{fact_1}(x) \cdot \mu_{fact_2}(y)\, dy\, dx = 4 \int_0^{1/2} \int_0^{1/2} 2x \cdot 2y\, dy\, dx$$

$$= 4 \int_0^{1/2} 2x \cdot y^2 \big|_0^{1/2} dx = \int_0^{1/2} 2x\, dx = 1/4$$

$$P_{Minimum} = \int_0^1 \int_0^1 min\left(\mu_{fact1}(x), \mu_{fact2}(y)\right) dy\, dx = 4 \int_0^{1/2} \int_0^{1/2} min(2x, 2y)\, dy\, dx$$

$$= 8 \int_0^{1/2} \int_{0, x \geq y}^{1/2} y\, dy\, dx + 8 \int_0^{1/2} \int_{0, y \geq x}^{1/2} x\, dy\, dx = 16 \int_0^{1/2} \int_{0, x \geq y}^{1/2} y\, dy\, dx$$

$$= 16 \int_0^{1/2} \int_0^x y\, dy\, dx = 8 \int_0^{1/2} x^2\, dx = 1/3$$

Somit liefert das Integral über die Zugehörigkeitsfunktionen mit dem Produkt für das Prädikat eine kleinere Aktivierung als mit dem Minimum. Aus diesem Grund wird in dieser Arbeit die Berechnung über das Minimum favorisiert, da so das Prädikat **UNTIL** eher auf Signalverläufe mit den oben beschriebenen Eigenschaften P_{reset} und P_{edge} reagiert.

Da die Zugehörigkeitsfunktionen normiert sind, also immer $0 \leq \mu(t) \leq 1$ gilt, ist die Summe der Integrale in den Funktionen P_{reset} beziehungsweise P_{edge} immer kleiner gleich dem Integral von $\mu_{time}(t)$. Da die Summe der beiden Integrale durch das Integral von $\mu_{time}(t)$ geteilt wird, sind P_{reset} beziehungsweise

P_{edge} maximal 1 und somit auch normiert. Da nun P_{edge} und P_{reset} normiert sind, ist dies auch deren Minimum beziehungsweise Produkt in Abhängigkeit der Zeit (Bedingung 10).

Die Komposition von stetigen Funktionen mit der Minimumfunktion liefert immer stetige Funktionen, und da P_{edge} und P_{reset} stetig sind, ist somit auch P_{UNTIL} stetig (Bedingung 11).

Um zu zeigen, dass die Negation für das Prädikat **SINCE** gilt, ist zu zeigen, dass die Negation des Prädikates gleich 1 minus den Wert des nicht negierten Prädikates ist. Um $\neg P_{SINCE} = 1 - P_{SINCE}$ zu zeigen, genügt es, zu zeigen, dass für $x := P_{reset}$ und für $y := P_{edge}$ die Gleichung $\neg min(x,y) \stackrel{!}{=} 1 - min(x,y)$ wahr ist. Der Beweis:

(22)
$$\neg min(x,y) = \neg \begin{cases} x, & x \leq y \\ y, & else \end{cases} = \begin{cases} \neg x, & x \leq y \\ \neg y, & esle \end{cases} = \begin{cases} 1-x, & x \leq y \\ 1-y, & else \end{cases}$$

$$= 1 - \begin{cases} x, & x \leq y \\ y, & else \end{cases} = 1 - min(x,y)$$

mit $x, y \in [0,1] \subset \mathbb{R}$, $\neg x = 1-x$, $\neg y = 1-y$

Es bleibt zu zeigen, dass die folgenden Aussagen $\neg P_{reset} = 1 - P_{reset}$ und $\neg P_{edge} = 1 - P_{edge}$ wahr sind:

Setze $I := \int_{t_A}^{t_O} \mu_{time_1}(t) dt$

$\neg P_{reset}(t_0, S^i, time_1, fact_1)$

$= \frac{1}{I} \left(\int_{t_A}^{t_0} (\mu_{\neg fact_1}(S^i(t)) \cdot \mu_{time_1}(t)) dt + \int_{t_0}^{t_O} 1 - (\mu_{\neg fact_1}(S^i(t)) \cdot \mu_{time_1}(t)) dt \right)$

$= \frac{1}{I} \left(\int_{t_A}^{t_0} (1 - \mu_{fact_1}(S^i(t))) \cdot \mu_{time_1}(t) dt + \int_{t_0}^{t_O} 1 - (1 - \mu_{fact_1}(S^i(t))) \cdot \mu_{time_1}(t) dt \right)$

$= \frac{1}{I} \left(\int_{t_A}^{t_0} \mu_{time_1}(t) dt - \int_{t_A}^{t_0} \mu_{fact_1}(S^i(t)) \mu_{time_1}(t) dt + \int_{t_0}^{t_O} \mu_{time_1}(t) dt - \int_{t_0}^{t_O} 1 - \mu_{fact_1}(S^i(t)) \mu_{time_1}(t) dt \right)$

$= \frac{I}{I} + \frac{1}{I} \left(-\int_{t_A}^{t_0} \mu_{fact_1}(S^i(t)) dt - \int_{t_0}^{t_O} 1 - \mu_{fact_1}(S^i(t)) dt \right)$

$= 1 - \frac{1}{I} \left(\int_{t_A}^{t_0} \mu_{fact_1}(S^i(t)) dt + \int_{t_0}^{t_O} 1 - \mu_{fact_1}(S^i(t)) dt \right) = 1 - P_{reset}(t_0, S^i, time_1, fact_1)$

$$\neg P_{edge}(t_0, S^h, time_2, fact_2)$$

$$= \frac{1}{I} \left(\int_{t_A}^{t_0} 1 - \mu_{\neg fact_2}(S^h(t)) \cdot \mu_{time_2}(t) dt + \int_{t_0}^{t_O} \mu_{time2}(t) dt \cdot \mu_{\neg fact_2}(S^h(t)) \cdot \mu_{time_2}(t) \right)$$

$$= \frac{1}{I} \left(\int_{t_A}^{t_0} 1 - (1 - \mu_{fact_2}(S^h(t))) \cdot \mu_{time_2}(t) dt + \int_{t_0}^{t_O} \mu_{time2}(t) dt \cdot (1 - \mu_{fact_2}(S^h(t)) \cdot \mu_{time_2}(t)) \right)$$

$$= \frac{1}{I} \left(\int_{t_A}^{t_0} \mu_{time_2}(t) dt + \int_{t_A}^{t_0} -1 + \mu_{fact_2}(S^h(t)) dt + \int_{t_0}^{t_O} \mu_{time_2}(t) dt + \int_{t_0}^{t_O} \mu_{time_2}(t) dt \cdot (-\mu_{fact_2}(S^h(t))) \right)$$

$$= 1 - \frac{1}{I} \left(\int_{t_A}^{t_0} 1 - \mu_{fact_2}(S^h(t)) \cdot \mu_{time_2}(t) dt + \int_{t_0}^{t_O} \mu_{time_2}(t) dt \cdot \mu_{fact_2}(S^h(t)) \cdot \mu_{time_2}(t) \right)$$

$$= 1 - P_{edge}(t_0, S^h, time_2, fact_2)$$

Die Gleichung $\neg P_{edge} = 1 - P_{edge}$ ist gültig für ein beliebiges t_0. Insbesondere gilt die Gleichung auch für

$t_0 \in \{t_0 | P_{reset}(t_0) = \max_t P_{reset}(t), t_0 \in time_1\}$. Daraus folgt, dass (Bedingung 12) bewiesen ist.

Nun folgen weitere, nicht temporale Prädikate. Diese Prädikate werden verwendet, um Regel-Bedingungen einfacher und kürzer formulieren zu können. Sie dienen also der Übersichtlichkeit. Da die Prädikate zeitlich unabhängig sind, werden diese nicht für einen Signalverlauf S^i, sondern für einen beliebigen aber festen Wert $x = S^i(t_C)$ beschrieben.

<u>Definition:</u> Prädikate **BIGGER** und **SMALLER**

(23) $x \textbf{ BIGGER } fact := P_\beta(x, fact) := \int_{-\infty}^{x} \mu_{fact}(y) dy / \int_{-\infty}^{\infty} \mu_{fact}(y) dy$

(24) $x \textbf{ SMALLER } fact := P_\sigma(x, fact) := 1 - P_\beta(x, fact)$

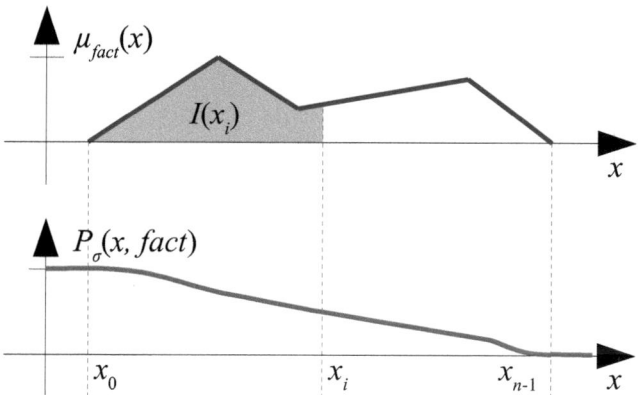

Abbildung 20: Bei dem Integral I(x$_i$) gibt x$_i$ an, wie nah x$_i$ an x$_{n-1}$ liegt. Dies wird durch die untere Kurve gezeigt, welche den Wert des normalisierten Integrals angibt. Dieser Wert entspricht dem Aktivierungsgrad des Prädikates **SMALLER**

Erläuterung: Die Prädikatfunktionen P_β beziehungsweise P_σ stehen für *bigger* beziehungsweise *smaller*. Das Prädikat soll entscheiden, ob ein Wert x größer beziehungsweise kleiner ist als ein gegebener Fuzzy-Term *fact*. Ohne Beschränkung der Allgemeinheit wird im Folgenden nur das Prädikat P_σ betrachtet.

Der Fuzzy-Term *fact* beginnt bei $(x_0, y_0) \in$ *fact* und endet bei $(x_{n-1}, y_{n-1}) \in$ *fact*. Ist x echt kleiner als der Fuzzy-Term *fact*, gilt also $x < x_0$, so ist das Prädikat 1. Ist x jedoch echt größer als *fact*, gilt also $x > x_{n-1}$, so ist das Prädikat 0. Liegt x innerhalb von *fact*, so wird das Prädikat umso kleiner, je näher man sich dem rechten Rand des Fuzzy-Terms nähert. Zur genaueren Erläuterung wird die Funktion $I(x) = \int_{-\infty}^{x} \mu_{ft}(y)\,dy$ definiert. Sie ist eine Teilfunktion des Prädikates **SMALLER** und liefert eine monoton steigende Funktion, denn die Zugehörigkeitsfunktion μ_{fact} ist nie negativ. Die Funktion $I(x)$ wird nun normiert und negiert, indem sie durch $I(\infty)$ geteilt und von 1 abgezogen wird. So entspricht die neu entstehende Funktion dem Prädikat **SMALLER** (siehe Abbildung 20).

Es ist zu beachten, dass der Vergleich mit nur einem Fuzzy-Term gemacht wird. Es wird also keine Aussage über andere Fuzzy-Terme getroffen.

Zum Beispiel habe die Fuzzy-Variable *Temperature* die Fuzzy-Terme *very cold, cold, medium, hot* und *very hot*. Jeder Fuzzy-Term überlapt seinen direkten Nachbarn so, dass die Summe der Aktivierung immer 1 ergibt. Die Fuzzy-Terme sind aufsteigend von *very cold* nach *very hot* nach der Temperatur sortiert. Soll geprüft werden, ob eine Temperatur T *very cold, cold* oder *medium* ist, so ist in der Regel nur von Interesse, ob T kleiner ist als *hot*. Anstatt nun "(T **IS** *very low*) **OR** (T **IS** *low*) **OR** (T **IS** *medium*)" zu schreiben, kann man das Prädikat P_σ verwenden und „(T **SMALLER** *hot*)" schreiben. Es gilt zu beachten, dass die beiden Schreibweisen nicht unbedingt identisch zueinander sind, aber in den meisten Fällen ist die zweite Schreibweise die beabsichtigte. Die Anzahl der Berechnungen reduziert sich auf die Auswertung von nur einem Prädikat anstatt drei Auswertungen, denn wenn „(T **SMALLER** *hot*)" wahr ist, dann gilt auch "(T **IS** *very low*) **OR** (T **IS** *low*) **OR** (T **IS** *medium*)", da T in einem der drei Fuzzy-Terme *very cold, cold* oder *medium* liegen muss.

Die Fuzzy-Terme einer Fuzzy-Variablen müssen nicht geordnet sein. Aber wenn sie geordnet sind, kann, wenn die Bedingung "x **SMALLER** *fact*" wahr ist, geschlossen werden, dass die Bedingung, welche alle kleineren **OR** verknüpften Fuzzy-Terme beinhaltet auch, wahr ist. Diese Information kann ausgenutzt werden, um Regeln vereinfacht zu schreiben.

Für jedes beliebige x gilt immer, dass $0 \leq \int_{-\infty}^{x} \mu_{fact}(y) dy \leq \int_{-\infty}^{\infty} \mu_{fact}(y) dy$ ist, also der Quotient $\int_{-\infty}^{x} \mu_{fact}(y) dy / \int_{-\infty}^{\infty} \mu_{fact}(y) dy$ immer kleiner gleich 1 und größer gleich 0 ist. Dies gilt auch für P_σ, welches somit normiert ist (Bedingung 10).

Auch gilt, dass die Komposition von stetigen Funktionen wieder stetige Funktionen liefert (Bedingung 11).

Um zu zeigen, dass die Negation für das Prädikat P_σ gilt, ist zu zeigen, dass die Negation des Prädikates gleich 1 minus den Wert des nicht negierten Prädikates ist. Da die beiden Prädikate **BIGGER** und **SMALLER** invers zueinander sind (siehe Formel 24), ergibt sich aus der Negation des Prädikates P_β das Prädikat P_σ. Aus folgendem Beweis ergibt sich die Gültigkeit von Bedingung (12):

(25) $\neg P_\sigma(x, \mathit{fact}) = 1 - P_\sigma(x, \mathit{fact})$

$= 1 - \left(1 - \int_{-\infty}^{x} \mu_{\mathit{fact}}(y)dy / \int_{-\infty}^{\infty} \mu_{\mathit{fact}}(y)dy\right)$

$= \int_{-\infty}^{x} \mu_{\mathit{fact}}(y)dy / \int_{-\infty}^{\infty} \mu_{\mathit{fact}}(y)dy = P_\beta(x, \mathit{fact})$

und

(26) $\neg P_\beta(x, \mathit{fact}) = 1 - P_\beta(x, \mathit{fact})$

$= 1 - \int_{-\infty}^{x} \mu_{\mathit{fact}}(y)dy / \int_{-\infty}^{\infty} \mu_{\mathit{fact}}(y)dy$

$= P_\sigma(x, \mathit{fact})$

3.7 Mehrstellige Prädikate mit Zeit

In der Fuzzy-Logik gibt es das einstellige Prädikat **IS**. Es fuzzifiziert einen Wert x mit dem Fuzzy-Term *fact*. Zum Beispiel „*temperature* **IS** *low*". Dagegen sind die Prädikate der Temporalen-Fuzzy-Logik in der Regel zweistellig (**SINCE** und **UNTIL** sind sogar vierstellig). Sie fuzzifizieren eine Zeitreihe $X(t)$ mit den beiden Fuzzy-Termen *fact* für den Fakt und *time* für die Zeit. Zum Beispiel „$X(t)$ **IS**$_{\mathrm{TEMP}}$ *tomorrow high*".

Eine Erweiterung dieser Logik ist das Hinzufügen von beliebig vielen Fuzzy-Termen zu einem Prädikat. So entsteht ein mehrstelliges Prädikat. Prädikate der klassischen und der Temporalen-Fuzzy-Logik sind dann ein Spezialfall von mehrstelligen Prädikaten. Ein Prädikat der klassischen Fuzzy-Logik hat als Eingabe einen einzigen Wert und das Prädikat der Temporalen-Fuzzy-Logik hat als Eingabe eine Zeitserie. Die mehrstelligen Prädikate dagegen haben als Eingabe ein ganzes Objekt. Ein Objekt ist definiert als:

Definition: Objekt O
Ein Objekt besitzt einen Eigenschaftsvektor E. Der Eigenschaftsvektor besteht aus einer Menge von Eigenschaften e_i, welche in ihrer Gesamtheit den Zustand eines Objektes beschreiben. Es wird nicht nur der aktuelle Zustand, sondern es werden auch vergangene Zustände im Eigenschaftsvektor abgelegt, so dass jedes $e_i \in E$ eine Zeitserie $e_i(t)$ ist.

Beispielsweise kann ein Objekt über die Eigenschaften Temperatur T, den Ort x und die Geschwindigkeit v verfügen. Daraus ergibt sich der Eigenschaftsvektor zu $E = \{T, x, v\}$. Jede Eigenschaft wird durch eine Zeitserie dargestellt, so dass bei der Auswertung eines Prädikates auch der zeitliche Verlauf der Objekteigenschaften einfließen kann. Auf ein so definiertes Objekt kann ein mehrstelliges Prädikat angewandt werden. Dieses Prädikat betrachtet eine oder mehrere Eigenschaften des Objektes und ist wie folgt definiert:

Definition: Mehrstelliges Prädikat
Ein mehrstelliges Prädikat hat als Eingabedaten zur Fuzzifizierung ein Objekt O. Das Objekt hat einen Eigenschaftsvektor E (Menge von Fuzzy-Termen) und einen Fuzzy-Term *time*, welcher den zu betrachtenden Zeitbereich des Eigenschaftsvektors angibt. Bei jedem Fuzzy-Term aus E wird der Bezug zur Eigenschaft durch explizite Angabe des Namens vor dem Fuzzy-Term, gefolgt von einem Punkt angegeben. Zum Beispiel gibt „*T.low*" an, dass die Temperatur des Objektes mit dem Fuzzy-Term *low* fuzzifiziert wird.

Beispielsweise kann mit einem mehrstelligen Prädikat das oben beschriebene Objekt mit der Bedingung „O IS$_{TEMP}$ *yesterday v.fast T.high T_2.medium*" darauf überprüft werden, ob es sich gestern schnell bewegte und eine hohe (T) beziehungsweise mittlere (T_2) Temperatur hatte. Dieser Ausdruck kann auch durch mehrere mit AND verknüpfte Bedingungen beschrieben werden: „O IS$_{TEMP}$ *yesterday v.fast* AND O IS$_{TEMP}$ *yesterday T.high* AND O *IS$_{TEMP}$ yesterday T_2.high*". Ohne die Objektbeschreibung würden die Bedingungen wie folgt lauten: „v IS$_{TEMP}$ *yesterday fast* AND T IS$_{TEMP}$ *yesterday high* AND T_2 IS$_{TEMP}$ *yesterday high*". Wobei im letzten Fall klar sein muss, dass die Geschwindigkeit v und die Temperaturen T, T_2 nicht beliebige Eigenschaften sind, sondern beides Eigenschaften von einem einzigen bestimmten Objekt sind.

Verwendung können die mehrstelligen Prädikate finden, wenn viele Objekte mit gleichen Eigenschaften betrachtet werden. Dies ist in der Schwarmtheorie (siehe [USU05]) der Fall, in welcher das Verhalten von vielen Individuen betrachtet wird, um das Gesamtverhalten eines Schwarms zu berechnen oder vorherzusagen. Auch können die Prädikate in der Physik bei der Untersuchung von Partikelsystemen Verwendung finden, in welcher die Wechselwirkung der Partikel untereinander in Fuzzy-Regeln beschrieben werden kann.

3.8 Temporale Fuzzifizierung und temporale Aggregation

Hier werden die ersten beiden Schritte eines Regelungsschrittes mit Temporaler-Fuzzy-Logik dargestellt. Die Reihenfolge oder die Art der Schritte gleichen denen der klassischen Fuzzy-Logik, jedoch liegt bei der Temporalen-Fuzzy-Logik eine etwas andere Vorgehensweise vor.

1. Schritt: Die *Fuzzifizierung* der Eingabevariablen betrachtet nicht nur den aktuellen Zustand, sondern auch den vergangenen Verlauf der Daten und falls nötig eine Prognose der Daten in die Zukunft. Für Vorhersagen kann entweder ein Modell des Prozesses vorliegen oder eine Extrapolation verwendet werden. Möglichkeiten zur Extrapolation sind in Kapitel 4 gegeben. In der klassischen Fuzzy-Logik werden in diesem Schritt nur die aktuell anliegenden Werte betrachten. Zur Berechnung der Aktivierung einer Bedingung siehe Kapitel 3.6.

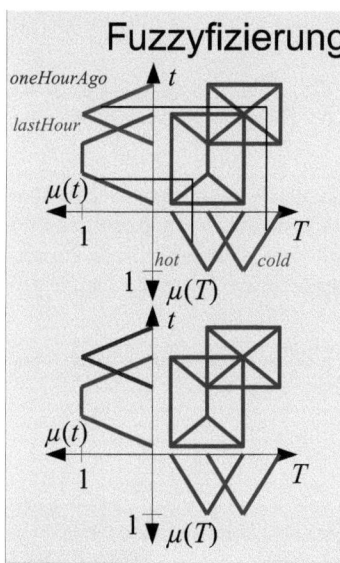

2. Schritt: Bei der *Aggregation* wird die Aktivierung aller Bedingungen berechnet. Diese ist identisch zur klassischen Fuzzy-Logik, wenn nur das Prädikat IS verwendet wird. Wird jedoch ein temporales Prädikat verwendet, so ändert sich die Vorgehensweise wie in Kapitel 3.6 beschrieben.

Gegeben sei nun ein Beispiel, mit welchem alle Schritte der Temporalen-Fuzzy-Regelung gezeigt werden.

Gegeben ist ein temporaler Fuzzy-Regler, welcher aus nur zwei Regeln besteht. Als Eingabe werden vier Variablen T_a, T_b, T_c und T_d verwendet. Für alle Eingabevariablen existiert eine Historie, welche in die Vergangenheit reicht. Im Beispiel ist die Historie 60 Minuten.

Abbildung 21: Temporale Fuzzifizierung

Die beiden in Abbildung 21 beispielhaft dargestellten Regeln lauten wie folgt:

    IF T_a **IS**_{TEMP} lastHour *cold* **AND** T_b **IS**_{TEMP} oneHourAgo *hot* **THEN** x_S **IS**_{TEMP} nextHour *low*
    IF T_c **IS**_{TEMP} lastHour *cold* **AND** T_d **IS**_{TEMP} oneHourAgo *hot* **THEN** x_S **IS**_{TEMP} inOneHour *high*

In den Regeln werden noch vier Fuzzy-Zeit-Terme und vier Fuzzy-Terme verwendet. Die Fuzzy-Zeit-Terme *nextHour* und *inOneHour* sind in Abbildung 12 auf Seite 58 dargestellt. Die beiden Fuzzy-Zeit-Terme *lastHour* und *oneHourAgo* sind analog zu Abbildung 12 definiert, nur dass die Zeiten in der Vergangenheit liegen. Die Fuzzy-Terme selbst sind in Abbildung 22 dargestellt.

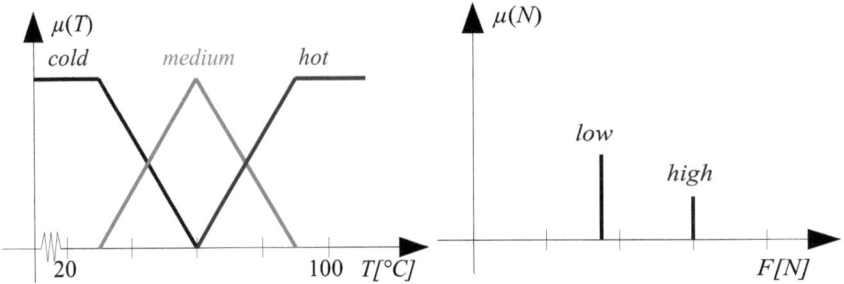

Abbildung 22: Fuzzy-Terme für die Fuzzy-Variable Temperatur der Eingabevariablen (links) und die Fuzzy-Variable Kraft der Ausgabevariablen (rechts) mit low = 18N und high = 30N.

Die Eingabedaten T_a, T_b, T_c und T_d werden im Abstand von 5 Minuten aufgenommen. Das erste Datum liegt 65 Minuten in der Vergangenheit und das letzte wird zum aktuellen Zeitpunkt aufgezeichnet. Das heißt, jede Eingabevariable verfügt über 14 Daten. Für das Beispiel seien folgende Daten gespeichert:

T_i\h	-1:05	-1:00	-0:55	-0:50	-0:45	-0:40	-0:35	-0:30	-0:25	-0:20	-0:15	-0:10	-0:05	-0:00
T_a	15	20	25	30	35	40	45	50	55	60	65	70	75	80
T_b	50	70	90	90	70	65	60	55	50	45	40	40	40	40
T_c	18	20	22	24	26	28	30	32	34	36	38	40	42	44
T_d	80	90	75	60	45	32	30	32	30	32	30	32	30	32

Tabelle 8: Historie für alle vier Eingabevariablen. Die Daten werden alle 5 Minuten aufgezeichnet und für eine Stunde gespeichert.

Im ersten Schritt werden die Eingangsdaten fuzzifiziert. Daraus ergeben sich Zugehörigkeitsvektoren. Hier im Beispiel werden alle Daten auf einmal fuzzifiziert. In einem laufenden System werden, wenn genügend Speicher zur Verfügung steht, immer nur die neu hinzukommenden Daten fuzzifiziert, um den Rechenaufwand bei langen Zeitreihen zu minimieren. Der Aufwand reduziert sich von $O(n^2)$ auf $O(n)$, wobei n die Länge der Zeitreihen ist.

$\mu_x(T_i)$\h	-1:05	-1:00	-0:55	-0:50	-0:45	-0:40	-0:35	-0:30	-0:25	-0:20	-0:15	-0:10	-0:05	-0:00
$\mu_{cold}(T_a)$	100	100	100	100	83	67	50	33	17	0	0	0	0	0
$\mu_{cold}(T_b)$	33	0	0	0	0	0	0	17	33	67	67	67	67	67
$\mu_{cold}(T_c)$	100	100	100	100	100	100	100	93	87	80	73	67	60	53
$\mu_{cold}(T_d)$	0	0	0	0	50	93	100	93	100	93	100	93	100	93

Tabelle 9: Fuzzifizierung aller Eingabedaten mit dem Fuzzy-Term cold der Fuzzy-Variablen Temperature. Angegeben ist die prozentuale Aktivierung.

$\mu_x(T_i)\backslash h$	-1:05	-1:00	-0:55	-0:50	-0:45	-0:40	-0:35	-0:30	-0:25	-0:20	-0:15	-0:10	-0:05	-0:00
$\mu_{medium}(T_a)$	0	0	0	0	17	33	50	67	83	100	83	67	50	33
$\mu_{medium}(T_b)$	67	67	0	0	67	83	100	83	67	50	33	33	33	33
$\mu_{medium}(T_c)$	0	0	0	0	0	0	0	7	13	20	27	33	40	47
$\mu_{medium}(T_d)$	33	0	50	100	50	7	0	7	0	7	0	7	0	7

Tabelle 10: Fuzzifizierung aller Eingabedaten mit dem Fuzzy-Term medium der Fuzzy-Variablen Temperature. Angegeben ist die prozentuale Aktivierung.

$\mu_x(T_i)\backslash h$	-1:05	-1:00	-0:55	-0:50	-0:45	-0:40	-0:35	-0:30	-0:25	-0:20	-0:15	-0:10	-0:05	-0:00
$\mu_{hot}(T_a)$	0	0	0	0	0	0	0	0	0	0	17	33	50	67
$\mu_{hot}(T_b)$	0	33	100	100	33	17	0	0	0	0	0	0	0	0
$\mu_{hot}(T_c)$	0	0	0	0	0	0	0	0	0	0	0	0	0	0
$\mu_{hot}(T_d)$	67	100	50	0	0	0	0	0	0	0	0	0	0	0

Tabelle 11: Fuzzifizierung aller Eingabedaten mit dem Fuzzy-Term hot der Fuzzy-Variablen Temperature. Angegeben ist die prozentuale Aktivierung.

Der zweite Schritt ist die Aggregation, also das Berechnen der Aktivierung der einzelnen Bedingungen. Hier im Beispiel besitzt jede der beiden Regeln zwei Bedingungen, also gibt es vier Aktivierungen zu berechnen. Dazu werden die in Kapitel 3.6 vorgestellten Definitionen der Prädikate verwendet. Da alle vier Bedingungen das Prädikat IS$_{TEMP}$ benötigen, genügt Formel (15) um folgende Aktivierungen zu berechnen.

Für die Fuzzy-Zeit-Terme ergeben sich über die Zeit gerechnet folgende Aktivierungen:

$\mu_x(t)\backslash h$	-1:05	-1:00	-0:55	-0:50	-0:45	-0:40	-0:35	-0:30	-0:25	-0:20	-0:15	-0:10	-0:05	-0:00
$\mu_{lastHour}(t)$	0	0	33	67	100	100	100	100	100	100	100	67	33	0
$\mu_{oneHourAgo}(t)$	33	100	33	0	0	0	0	0	0	0	0	0	0	0

Tabelle 12: Zeitliche Aktivierung der Fuzzy-Zeit-Terme lastHour und oneHourAgo.

Daraus folgen die Aktivierungen für die vier Bedingungen.

Bedingung	Aktivierungsgrad
T_a IS$_{TEMP}$ lastHour cold	38,9%
T_b IS$_{TEMP}$ oneHourAgo hot	39,8%
T_c IS$_{TEMP}$ lastHour cold	88,6%
T_d IS$_{TEMP}$ oneHourAgo hot	83,5%

Tabelle 13: Aktivierung der Bedingungen.

Damit ist der Schritt der temporalen Fuzzifizierung mit anschließender Aggregation abgeschlossen.

3.9 Temporale Inferenz und temporale Komposition

Die *temporale Inferenz* und die *temporale Komposition* beschreiben den Übergang von der Aktivierung der einzelnen Regel-Bedingungen zur Aktivierung von Regeln. Die Regel-Folgerungen werden durch die temporale Komposition zu einer temporalen Aktivierung je Ausgabevariable zusammengefasst.

Die klassische Inferenz unterscheidet sich per Definition (Fuzzy-Zeit-Terme und Fuzzy-Terme liefern beide skalare Aktivierungsgrade) nicht von der temporalen Inferenz, denn die Regel-Bedingungen besitzen in beiden Fällen einen Aktivierungsgrad. Die Bedingungen sind mit **AND** und **OR** verknüpft. Der Unterschied ist, dass bei der temporalen Fuzzy-Logik die Aktivierung der Bedingungen durch temporale Prädikate bestimmt wird.

Bei der temporalen Komposition gibt es jedoch Unterschiede. Die Zeit wird entweder durch ein scharfes Intervall oder durch einen unscharfen Fuzzy-Zeit-Term angegeben. Das Intervall gibt den oder die Zeitstempel an, zu denen die Ausgabedaten verwendet werden sollen. Ein Fuzzy-Zeit-Term gibt dieses Zeitintervall auf eine unscharfe Art und Weise an. Die klassische Komposition ist ein Spezialfall der temporalen Komposition, bei der die Zeit in der Regel-Folgerung auf einen scharfen Zeitpunkt, die aktuelle Zeit, gesetzt wird.

Eine Regel-Bedingung besteht wie in Kapitel 1.2.3.2.3 beschrieben aus einem Term. Ein Term kann entweder aus geklammerten **AND** beziehungsweise **OR** verknüpften Termen oder einem Atom, zum Beispiel (*a* **IS** *normal*) bestehen. Das Berechnen der Aktivierung eines Regel-Terms erfolgt unter Betrachtung seiner Subregelterme. Die berechnende Methode ruft sich rekursiv auf und arbeitet so rekursiv die Regel-Terme ab. Dabei wird beachtet, dass bei der Auswertung von gleichberechtigten Termen Punkt (**AND**) vor Strich (**OR**) gilt.

Hier wird am Beispiel eines nicht geklammerten Ausdruckes der eigene Ansatz zum Berechnen von Punkt-vor-Strich gezeigt. Klammern haben dabei eine höhere Priorität wie **AND** oder **OR**.

Bei der Berechnung werden alle Terme durchgesehen, und ausgehend von ihren Verknüpfungen untereinander (**AND** oder **OR**) werden die Terme miteinander verrechnet. Es kann dabei nicht vorkommen, dass verschiedenartige Operationen, wie in Tabelle 2 auf Seite 18 angegeben, gemischt werden. So gehört zu **AND_MIN** immer **OR_MAX**, zu **AND_PROD** immer **OR_ASUM** und zu **AND_BDIF** immer **OR_BSUM**. So lässt sich das Verrechnen der Terme OBdA durch die Beschreibung der Berechnung von Termen mit **AND** und **OR** angeben.

In Tabelle 14 sind die Zwischenergebnisse und in Tabelle 15 die Erläuterungen zu einem Beispiel zur Berechnung des Ausdruckes (A_1 **AND** A_2) **OR** (A_3 **AND** A_4) **OR** (A_5 **AND** A_6 **AND** A_7) gegeben. Im Folgenden sei folgende Aktivierung der Terme A_i angenommen:

A: { 0.5, 0.25, 0.3, 0.4, 0.7, 0.5, 0.6 }

Schritt	1	2	3	4	5	6	7	8
A_i	0.5	0.25	0.3	0.4	0.7	0.5	0.6	
Operation		AND	OR	AND	OR	AND	AND	OR
Register v1	0.5	0.25	0.3	0.3	0.7	0.5	0.5	
Register v2	0	0	0.25	0.25	0.3	0.3	0.3	0.5

Tabelle 14: Ein Beispiel für die Berechnung von Punkt-vor-Strich (AND vor OR). Es wird A_1 AND A_2 OR A_3 AND A_4 OR A_5 AND A_6 AND A_7 = 0.5 berechnet.

Zur Berechnung des Ausdruckes schreibt man in die erste Zeile der Tabelle nacheinander alle A_i. Die letzte Zelle der ersten Zeile bleibt frei. In die zweite Zeile schreibt man beginnend ab der zweiten Zelle – die erste bleibt frei – alle Operationen in der Reihenfolge, wie sie auch im Ausdruck vorkommen. In die letzte Zelle schreibt man immer ein **OR**. Damit ist die Tabelle erstellt und die Berechnung kann wie in Tabelle 15 beschrieben ausgeführt werden.

Schritt	Rechenart	Register v_1	Register v_2
1	Initialisierung	$v_1 := A_1$	$v_2 := 0$
2	AND	$v_1 := v_1$ AND A_2	---
3	OR	$v_1 := A_3$	$v_2 := v_2$ OR v_1
4	AND	$v_1 := v_1$ AND A_4	---
5	OR	$v_1 := A_5$	$v_2 := v_2$ OR v_1
6	AND	$v_1 := v_1$ AND A_6	---
7	AND	$v_1 := v_1$ AND A_7	---
8	OR	---	$v_2 := v_2$ OR v_1

Tabelle 15: Kommentierung der einzelnen Rechenschritte aus Tabelle 14. Steht in einem Register „---", dann wird der Wert des Registers in diesem Schritt nicht verändert. Das Ergebnis der Berechnung steht in v2.

Im ersten Schritt, der Initialisierung, steht im Register v_1 die Aktivierung des Terms A_1 und im Register v_2 eine Null. In den weiteren Schritten wird je nach Operation eine andere Aktion ausgeführt. Im i-ten Schritt wird bei der

Operation **AND** der Inhalt des Registers v_1 mit dem aktuellen Term A_i verrechnet und das Register v_2 unverändert gelassen. Bei der Operation **OR** wird der Inhalt des Registers v_1 mit der Aktivierung des Terms A_i überschrieben und das Register v_2 auf das Ergebnis der **OR**-Verknüpfung von v_1 und v_2 gesetzt. Das Endergebnis steht nach Ausführung aller Schritte im Register v_2.

Im Folgenden wird die temporale Komposition, ausgehend von der Aktivierung der Regeln, als Komposition der Regel-Folgerungen beschrieben; einmal als Komposition mit scharfen Intervallen (siehe Kapitel 2.2.4) und einmal als Komposition mit den neuen Fuzzy-Zeit-Termen. In beiden Abschnitten wird das in Kapitel 3.8 eingeführte Beispiel verwendet und fortgeführt.

3.9.1 Temporale Komposition mit Intervallen

Die temporale Komposition mit scharfen Intervallen (siehe Kapitel 2.2.4) unterscheidet sich von der klassischen Komposition dadurch, dass ein Zeitintervall mit scharfen Grenzen angegeben wird. Dieses Zeitintervall bestimmt den Zeitbereich, in dem die Regel-Folgerung gültig ist. Über andere Zeitpunkte außerhalb des Intervalls wird keine Aussage getroffen, als ob die Regel zu diesen Zeiten nicht gefeuert hätte.

In der klassischen Fuzzy-Logik gilt ein Ausgabewert, welcher sich aus einer Regel-Folgerung ergibt, zu dem Zeitpunkt, zu dem er berechnet wurde. Für die Fuzzy-Regelung bedeutet dies, dass ein Ausgabewert solange gültig ist, bis der Fuzzy-Regler den nächsten Durchlauf berechnet hat.

Nun kann aber in der temporalen Komposition ein Zeitpunkt oder ein ganzes Zeitintervall angegeben werden, zu dem ein Wert gültig ist. Zum Beispiel kann ein Fuzzy-Regler berechnen, dass ein bestimmter Ausgabewert erst in 10 Minuten gesetzt wird und dann für 5 Minuten gilt. Diese zeitlich eingeschränkten Angaben können dazu genutzt werden, zeitliche Abhängigkeiten zu modellieren. So kann bekannt sein, dass beim Vorliegen einer bestimmten Situation erst in wenigen Minuten eine Aktion ausgeführt werden muss und diese Aktion auch nur eine bestimmte Zeit lang ausgeführt werden muss. In einem klassischen Fuzzy-Regler wäre diese Modellierung nicht möglich, denn dort gilt der Ausgabewert sofort.

Ein Vorteil dieser Herangehensweise ist die einfache Handhabung von zeitlichen Abhängigkeiten. Denn für jede Ausgabevariable muss der Regler sich nur merken, wann welcher Wert einzustellen ist.

Ein Nachteil ist, dass es viele Möglichkeiten gibt, wie zu verfahren ist, wenn mehrere Regeln zu einem Zeitpunkt unterschiedliche Ausgabewerte einstellen möchten. Zwei Möglichkeiten sind im Folgenden vorgestellt:

Im einfachsten Fall gewinnt die Regel mit dem größten Aktivierungsgrad. Problematisch ist jedoch der Übergang von einem Aktivierungsgrad zu einem anderen. So kann eine Regel für einen langen Zeitraum einen Wert A einstellen und eine andere Regel mit einer höheren Aktivierung für einen kurzen Zeitraum einen Wert B einstellen. Liegen die Werte A und B weit voneinander entfernt, so ändert sich der Ausgabewert in einer kurzen Zeitspanne um einen großen Wert. Dies entspricht nicht der Intention von Fuzzy-Reglern, die Ausgabewerte eher stetig zu ändern. Das Problem der unstetigen Änderung lässt sich durch eine mindestens quadratische Interpolation entlang der Zeitachse der Ausgabewerte lösen.

Eine andere Möglichkeit ist der gewichtete Mittelwert. Das Gewicht von einem Ausgabewert zu einem bestimmten Zeitpunkt ist der Grad der Regelaktivierung, durch den dieser Wert entstand. Ergibt zum Beispiel eine Regel 1 mit einer Aktivierung von 50%, dass eine Fuzzy-Variable im Intervall [0, 7] *niedrig* ist und eine andere Regel 2 mit einer Aktivierung von 75%, dass selbige Fuzzy-Variable im Intervall [5,10] *hoch* ist, dann wird in dem überlappenden Zeitintervall [5,7] der gewichtete Mittelwert gebildet. Auch hier sollte die Ausgabe entlang der Zeitachse mindestens quadratisch interpoliert werden, damit eine stetige Ausgabefunktion entsteht.

Für beide Möglichkeiten ergeben sich die in Tabelle 16 aufgelisteten Werte für die Fuzzy-Ausgabevariable.

Zeit	Aktivierung (1. Möglichkeit)	Aktivierung (2. Möglichkeit)
[0, 4]	50% *niedrig*	50% *niedrig*
[5, 7]	75% *hoch*	50% *niedrig*, 75% *hoch*
[8, 10]	75% *hoch*	75% *hoch*

Tabelle 16: Aktivierung in Abhängigkeit der gewählten Kompositionsmethode.

Diese zweite Möglichkeit ist für Eingebettete Systeme schwieriger zu berechnen, da ein größerer Rechen- und Speicheraufwand besteht. Dennoch ist diese zweite Möglichkeit zu bevorzugen, da zum Berechnen der Ausgabe weniger Regeln verworfen werden. Bei Möglichkeit 1 spielt das Ergebnis der Regel 1 im Zeitintervall [5,7] überhaupt keine Rolle mehr. Bei Möglichkeit 2 dagegen würde sich sogar eine kleine Änderung der Regelaktivierung von Regel 1 bemerkbar machen.

Das in Kapitel 3.8 eingeführte Beispiel muss noch so geändert werden, dass keine Fuzzy-Zeit-Terme, sondern Zeit-Intervalle verwendet werden. Der Einfachheit wegen wird *nextHour* auf [0:00, 1:00] und *inOneHour* auf [0:55, 1:05] gesetzt.

IF T_a **IS**_{TEMP} lastHour *cold* **AND** T_b **IS**_{TEMP} oneHourAgo *hot* **THEN** x_S **IS**_{TEMP} [0:00, 1:00] *low*

IF T_c **IS**_{TEMP} lastHour *cold* **AND** T_d **IS**_{TEMP} oneHourAgo *hot* **THEN** x_S **IS**_{TEMP} [0:55, 1:05] *high*

Mit den Aktivierungen der Bedingungen aus Tabelle 13 ergibt sich bei der Verwendung der min/max Methode (min für AND und max für OR) eine Regelaktivierung von 38,9% für Regel 1 und 83,5% für Regel 2. Die Komposition entlang der Zeitachse ist in Tabelle 17 dargestellt.

Zeit	Aktivierung der Fuzzy-Terme	Ausgabewert x_S
[0:00, 0:55]	38,9% *low*	18N
[0:55, 1:00]	38,9% *low*, 83,5% *high*	26,2N
[1:00, 1:05]	83,5% *high*	30N

Tabelle 17: Ergebnis der Komposition.

Für die Komposition mit Intervallen ist hier noch das Ergebnis der Defuzzifizierung angegeben (Ausgabewert x_s), da die Komposition mit Intervallen in dieser Arbeit nicht weiter verfolgt wird. Bevorzugt wird die Komposition mit Fuzzy-Zeit-Termen verwendet, welche im nächsten Abschnitt vorgestellt wird. Das Ergebnis ist in Abbildung 23 dargestellt. Es ist die nicht interpolierte, unstetige und die quadratisch interpolierte, stetige Ausgabefunktion eingezeichnet.

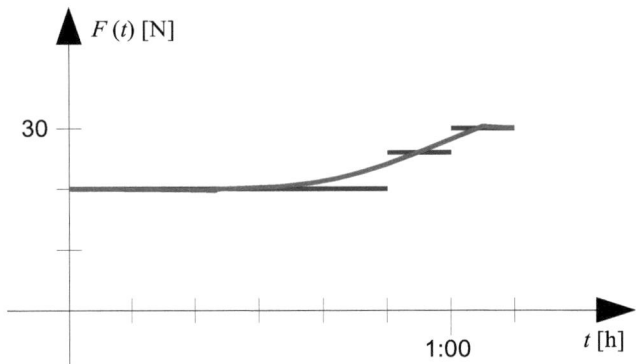

Abbildung 23: Aktivierung über die Zeit nicht interpoliert (unstetige Funktion) und interpoliert (stetige Funktion).

3.9.2 Temporale Komposition mit Fuzzy-Zeit-Termen

Die temporale Komposition mit unscharfen Fuzzy-Zeit-Termen unterscheidet sich von der klassischen Komposition dadurch, dass ein unscharfer Zeitbereich angegeben wird. Dieser Zeitbereich bestimmt die zeitliche Gültigkeit. Die verwendeten Fuzzy-Zeit-Terme sind analog zu den Fuzzy-Zeit-Termen definiert, die auch zur Fuzzifizierung verwendet werden (siehe Kapitel 3.4).

Wie in Kapitel 3.9.1 angeführt, kann ein Fuzzy-Zeit-Term bei der Komposition auch dazu genutzt werden, den Zeitbereich, in dem eine Regel-Folgerung gültig ist, anzugeben. Mit Fuzzy-Zeit-Termen kann dieser Bereich zudem unscharf angegeben werden.

Fuzzy-Zeit-Terme können auf zwei verschiedene Arten in einer Regel-Folgerung verwendet werden.

Erstens: Als allein stehende Folgerung (also eine Folgerung, die kein Prädikat beinhaltet) einer Regel kann ein Fuzzy-Zeit-Term angeben, dass in diesem das Aktivierungsprofil einer Regel abgelegt wird. Der Fuzzy-Zeit-Term speichert sozusagen die zeitlichen Aktivierungsgrade der Regel, so dass diese in einer anderen Regel als Eingabe in einer Regel-Bedingung verwendet werden können.

IF ... THEN *fuzzyZeitTerm*, ...

IF ... IS$_{TEMP}$ *fuzzyZeitTerm* ... **THEN** ...

Zweitens kann ein Fuzzy-Zeit-Term in einer Regel-Folgerung dazu genutzt werden, die Aktivierung der Bedingung über die Zeit anzugeben und somit auch zu beschränken. Eine Folgerung gilt somit nicht zu dem aktuellen Zeitpunkt, sondern in dem durch den Fuzzy-Zeit-Term angegebenen unscharfen Zeitraum.

IF ... THEN *x* **IS** *fuzzyZeitTerm fuzzyTerm*

Ein wesentlicher Vorteil von Fuzzy-Zeit-Termen im Vergleich zu Intervallen ist, dass bei der Komposition auch unscharfe Definitionen möglich sind. Außerdem ist die Berechnung der Komposition einfacher, denn es sind im Wesentlichen nur geometrische Operationen. Diese geometrischen Operationen bestehen darin, aus einem Fuzzy-Term und einem Fuzzy-Zeit-Term ein geometrisches Objekt, wie in Abbildung 11 auf Seite 57 dargestellt, durch eine Minimumfunktion zu erstellen. Das Resultat ist, je nachdem, ob die Terme Dreiecke oder Trapeze sind, eine dreidimensionale Pyramide oder ein dreidimensionaler Pyramidenstumpf. Allgemein gilt, dass aus einem Fuzzy-Term $T(x)$ und einem Fuzzy-Zeit-Term $Z(t)$ durch folgende Vorschrift ein geometrisches Objekt $O(x, t)$ entsteht.

$$O(x, t) = \min(T(x), Z(t))$$

Ein solches geometrisches Objekt hat immer die maximale Höhe 1, da es für reguläre Fuzzy-Terme und Fuzzy-Zeit-Terme immer einen Wert x und einen Zeitpunkt t gibt, an dem der Aktivierungsgrad von $T(x)$ und $Z(t)$ gleich

1 ist. Für diesen Wert und diese Zeit ist dann auch die obige Minimumsfunktion 1.

Der eigentliche Schritt der Komposition besteht darin, alle Objekte, die in Regel-Folgerungen beschrieben sind, in ihrer Höhe so zu beschneiden, dass die maximale Höhe der Regel-Aktivierung entspricht. Des Weiteren werden alle Objekte, welche zu einer Fuzzy-Ausgabevariablen gehören, im kartesischen Raum übereinander gelegt. Es entsteht eine Ansammlung von Objekten, von denen aber nur deren Hülle weiter von Interesse ist. Ein Objekt A wird komplett von einem anderen Objekt B überdeckt, wenn es aus den selben Fuzzy-Termen und Fuzzy-Zeit-Termen erstellt wird und das Objekt B durch eine höhere Regel-Aktivierung als das Objekt A erstellt wird. Dies entspricht der klassischen Komposition, wenn die Regel mit der größeren Aktivierung gewinnt. Alternativ kann die Höhe der Objekte so gewählt werden, dass die Höhe oder das Volumen der Objekte gemittelt wird. Dies entspricht dann der klassischen Komposition mit dem Mittelwert. Die Entscheidung, welche Art der Komposition besser ist, muss im Einzelfall entschieden werden. Im Folgenden jedoch wird die Maximumsmethode zur Komposition verwendet.

Nun wird das Beispiel aus Kapitel 3.8 weiter geführt.

Die Regelaktivierungen ergeben sich aus den Bedingungen T_a **IS**$_{TEMP}$ *lastHour cold* und T_b **IS**$_{TEMP}$ *oneHourAgo hot* für die erste Regel. Die Bedingungen sind mit UND verknüpft. Bei einer UND-Verknüpfung kann man zum Beispiel die Minimumsfunktion anwenden. Daraus ergibt sich hier eine Regelaktivierung von 38.9%. Bei der zweiten Regel sind die Bedingungen T_c **IS**$_{TEMP}$ *lastHour cold* und T_d **IS**$_{TEMP}$ *oneHourAgo hot* ebenfalls mit UND verknüpft. Die Regelaktivierung ergibt sich zu 83,5%, siehe Tabelle 13 auf Seite 79 für die Aktivierungsgrade der einzelnen Bedingungen.

Abbildung 24 zeigt für das in Kapitel 3.8 eingeführte Beispiel die Inferenz und Komposition. Bei der Inferenz werden die Fuzzy-Zeit-Terme *nextHour* beziehungsweise *inOneHour* mit den Fuzzy-Termen *low* beziehungsweise *high* verbunden und in der Höhe so beschnitten, dass sie die Höhe der jeweiligen Regelaktivierung von 38,9% beziehungsweise 83,5% besitzen. Das obere Diagramm bezieht sich auf die erste und das untere auf die zweite Regel.

Die Komposition ergibt sich aus dem Übereinanderlegen beider Diagramme. Manche Bereiche der beiden Objekte überlappen einander. Würde bei dem Beispiel eine dritte Regel vorhanden sein, welche ebenfalls die Folgerung x_S **IS**$_{TEMP}$ *nextHour low* besitzt, aber zu einem geringeren Grad aktiviert ist, so würde das Objekt aus deren Folgerung komplett von dem Objekt aus dem oberen Diagramm überdeckt sein.

Das Ergebnis der Komposition ist analog zur klassischen Fuzzy-Logik ebenfalls kein scharfer Wert. In der klassischen Fuzzy-Logik gibt die Komposition eine Wahrscheinlichkeitsverteilung über alle möglichen Werte an. In der temporalen Komposition wird diese Wahrscheinlichkeitsfunktion noch um die Zeitachse erweitert, so dass es zu unterschiedlichen Zeitpunkten unterschiedliche Wahrscheinlichkeitsverteilungen gibt.

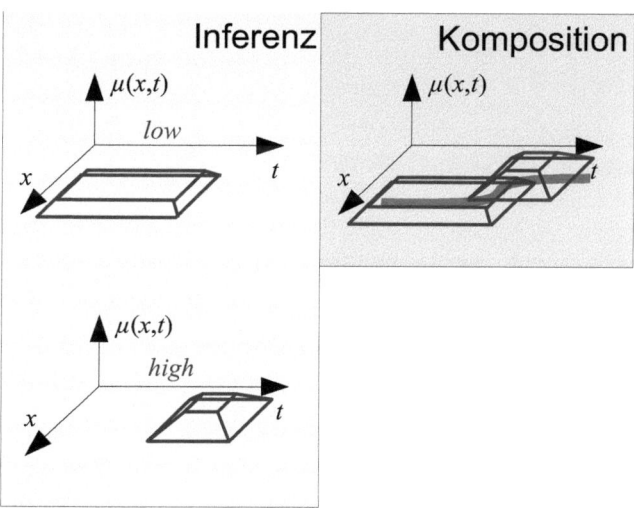

Abbildung 24: Temporale Inferenz und temporale Komposition.

3.10 Temporale Defuzzifizierung

Dieses Kapitel beschreibt den letzten Schritt der temporalen Fuzzy-Logik: die *temporale Defuzzifizierung*. Sie berechnet scharfe Ausgabewerte aus dem Ergebnis der Komposition. Für jeden beliebigen, aber festen Zeitpunkt t_0 kann aus der Komposition ein Ausgabewert bestimmt werden. Abbildung 25 zeigt eine Schwerpunktlinie, also das Ergebnis einer solchen temporalen Defuzzifizierung mit dem dazugehörigen Ergebnis der Komposition. Ein bestimmter defuzzifizierter Wert zu einem bestimmten Zeitpunkt t_0 ist durch einen Punkt dargestellt.

Der Vorteil der temporalen Defuzzifizierung ist, dass die verschiedensten Methoden aus der klassischen Fuzzy-Logik weiterverwendet werden. Denn schränkt man die Komposition auf einen bestimmten Zeitpunkt ein, erhält man sozusagen einen Schnitt durch die Komposition. Das Ergebnis ist eine Komposition, wie sie auch in der klassischen Fuzzy-Logik vorkommt. Dieser Schnitt beschränkt keinesfalls die Temporale-Fuzzy-Logik, da nach der Komposition eigentlich nicht die Schwerpunktlinie von Interesse ist, sondern ein Ausgabe-

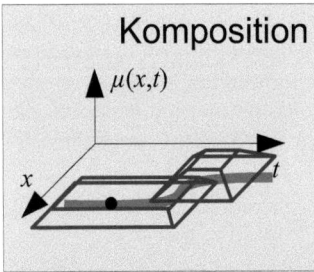

Abbildung 25: *Temporale Komposition mit defuzzifizierter Ausgabe als graue Schwerpunktlinie. Die Ausgabe zu einem festen Zeitpunkt t_0 ist durch einen schwarzen Punkt gekennzeichnet.*

wert an einem bestimmten Zeitpunkt gesucht ist.

Von den verschiedenen Möglichkeiten zur Defuzzifizierung beschränkt sich diese Arbeit im Folgenden auf die Schwerpunktmethode. Denn diese ist natürlicher und näher am menschlichen Schließen und sie findet außerdem auch öfters Anwendung (siehe [Giron02]). Einziger Nachteil dieser Methode ist der erhöhte Rechenaufwand. Dieser wird aber in diesem Kapitel reduziert.

In den kommenden Kapiteln wird Schritt für Schritt der Weg zur effizienten Defuzzifizierung beschrieben. Zuerst, in Kapitel 3.10.1, wird die Berechnung eines Integrales von näherungsweiser und exakter Integration in ihrer Genauigkeit und ihrem Aufwand miteinander verglichen. Anschließend, in Kapitel 3.10.2, wird ein Algorithmus und dessen Aufwandsabschätzung zur Berechnung der Hülle von ODER-verknüpften Fuzzy-Termen eingeführt. Dieser Algorithmus bildet die Grundlage zur effizienten Integralrechnung in Kapitel 3.10.3. Abschließend wird in Kapitel 3.10.4. das Beispiel, welches in Kapitel 3.8 eingeführt wurde, zu Ende gebracht.

3.10.1 Stückweise versus exakter Integration

Bei der Komposition werden aktivierte Fuzzy-Terme übereinander gelegt. Um daraus den Flächenschwerpunkt zu bestimmen, muss das Integral der Hülle (siehe Abbildung 27, ft_{1+2}) berechnet werden. Zur Berechnung der Hülle sind jedoch die Schnittpunkte der Geraden aus den verschiedenen Fuzzy-Termen nicht bekannt. Um das Integral zu bestimmen, können die Schnittpunkte berechnet werden oder das Integral durch Diskretisierung bestimmt werden. Denn zu jedem Punkt x kann dessen Aktivierung $f(x)$ bestimmt werden. Dazu muss der Wert von jedem aktivierten Fuzzy-Term am Punkt x bestimmt werden. Ausschlaggebend ist der Fuzzy-Term mit dem größten Wert, da die Fuzzy-Terme mit der Max-Methode aktiviert werden.

Die Frage ist jedoch, ob es sich lohnt, das Integral auf diese Art anzunähern, oder ob es nicht besser ist, die Hülle zu bestimmen und dann das Integral exakt zu berechnen. Um diese Frage zu beantworten, wird im Folgenden der Aufwand zum Berechnen des angenäherten Integrals in Abhängigkeit der Genauigkeit bestimmt.

Die Funktion *f(x)* sei eine stückweise lineare Funktion von mit ODER verknüpften Fuzzy-Termen mit *n* Stützstellen. Zu jedem *x* kann *f(x)* eindeutig bestimmt werden. Die Schnitt- und Stoßpunkte der linearen Funktionen sind nicht bekannt. Die Funktion *f(x)* wird nun in *m* gleich breite Intervalle der Breite Δ*x* diskretisiert und anschließend das Integral über diese Diskretisierung berechnet. Der Wert *m* + 1 gibt die Anzahl der Stützstellen für das numerische Integral an. Es gilt *m* >> *n*. Für den dabei gemachten Fehler *F* gilt:

$$(27) \quad F = \left| \int f(x)dx - \sum_{i=0}^{m} \frac{f(x_i)+f(x_{i+1})}{2} \cdot \Delta x \right|$$

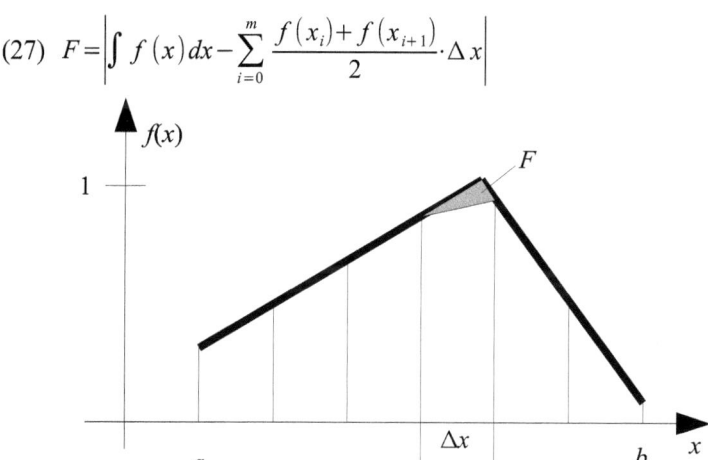

Abbildung 26: Funktion f(x) mit zwei linearen Teilstücken (n=2) und sechs Diskretisierungen (m=6). Das graue Dreieck gibt den Fehler F zwischen exakter und stückweiser diskreter Integration an.

Das exakt berechnete Integral unter *f(x)* beträgt $I = \int_a^b f(x)dx$. Bei numerischer Integration entsteht pro Knick beziehungsweise pro Schnittpunkt der Fuzzy-Terme untereinander ein Fehler. Dieser Fehler ist in Abbildung 26 gezeigt und beträgt maximal $\Delta I \leq \frac{b-a}{m} \cdot f(x_S)$. Da die Fuzzy-Terme auf 1 normiert sind, gilt $\forall x \exists x_s : f(x_s) \geq f(x) \wedge f(x_s) \leq 1$. Daraus ergibt sich der Fehler *F* bei *n* – 1 Knicken insgesamt zu:

$$(28) \quad F = \Delta I \cdot (n-1) \leq \frac{b-a}{m}(n-1) \cdot f(x_S) = \frac{(n-1)(b-a)}{m}$$

Annahme: *f(x)* ist ein Fuzzy-Term, bestehend aus zwei stückweisen linearen Teilstücken, also *n* = 2. Das Integral des Fuzzy-Terms überdeckt das Intervall [*a, b*] mit der Höhe 1 zur Hälfte. Zum Beispiel *ft* = { (*a*,0), (*x*₀, 1), (*b*,0) } mit $x_0 \in [a, b]$. Das Integral von $f(x)$ ist somit $I = 1/2 \, (b - a)$. Soll nun bei diesem Fuzzy-Term der relative Fehler kleiner als eine Promille sein, dann muss m größer als 4000 sein.

Beweis:

(29)
$$\Delta I \overset{!}{\leq} I \cdot 10^{-3}$$
$$\frac{(n-1)(b-a)}{m} \leq I \cdot 10^{-3} \quad | \quad \text{mit Annahmen } I = \frac{1}{2} \cdot (b-a) \text{ und } n = 2$$
$$\frac{b-a}{m} \cdot 2 \leq \frac{b-a}{2} \cdot 10^{-3}$$
$$m \geq 4 \cdot 10^3$$

Die Anzahl der Teilstücke m muss im Vergleich zu n sehr groß sein, damit ein einigermaßen genaues Ergebnis erzielt wird. Aus den oben angeführten Gründen lohnt sich eine schnelle Berechnung der Stoßpunkte der Geraden. Deshalb wird die Hülle der aktivierten Fuzzy-Terme, wie im nachfolgenden Kapitel dargestellt, berechnet.

3.10.2 Berechnung der Hülle ODER-verknüpfter Polygonzüge

Die Berechnung des Integrals von Polygonzügen geht sehr schnell und exakt, da hierfür nur die Flächen von Rechtecken und Dreiecken aufsummiert werden müssen. Bei der Berechnung des Outputs von Fuzzy-Regeln ist es notwendig, verschiedene Aktivierungen von Fuzzy-Termen mit ODER zu vereinigen, also das Maximum zu verwenden. Dabei werden, bildlich gesprochen, die Polygonzüge übereinander gelegt, aber nur die umschließende Hülle (nicht die konvexe Hülle) zur weiteren Berechnung verwendet. Dies entspricht der Verknüpfung mit „oder" in der Fuzzy-Logik. Abbildung 27 zeigt ein solches Beispiel, in welchem zwei Fuzzy-Terme ft_1 und ft_2 mit „oder" miteinander vereint werden sollen, so dass durch den im Folgenden dargestellten Algorithmus über das Zwischenergebnis $ft_1 + ft_2$ schließlich ft_{1+2} entsteht.

Der Algorithmus zum Berechnen der umschließenden Hülle besteht aus sechs Einzelschritten, welche im Folgenden detailliert beschrieben sind.

1. Polygonzüge ($ft_1, ft_2, ...$) vereinen
Durch die Vereinigung $\mu_{ft}(x) = \max (\mu_{ft1}(x), \mu_{ft2}(x), ...)$ entsteht eine neue Zugehörigkeitsfunktion, denn es existiert eine gültige Abbildung, welche jedem $\mu_{ft}(x)$ genau einen Funktionswert zuweist. Man kann diese Beschreibung nehmen, um damit zum Beispiel den Schwerpunkt zu berechnen. Aber bei der Integralbildung, die für die Schwerpunktmethode nach [Watanabe86] zur Defuzzifizierung verwendet wird, wäre eine Diskretisierung der Funktion nötig, die neben Ungenauigkeiten noch einen erhöhten Rechenaufwand bringt (siehe Kapitel 3.10.1). Bei der Vereinigung

von m Fuzzy-Termen mit einer Gesamtgröße von n Geraden ist eine Interpolation mit n^2 Stützstellen angeraten, um die in Kapitel 3.10.1 aufgestellte Bedingung zu erfüllen, dass es viel mehr Stützstellen als Geradensegmente geben muss. Zu jeder Stützstelle muss das Maximum der m Fuzzy-Terme bestimmt werden, so dass der Aufwand für die Integralbildung $O(mn^2)$ ist. Da m in der Größenordnung von n liegt, kann der Aufwand auch mit $O(n^3)$ angegeben werden. Dieser Aufwand wird in den folgenden Schritten minimiert.

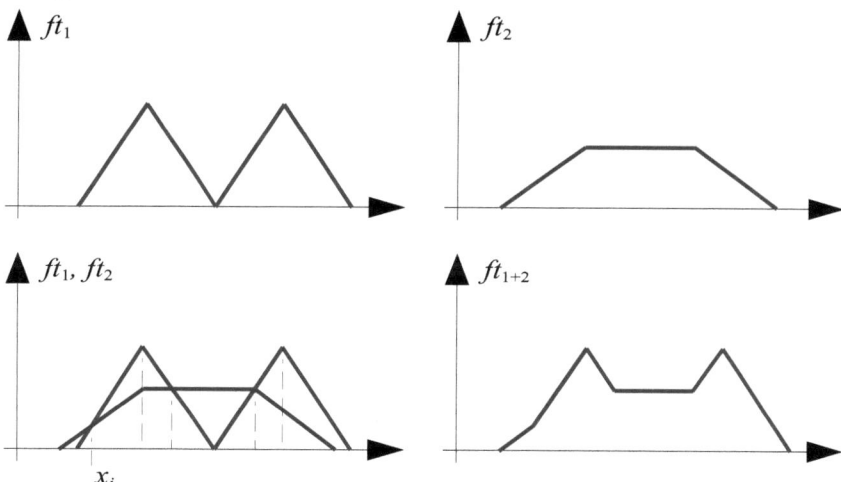

Abbildung 27: *Berechnung der Hülle ft_{1+2} der Fuzzy-Terme ft_1 und ft_2 über das Zwischenergebnis $ft_1 + ft_2$.*

2. Schnitt- und Stoßpunkte p_i berechnen

Als Stoßpunkte gelten die Punkte x_i, an denen eine Gerade beginnt oder endet. Als Schnittpunkte gelten die Punkte x_i, in welchen sich Geraden mit anderen Geraden schneiden. Die Stoßpunkte von $\mu_{ft}(x)$ sind alle Punkte x_i, welche zur Beschreibung der Fuzzy-Terme $ft_1, ft_2, \ldots$ vorkommen. Um die Schnittpunkte zwischen den Geraden zu berechnen, muss jede Gerade eines Polygonzuges mit jeder Geraden eines anderen Polygonzuges geschnitten werden. Der Aufwand m Polygonzüge der Länge $\frac{n}{m}$ untereinander zu schneiden ist $O\left(\frac{m \cdot \left(\frac{n}{m} \cdot \left(\frac{n}{m} - 1\right)\right)}{2}\right) = O\left(\frac{n(n-m)}{2}\right)$.

Bei der Vereinigung von n Polygonzügen der Länge 1 (Worst Case, $n = m$) ist der Aufwand ebenfalls $O\left(\frac{n(n-1)}{2}\right)$. Der Best Case jedoch (1 Polygonzug der Länge n) hat einen Aufwand von $O(0)$, da überhaupt kein

Schnitt vorkommen kann und somit auch nichts berechnet wird. Normalerweise werden nur Fuzzy-Terme miteinander vereinigt, die Schnittpunkte mit ihren direkten Nachbarn bilden können. Sind die Fuzzy-Terme einer Fuzzy-Variablen so definiert und ebenfalls sortiert, dass ein direkter Nachbar nicht explizit gesucht werden muss, ist der Aufwand im Average Case $O(n)$. Zu beachten ist, dass die Geraden nicht unendlich lang sind und so auch nicht parallele Geraden nicht immer einen Schnittpunkt miteinander besitzen. Liegt zum Beispiel der Endpunkt einer Geraden weiter links als der Startpunkt der zweiten Geraden, so muss auch kein Schnittpunkt berechnet werden. Abbildung 28 zeigt durch Kreise die beiden neuen Schnittpunkte, die durch die vertikale Verlängerung der Stoßpunkte der anderen Geraden entstehen.

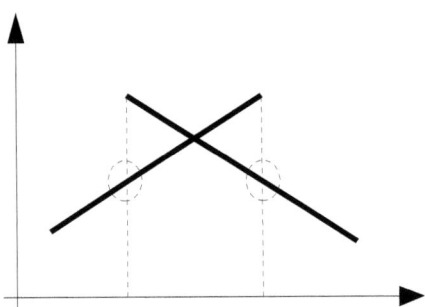

Abbildung 28: Die Kreise stellen Schnittpunkte mit den vertikalen Verlängerungen der Stoßpunkte anderer Geraden dar.

3. Schnittpunkte p_i ($0 \leq i < m$) mit Merge-Sort aufsteigend sortieren
   Bei der Berechnung der Schnittpunkte entsteht für jeden Fuzzy-Term eine schon aufsteigend sortierte Liste. Diese Listen werden zu einer sortierten Liste zusammengeführt und eventuell doppelte Vorkommen werden aussortiert. Der Aufwand für den Merge-Schritt ist maximal $O(n \log(n))$, da doppelte Vorkommen aussortiert werden und die Liste dadurch kürzer wird. Im Best Case ist der Aufwand sogar nur $O(n)$. Dies ist dann der Fall, wenn die Fuzzy-Terme überhaupt nicht überlappen oder die Fuzzy-Terme der Fuzzy-Variablen aufsteigend sortiert sind und eine Überlappung nur mit benachbarten Fuzzy-Termen existiert.

4. Das Generieren der Segmente
   Geraden, welche genau einen Start- und einen Endpunkt, also keinen Schnittpunkt mit einer anderen Gerade besitzen, werden als Segmente bezeichnet. Aus der Menge aller Geraden werden Segmente S_i mit Startpunkten $(x_i|y_i)$ und Endpunkten $(x_{i+1}|y_{i+1})$ generiert. Segmente beginnen und enden an den Stoß- und Schnittpunkten der Geraden, so dass ein Seg-

ment per Definition kein anderes Segment schneidet. Zu jedem Start- x_i und Endpunktepaar x_{i+1} können mehrere y_i und y_{i+1} existieren, so dass zwischen x_i und x_{i+1} mehr als ein Segment liegen kann. Es ist jedoch nicht möglich, dass sich Segmente schneiden, denn die x_i wurden in den Schnittpunkten der Geraden generiert, um genau dies zu vermeiden.

Als eigentlicher Aufwand in diesem Schritt ist das Suchen von Stoßpunkten einer Geraden mit anderen Geraden zu sehen. Überlappen sich die Geraden überhaupt nicht oder überlappt eine Gerade nur mit einem direkten Nachbarn, so ist der Aufwand dieses Schrittes $O(n)$. Dies ist auch der Best Case.

Im Average Case, bei Fuzzy-Termen mit ein bis drei Geraden, bei welchem sich drei Geraden zum Teil überlappen, werden aus jeder Geraden bis zu drei Segmente generiert. Demnach sind pro Gerade Vergleiche mit den Stoßpunkten von je zwei anderen Geraden nötig. Der Aufwand beträgt $O(2n)$.

Der Worst Case ist das Zusammenfassen von vielen Fuzzy-Termen der Länge 1. Im schlimmsten Fall besitzt jede Gerade mit jeder anderen einen Stoßpunkt. Sie wird also in n Segmente unterteilt. Bei n Geraden ergeben sich daraus n^2 Segmente. Der Aufwand, diese Segmente aus einer vorher sortierten Liste zu generieren, ist $O(n^2)$.

5. Unnötige Segmente aussortieren

Zu jedem Startpunkt x_i ($0 \leq i < m - 1$) existiert mindestens ein Segment. Bei dem neuen Polygonzug soll nun zu jedem x_i nur noch genau ein Segment existieren. Deshalb gibt es eine Vorschrift, welche sich für genau ein Segment entscheidet.

Es wird das Segment genommen, das im Startpunkt den höchsten y-Wert besitzt, denn ein Segment mit einem kleineren y-Wert könnte nur dann größer als ein Segment mit einem größeren y-Wert sein, wenn es dieses schneiden würde. Schnitte sind jedoch beim Generieren der Segmente schon ausgeschlossen.

Existieren mehrere Elemente mit dem höchsten y-Wert, so wird das Segment mit der höchsten Steigung ausgewählt, da es ein Segment mit einer niedrigeren Steigung immer einschließt.

Der Aufwand ist am Geringsten, wenn es keine Segmente mit gleichem Start- und Endpunkt gibt. Dann muss kein Segment aussortiert werden und der Aufwand beträgt $O(n)$, da für alle Segmente festgestellt werden muss, dass es kein weiteres Segment mit diesem Startpunkt gibt. Da die Segmente schon in Schritt 3 sortiert wurden, reicht es zu prüfen, ob der Nachfolger eines Segmentes einen anderen Startpunkt hat. Ist dieser verschieden, so kann es in der gesamten Liste kein Segment mehr geben, das den gleichen Startpunkt besitzt.

Im Worst Case ist der Aufwand ebenfalls O(n), da im Falle von vielen Segmenten mit gleichen Startpunkten die Liste aller Segmente auch genau einmal durchsucht werden muss, um für jedes Intervall das Segment mit dem größten y_i und bei gleichem y_i mit der größten Steigung zu finden, also das Element mit dem größten y_{i+1}.

Daraus folgt, dass auch der Average Case O(n) ist.

6. Benachbarte Geraden zusammenfassen

Die benachbarten Geraden $(x_i, y_i) - (x_{i+1}, y_{i+1})$ und $(x_{i+1}, y_{i+1}) - (x_{i+2}, y_{i+2})$, welche die gleiche Steigung besitzen, können zu einem größeren Segment $(x_i, y_i) - (x_{i+2}, y_{i+2})$ zusammengefasst werden. Dadurch reduziert sich die Anzahl der Segmente. Dies wirkt sich bei der Berechnung des Integrals positiv auf die Rechenzeit aus, denn es muss das Integral einer geringeren Segmentanzahl berechnet werden. Außerdem werden durch das Zusammenfassen weniger Daten gesammelt. Dies ist vor allem für die Implementierung in Mikrocontrollern sehr wichtig.

Da in diesem Schritt nur benachbarte Segmente miteinander verglichen werden und die Liste der Segmente genau einmal durchsucht wird, ist der Aufwand immer O(n).

Der Aufwand des Algorithmus:

Schritt	Best Case	Average Case	Worst Case
1. Polygonzügevereinen	O(n)	O(n)	O(n)
2. Schnittpunkte berechnen	O(1)	O(n)	O($\frac{n(n-1)}{2}$)
3. Schnittpunkte sortieren	O(n)	O($n \log(n)$)	O($n \log(n)$)
4. Segmente generieren	O(n)	O($3n$)	O(n^2)
5. Segmente aussortieren	O(n)	O(n)	O(n)
6. Geraden zusammenfassen	O(n)	O($2n$)	O($2n$)
Gesamtaufwand	O($5n$)	O($8n + n\log(n)$)	O($3n^2 + n \log(n) + 2n$)

Tabelle 18: Komplexität der Einzelschritte zur Berechnung der umschließenden Hülle mit „oder" verknüpfter Fuzzy-Terme.

Zusammenfassend ist für den Gesamtaufwand anzumerken, dass die Anzahl der Fuzzy-Terme keinen Einfluss auf die Komplexität hat. Einzig und allein die Gesamtzahl n der Geraden in den Fuzzy-Termen ist wichtig für den

Gesamtaufwand. Dieser wird in Tabelle 18 mit den Einzelaufwänden für die einzelnen Schritte, wie oben bei den einzelnen Schritten des Algorithmus erläutert, dargestellt. Der Aufwand beträgt im Average Case $O(8n + n \log(n))$ und ist somit deutlich besser als die Berechnung des Integrals ohne die Hüllenberechnung. Hier wäre der Aufwand $O(n^3)$. Selbst im Worst Case ist der vorgestellte Algorithmus mit $O(3n^2)$ noch besser.

3.10.3 Schnelle Schwerpunktbestimmung

Nach Kapitel 3.10.2 kann jetzt schnell und effizient der Schwerpunkt bestimmt werden, da die mit ODER verknüpften Aktivierungen der Fuzzy-Terme nur noch durch eine Hülle beschrieben sind. Folgende Formel berechnet den Schwerpunkt x_s bei klassischen Zugehörigkeitsfunktionen:

(30) $\quad x_s = \int x \cdot \mu_{ft}(x)\,dx / \int \mu_{ft}(x)\,dx$

Um aus der umschließenden Hülle den Schwerpunkt zu bestimmen, werden zuerst folgende drei Ersetzungen benötigt. Die Breite Δx_i, die Steigung m_i und der y-Achsenabschnitt b_i eines Segmentes lassen sich aus den gegebenen Punkten (x_i, y_i) wie folgt bestimmen:

(31) $\quad$ *Segmentbreite* $\Delta x_i = x_{i+1} - x_i$

$\quad\quad$ *Steigung* $m_i = \dfrac{y_{i+1} - y_i}{\Delta x_i}$

$\quad\quad$ *y-Achsenabschnitt* $b_i = y_i - x_i \cdot m_i$

Das Integral eines (aktivierten) Fuzzy-Terms *ft* bestimmt sich aus dessen Zugehörigkeitsfunktion $\mu_{ft}(x)$, wie in folgender Formel angegeben. Zur Berechnung des Integrals benötigt man mit den Angaben aus Formel (31) nur die gegebenen Punkte (x_i, y_i) aller Segmente.

(32) $\quad \int_{x_0}^{x_n} \mu_{ft}(x)\,dx = \sum_{i=0}^{n-1} \int_{x_i}^{x_{i+1}} \mu_{ft}(x)\,dx = \sum_{i=0}^{n-1} \int_{x_i}^{x_{i+1}} m_i x + b_i\,dx = \sum_{i=0}^{n-1} (\frac{1}{2} m_i \Delta x_i^2 + b_i \Delta x_i)$

Wird der oben genannte Fuzzy-Term in (32) noch mit x multipliziert, so ändert sich das Integral wie folgt:

(33) $\quad \int_{x_0}^{x_n} x\mu_{ft}(x)\,dx = \sum_{i=0}^{n-1} \int_{x_i}^{x_{i+1}} x\mu_{ft}(x)\,dx = \sum_{i=0}^{n-1} \int_{x_i}^{x_{i+1}} x(m_i x + b_i)\,dx = \sum_{i=0}^{n-1} (\frac{1}{3} m_i \Delta x_i^3 + \frac{1}{2} b_i \Delta x_i^2)$

Setzt man nun Formel (32) und (33) in Formel (30) ein, so ergibt sich der Schwerpunkt x_s aus folgender Formel:

(34) $$x_s = \frac{\sum_{i=0}^{n-1} \frac{1}{3} m_i \Delta x_i^3 + \frac{1}{2} b_i \Delta x_i^2}{\sum_{i=0}^{n-1} \frac{1}{2} m_i \Delta x_i^2 + b_i \Delta x_i} = \frac{1}{3} \cdot \sum_{i=0}^{n-1} \frac{\Delta x_i (2 m_i \Delta x_i + 3 b_i)}{m_i \Delta x_i + 2 b_i}$$
$$= \frac{1}{3} \cdot \sum_{i=0}^{n-1} \frac{\Delta x_i (2 m_i \Delta x_i + 4 b_i) - \Delta x_i b_i}{m_i \Delta x_i + 2 b_i} = \frac{1}{3} \cdot \sum_{i=0}^{n-1} \left(2 \cdot \Delta x_i - \frac{\Delta x_i b_i}{m_i \Delta x_i + 2 b_i} \right)$$
$$= \frac{2 \cdot (x_n - x_0)}{3} - \sum_{i=0}^{n-1} \frac{\Delta x_i b_i}{m_i \Delta x_i + 2 b_i}$$

Wenn die umschließende Hülle der Ausgangsfunktion berechnet wird, kann obige Berechnung angewendet werden. Ansonsten müsste für jeden Punkt x entschieden werden, welches der (aktivierte) Fuzzy-Term mit dem größten y-Wert ist.

Abbildung 29 veranschaulicht den Gewinn bei der Berechnung des Schwerpunktes bei Bestimmung der umschließenden Hülle oder bei klassischer Vorgehensweise durch Auftragen der Rechenschritte in Abhängigkeit zur Anzahl n der Segmente in allen Fuzzy-Termen zusammen. Der Aufwand ohne die Hülle beträgt $O(n^3 + n)$ (siehe Kapitel 3.10.1). Mit der Hülle ist dieser nur noch $O(n \log(n) + 8n)$ (siehe Kapitel 3.10.2). Eigene Untersuchungen ergaben, dass sich ein Geschwindigkeitsgewinn um den Faktor 100 ergibt, wenn die Hülle berechnet wird.

Im Folgenden sollen die Aufwände der beiden vorgestellten Verfahren zur Schwerpunktbestimmung berechnet werden. Zum einen ist dies das in Kapitel 3.10.2 vorgestellte Verfahren mit Berechnung der umschließenden Hülle, zum anderen das Verfahren mit der Integralrechnung über die Summe (standardmäßige Vorgehensweise ohne Hülle).

Zuerst der Aufwand für die Integralrechnung mit der Summe. Die Berechnung ist in Formel (35) dargestellt.

(35) $$x_s = \int_x x \cdot \mu_{ft}(x) dx / \int_x \mu_{ft}(x) dx$$
$$= \frac{\sum_{x=x_0}^{x_n, step \Delta x} x \cdot \max(\mu_{ft1}(x), \mu_{ft2}(x), \ldots) \cdot \Delta x}{\sum_{x=x_0}^{x_n, step \Delta x} \max(\mu_{ft1}(x), \mu_{ft2}(x), \ldots) \cdot \Delta x}$$

mit:
$$ft = \{(x_i, y_i) | (x_i, y_i) \in \cup_{i=0}^{m} ft_i, i < j, x_i < x_j\}$$
$$x_0 = \min x_i \in ft, \; x_n = \max x_i \in ft, \; \Delta x = \frac{x_n - x_0}{n^2}$$

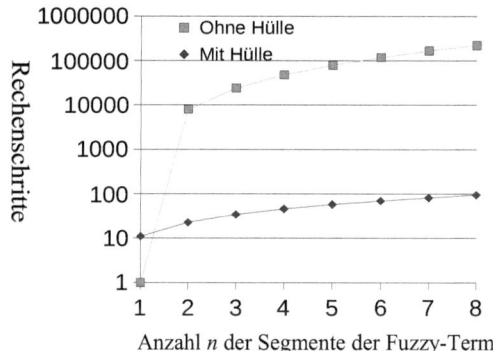

Abbildung 29: Vergleich des Rechenaufwandes in Abhängigkeit von der Anzahl n der Geraden in allen Fuzzy-Termen zusammen. Verglichen wird die Berechnung mit Hülle (schnelle Schwerpunktbestimmung) und ohne Hülle (klassische Schwerpunktbestimmung).

Hier werden die mit ODER-verknüpften aktivierten Fuzzy-Terme ft_i nicht miteinander vereinigt. Also entfällt dieser Schritt. Anschließend kann $\mu_{fl}(x)$ für jedes x berechnet werden. Es werden nur die ft_i betrachtet, welche auch einen Wert ungleich Null liefern. Von den ft_i, welche für ein bestimmtes x einen Wert liefern, wird das mit der größten Aktivierung als Ergebnis festgelegt. Dies ist so, weil die Fuzzy-Terme mit „oder" verknüpft sind. Der Aufwand, für jedes einzelne x die Aktivierung $\mu_{fl}(x)$ zu bestimmen ist $O(n)$, da dies der Aufwand ist, um für alle Fuzzy-Terme ft_i die Aktivierung zu bestimmen. In Kapitel 3.10.1 wurde schon gezeigt, dass der Aufwand, um eine Genauigkeit von einer Promille zu erreichen $O(4000(n-1))$ ist. Also beträgt der Gesamtaufwand:

(36) $\mathrm{O}(n) \cdot \mathrm{O}(4000(n-1)) = 4000(n^2 - n)$

Der Aufwand der Schwerpunktberechnung mit der Hülle besteht hauptsächlich in der Berechnung der Hülle. Dieser Aufwand ist $O(8n + n \log(n))$. Hinzu kommt noch die Berechnung der Integrale der einzelnen Segmente mit $O(1)$ und das Bilden ihrer Summe. Siehe hierzu Formel (34). Im Average Case, wenn jede Gerade in einem Fuzzy-Term in nur 3 Segmente unterteilt wird, ist der Aufwand für diesen Schritt $O(3n)$. Es ergibt sich also ein Gesamtaufwand von:

(37) $\mathrm{O}(8n + n \log(n)) + \mathrm{O}(3n) = \mathrm{O}(11n + n \log(n))$

Der Einsatz der Hüllenberechnung lohnt sich schon ab einer Länge von nur zwei Geraden in den Fuzzy-Termen, insbesondere schon bei zwei Fuzzy-Termen, deren Zugehörigkeitsfunktionen Dreiecke sind. Wenn diese beiden Fuzzy-Terme nicht zu 0 oder 100 Prozent aktiviert sind, besitzen die aktivierten Fuzzy-Terme je 3 Geraden.

3.10.4 Temporale Defuzzifizierung

Bevor die eigentliche temporale Defuzzifizierung beschrieben wird, werden erst noch die Probleme mit den Fuzzy-Zeit-Objekten von [Bovenkamp97] beschrieben und es wird erläutert, wieso diese nicht für die Temporale Fuzzy-Logik geeignet sind.

Nach der Aussage von [Bovenkamp97] ist nicht bekannt, was mit einem Fuzzy-Zeit-Objekt nach dem Inferenzschritt, für welchen es von Bovenkamp ausschließlich eingesetzt wird, anzufangen ist. Es ergeben sich keine Ausgabewerte für einen Fuzzy-Regler und es ist auch nicht klar, was mit zwei oder mehr Regeln zu tun ist, welche in der Regel-Folgerung ein und dieselbe Fuzzy-Variable beeinflussen.

Des Weiteren geht bei Bovenkamp die Separierbarkeit (siehe Kapitel 2.2.6) verloren, wenn zwei Fuzzy-Zeit-Objekte vereinigt werden und sie nicht jeweils mindestens an einer Stelle den Wert 1 haben. Die Vereinigung würde dann benötigt werden, wenn zwei Regeln mit unterschiedlichen Fuzzy-Termen für ein und dieselbe Fuzzy-Variable feuern. Da die Regeln nicht immer zu 100% aktiviert sind, entstehen auch keine Fuzzy-Zeit-Objekte, welche an irgendeiner Stelle die Aktivierung 1 haben.

Aus diesen Gründen werden anstatt der Fuzzy-Zeit-Objekte von Bovenkamp die in Kapitel 3.4 eingeführten Fuzzy-Zeit-Terme verwendet.

Der wichtigste Unterschied zur klassischen Fuzzy-Logik ist, dass die Defuzzifizierung keine Ausgabe für einen festen Zeitpunkt angibt, sondern die Ausgabe für einen größeren unscharfen Zeitraum angegeben ist. In Abbildung 30 ist für die in Kapitel 3.9 berechnete Komposition eine Schwerpunktlinie $S(t)$ eingezeichnet. Diese Schwerpunktlinie ist das Ergebnis der temporalen Defuzzifizierung. Für jeden festen, aber beliebigen Zeitpunkt kann aus der Komposition ein Ausgabewert für einen Fuzzy-Regler bestimmt werden. Dies ergibt die eingezeichnete Schwerpunktlinie.

Die Berechnung der Schwerpunktlinie $S(t)$ ist nicht unbedingt notwendig, denn es wird nur zu bestimmten Zeitpunkten, den so genannten Regelintervallen, ein Ausgabewert $S(t)$ für ein festes t benötigt und für einen festen Zeitpunkt kann der Ausgabewert ganz normal mit der klassischen Schwerpunktmethode, wie in Kapitel 3.10.3 vorgestellt, effizient bestimmt werden.

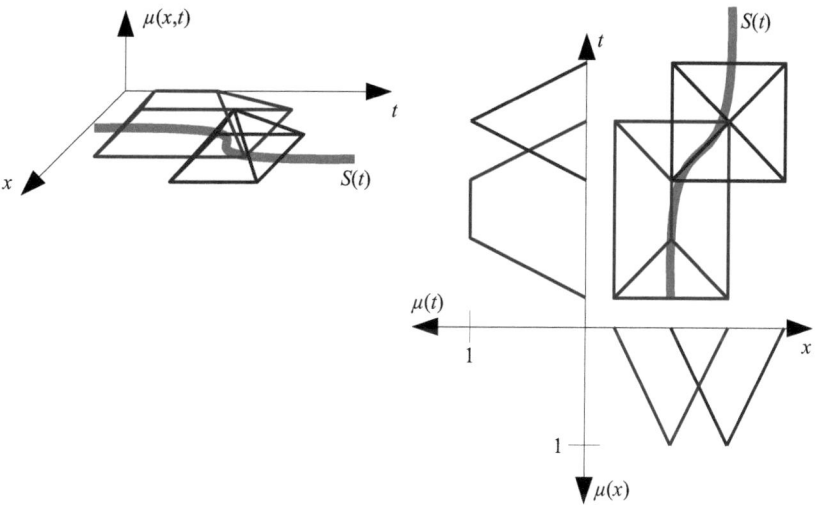

Abbildung 30: Zeitliche Defuzzifizierung. Links: 3D Ansicht mit zwei Ausgabe-Termen (rot und blau) und Schwerpunktlinie S(t) entlang der Zeitachse t. Rechts: Wie links, jedoch 2D Ansicht und mit eingezeichneten Fuzzy-Termen und Fuzzy-Zeit-Termen.

3.11 Schlussfolgerungen

In den vorherigen Abschnitten wurde die Temporale-Fuzzy-Logik als eine Erweiterung der Fuzzy-Logik um Zeit oder der Temporal-Logik um Unschärfe vorgestellt. Die Temporale Fuzzy-Logik füllt somit eine bis dahin vorhandene Lücke, wie in Tabelle 6 aus Kapitel 3.3 auf Seite 42 dargestellt. Diese Lücke wird aber nicht durch irgendeine Zeiterweiterung der Fuzzy-Logik geschlossen, sondern durch Analogien sowohl zu der Fuzzy-Logik als auch der Temporal-Logik motiviert und durch eine theoretische Grundlage gesichert. Daraus resultiert eine klare Definition, wie Zeit in der Temporalen Fuzzy-Logik verwendet werden kann.

Des Weiteren ist diese Erweiterung einfach gehalten, so dass ein Experte in einem Anwendungsgebiet sehr leicht Regel-Bedingungen und Regel-Folgerungen aufstellen kann, um das Verhalten eines Prozesses zeitlich zu modellieren. Es kann bei der Modellierung auf noch natürlichsprachlichere Konstruktionen zurückgegriffen werden, wie dies mit Fuzzy-Logik allein möglich wäre. Beispiele hierfür sind die Prädikate wie BIGGER und SMALLER oder eben die zeitlichen Prädikate, welche intuitiv sehr nahe an den Prädikaten der Fuzzy-Logik sind. Es wird lediglich ein zweiter Fuzzy-Term pro Prädikat benötigt, um Zeiten unscharf zu beschreiben. Trotz dieser Komplexität ist nicht nur das Modellieren der Regeln einfach, auch die Berechnung von Ausgabewerten durch die Schwerpunktmethode ist effizient und somit auch auf aktuell verfügbaren Mikrocontrollern mit geringer Leistungsfähigkeit schnell ausführbar (siehe Tabelle 25, Seite 138).

In diesem Kapitel wurde nur die Vorgehensweise aus Sicht der Fuzzy-Logik vorgestellt und so die Temporale Fuzzy-Logik hergeleitet. Es wurde davon ausgegangen, dass die Eingabewerte in der Vergangenheit bekannt sind und die Vorhersagen über den zukünftigen Verlauf ebenso leicht berechenbar sind. Werte aus der Vergangenheit kann man durch das Aufzeichnen der Werte erhalten, aber Werte aus der Zukunft kann man nur durch eine Extrapolation berechnen. Das nächste Kapitel stellt hierzu mögliche Vorgehensweisen vor, wie Vorhersagen mit wenig und nur allgemeinem Modellwissen berechnet werden können.

4 Vorhersage von Zeitreihen

Dieses Kapitel widmet sich dem zentralen Problem der Vorhersage von Zeitreihen, welches auch als Extrapolation bezeichnet wird und in [Schmidt06] veröffentlicht ist. Während die Interpolation in der Mathematik schon seit vielen Jahren sehr genau untersucht ist, gibt es immer wieder Probleme, die eine Extrapolation durch falsche oder ungenügende Modellannahmen unsinnig bis unmöglich machen.

Hier werden nun verschiedene Vorhersagemethoden auf ihre Praktikabilität hin untersucht. Zuerst werden allgemein verwendete Abkürzungen und Definitionen eingeführt, welche im weiteren Verlauf des Kapitels bei den verschiedenen Analyseverfahren zur Vorhersage von Zeitreihen, den Modellannahmen sowie den untersuchten Vorhersage-Methoden eingesetzt werden. Danach werden eine Aufwands- und Komplexitätsuntersuchung und Untersuchungen mit verschiedenen Benchmarks der entwickelten Algorithmen präsentiert.

4.1 Abkürzungen und Definitionen

Im Folgenden werden die Definitionen zu Zeitreihe, Vorhersage, Vorhersagefehler und Benchmark beschrieben.

Definition: Zeitreihe Z

Eine Zeitreihe Z, auch Signal- oder Datenverlauf genannt, ist eine diskrete Folge von Daten X_i. Jedem Datum wird genau ein eindeutiger äquidistanter Zeitpunkt t_i mit $t_{i+1} - t_i = \Delta t > 0$ zugeordnet. Mit $Z(t)$ ist genau das Datum zum Zeitpunkt t gemeint. Somit gilt folgendes:

(38) $Z = \{(X_i, t_i) | t_i = t_0 + i \cdot \Delta t\}$

$$Z(t) = \begin{cases} X_i, & t = t_i \\ \text{nicht definiert}, & \text{sonst} \end{cases}$$

Definition: Vorhersage

Bei einer Vorhersage handelt es sich auch um eine Zeitreihe. Jedoch liegen alle Zeitpunkte t_i in der Zukunft.

Definition: Vorhersagefehler F

Der Vorhersagefehler F ist ein Maß, wie gut beziehungsweise wie schlecht eine Methode zum Vorhersagen von Zeitreihen ist. Je kleiner der Vorhersagefehler, desto genauer arbeitet die Vorhersage. Ist der

Vorhersagefehler gleich 0, so arbeitet die Vorhersage exakt. Ein Vorhersagefehler von 1 entspricht dem Fehler, bei dem die Abweichung genau der Standardabweichung σ entspricht.

Definition: Benchmark
Ein Benchmark ist ein Satz von Daten, welcher zur Beurteilung von Vorhersagen verwendet wird. Die verschiedenen hier verwendeten Benchmarks sind zum einen berechnete Daten aus Funktionen (zum Beispiel mit einer Sinus-Funktion), zum anderen Daten von realen Sensoren (zum Beispiel Helligkeitssensoren).

4.2 Zeitreihenanalyse

Die bekannteste Vorgehensweise bei der Zeitreihenanalyse ist die Box-Jenkins-Methode aus [Box70], welche sich in vier Schritte unterteilt: die Identifikationsphase, die Schätzphase, die Diagnosephase und die Einsatzphase. Die vier Phasen der Box-Jenkins-Methode werden in dieser Arbeit verwendet und im Folgenden beschrieben.

Zur *Identifikationsphase* sei eine nicht näher bestimmte Zeitreihe Z mit einem ihr charakteristischen Verhalten gegeben. Zuerst wird dieses Verhalten untersucht und einer bestimmten Zeitreihen-Klasse zugeordnet. Zum Beispiel kann der Verlauf periodisch sein oder er lässt gewisse noch näher zu definierende Trends erkennen. In Abhängigkeit der Klasse wird ein bestimmtes Verfahren zur Vorhersage aus einer Menge von Verfahren ausgewählt. Es wird also ein Algorithmus zur Vorhersage ausgewählt, welcher vermutlich die beste Vorhersage für die vorliegende Zeitreihe treffen kann.

Die *Schätzphase* sucht einen günstigen Einstiegspunkt zur Vorhersage. In den meisten Zeitreihen-Klassen sind zusätzlich unterschiedliche Funktionen oder Parameter zu wählen. In einer ersten groben Schätzung werden diese Parameter so angepasst, dass die Suche nach den optimalen Parametern vereinfacht wird. Zum Beispiel kann bei periodischen Zeitreihen eine grobe Angabe der Periodenlänge das Ergebnis verbessern, da so die Wahrscheinlichkeit, ein globales statt ein lokales Optimum zu finden, größer ist. Dies geschieht durch die Vorhersage der zweiten Hälfte der Zeitreihe, wobei die erste Hälfte zum Lernen der Parameter verwendet wird.

In der *Diagnosephase* wird mit einem Benchmark die gewählte Vorhersagemethode mit den durch die Optimierung gefunden Parametern überprüft. Die Güte der Vorhersage wird dann durch ihren Vorhersagefehler F bestimmt. Ist dieser Fehler zu groß, müssen entweder bessere Parameter gefunden werden oder doch eine andere Zeitreihen-Klasse verwendet werden.

Die *Einsatzphase* nutzt die gewählte Zeitreihen-Klasse mit den eingestellten und als optimal gefundenen Parametern. Sollten die Ergebnisse der Vorhersage immer noch zu schlecht sein, ist mit dieser Herangehensweise eine Vorhersage nicht durch weiteres Modellwissen möglich. Ist dieses Modellwissen nicht vorhanden, muss man Abstriche an der Güte der Vorhersage machen.

4.3 Modellannahmen

Eine Zeitreihe kann nur unter bestimmten Voraussetzungen vorhergesagt werden. Wenn sie sich zufällig verhält, kann nichts vorhergesagt werden. Wenn sie sich chaotisch verhält, kann sie nur vorhergesagt werden, wenn die Vorschrift zum Bilden dieser Zeitreihe bekannt ist. Sie aus unter Umständen noch verrauschten Daten zu erkennen, ist nur in den seltensten Fällen möglich. Aus diesen Gründen beschränkt sich diese Arbeit auf Zeitreihen, die mit einfachen Mitteln vorhergesagt werden können, oder geht davon aus, dass ein Modell bekannt ist, welches den Datenverlauf beschreibt.

Es wird angenommen, dass das Rauschen deutlich kleiner als das Signal ist, denn nur so kann auch das tatsächliche Signal erkannt werden. Sollte das Rauschen zu hoch sein, so wird ein gleitender Mittelwert verwendet, um den Signalverlauf zu glätten.

Des Weiteren sollte bekannt sein, um welche Art von Zeitreihen es sich handelt. Sind es periodische Daten, die sich mit einer festen oder sich ändernden Frequenz wiederholen, oder kommen sogar Sprünge und Unstetigkeiten im Verlauf vor, so muss dies bekannt sein. Ist dies nicht bekannt, so muss zuerst immer, wenn eine Vorhersage berechnet wird, geprüft werden, ob die Optimierungsphase oder sogar die Schätzphase mit anderen Parametern wiederholt werden muss.

4.4 Verschiedene Vorhersagemethoden

Im Folgenden werden vier allgemeine Arten zur Vorhersage vorgestellt. Zuerst eine einfache und schnell zu berechnende hier entwickelte Methode, die Gewichtete-Linearität, welche einen zukünftigen linearen Verlauf vorhersagen kann. Als nächstes folgt eine Fuzzy-Vorhersage, welche aus [Palit00] stammt und den Verlauf einer Funktion lernen kann. Die dritte Methode von [Storm95] versucht, durch eine Autokorrelation die Perioden eines Datenverlaufes zu erkennen. Als vierte Methode wird eine Menge von einfachen Funktionen genutzt, welche an den aktuellen Datenverlauf angenähert werden, um so eine Vorhersage treffen zu können. Dieser sogenannte Fit basiert auf eigenen Ideen.

4.4.1 Gewichtete-Linearität

Oftmals genügt es bei Vorhersagen zu wissen, ob ein Signalverlauf sich in einer gewissen Näherung linear verhält oder nicht. Ist er linear, so ist es möglich, die Steigung zu berechnen, um eine Vorhersage über den weiteren Signalverlauf zu treffen. Insbesondere trifft diese Annahme auf die in späteren Experimenten verwendeten Photosensoren zu, denn das Licht ändert sich nur dann sprunghaft, wenn zum Beispiel eine Lampe ausgeschaltet wird. Wolken, die sich vor die Sonne schieben, ändern die Lichtverhältnisse nur langsam, also nicht sprunghaft. Deshalb kann der Verlauf des Sonnenlichts in kurzen Zeitintervallen als linear angesehen werden. Dies ist in Abbildung 31 für einen Ausschnitt von ca. 9:00 bis 18:00 Uhr für nicht gefilterte Sensordaten zu sehen. An diesem Tag herrschte vormittags ein wolkenfreier Tag, was am parabelförmigen Verlauf der Helligkeit zu erkennen ist. Von 11:00 bis 11:45 Uhr zogen Regenwolken auf, welche die Sonne spürbar verdunkelten. Nachmittags gab es sehr wechselhaftes Wetter mit vielen Wolken, aber selbst hier ist zu erkennen, dass es sehr selten Sprünge im Signalverlauf gibt. Bei genauerer Untersuchung ergibt sich, dass sich die vermeintlichen Sprünge schon über mehrere Minuten hinweg ausdehnen. Um 13:00 wurde eine Störung durch manuelles Verdunkeln des Sensors simuliert.

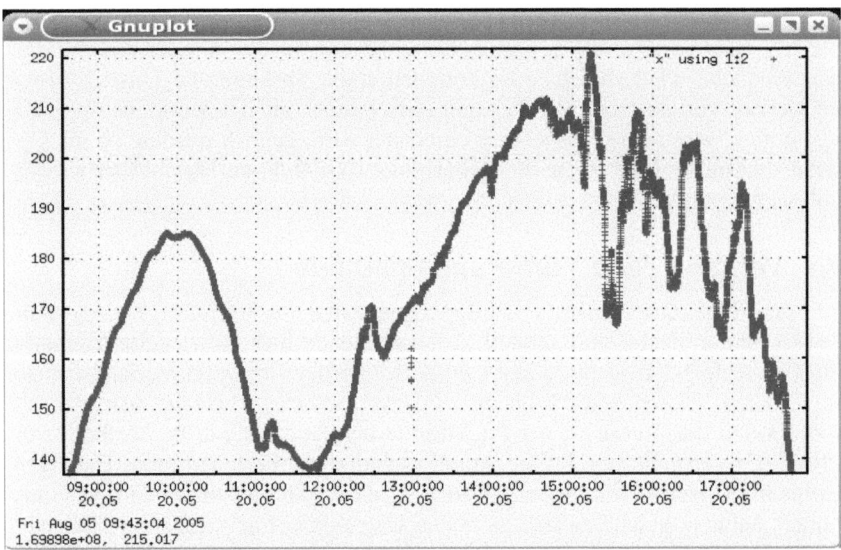

Abbildung 31: Helligkeitsverlauf der Sonneneinstrahlung gemessen mit einem Photosensor. Ab 15 Uhr mit vielen Störungen durch vorbeiziehende, dichte Wolken.

Um nun eine Vorhersage über einen Signalverlauf treffen zu können, muss eine geeignete Fensterbreite des Filters gewählt werden, für die ein Signal beobachtet wird. Bei einer Vorhersage von 15 Minuten eignet sich eine Fensterbreite in der gleichen Größenordnung (mindestens 7,5 Minuten, maximal 30 Minuten). Mit der Annahme, dass der Signalverlauf sich linear verhält, kommt man auch zum Schluss, dass der aktuell aufgezeichnete Sensorwert dem nachfolgenden näher liegt als ein älterer Sensorwert. Aus diesem Grund sind die Sensordaten X_i um so stärker gewichtet, je aktueller sie sind.

Nun wird das eigentlichen Verfahren selbst beschrieben. Gegeben seien n Tupel (X_i, t_i) von Zeitreihenwerten X_i, $i=1, ..., n$, mit den zugehörigen Zeitpunkten t_i, wobei hier der Einfachheit halber äquidistante Zeitschritte $\Delta t = t_{i+1} - t_i = \text{const}$ vorausgesetzt werden. Gesucht sind nun die extrapolierten Werte (X_{n+1}, t_{n+1}), (X_{n+2}, t_{n+2}), ... etc. Um diese mittels der Gewichteten-Linearität zu berechnen, geht man wie folgt vor:

Zuerst legt man die Anzahl der Werte in der Vergangenheit (im Folgenden Rückschau $R < n$ genannt) fest, von denen die Vorhersage abhängen soll. Danach werden die Steigungen zweier aufeinander folgender Werte ermittelt. Dies geschieht einfach mittels des Differenzenquotienten:

$$(39) \quad m_i = \frac{X_{i+1} - X_i}{\Delta t}, \text{ mit } i = \lfloor n - R, ..., n - 1 \rfloor$$

Man erhält somit R-viele Steigungen $m_{n-R}, ..., m_{n-1}$. Da man bei der Extrapolation aktuelleren Werten (also Werten, die näher an dem zu extrapolierenden Wert liegen) im Vergleich zu Werten, die weiter in der Vergangenheit liegen, mehr Gewicht verleiht, berechnet man parallel zu den Steigungen die Gewichte g_i nach der Formel

$$(40) \quad g_i = \sqrt{\frac{1}{t_n - t_i}}.$$

Die Formel für die Gewichtung mag sicherlich ein wenig willkürlich erscheinen, und tatsächlich könnte man beliebige andere nehmen, welche dieselben Randbedingungen, eine stärkeren Gewichtung der aktuelleren Werte, erfüllen. Allerdings hat sich die oben angeführte Formel in den Experimenten recht gut bewährt. Versuche mit anderen Funktionen wurden deshalb nicht hinreichend genau und nur empirisch vorgenommen.

Im nächsten, dem zweiten Schritt hat man bereits alle Informationen, die man benötigt, um die gewichtete Steigung s und die ungewichtete Steigung u zu bestimmen:

(41) $$s=\frac{\sum m_i \cdot g_i}{\sum g_i}, \quad u=\frac{1}{n}\sum_{i=n-R}^{n} m_i$$

Man beachte, dass die Summe über alle g_i nicht notwendigerweise 1 ergibt, so dass die Normierung, wie durch den Nenner angegeben, von Nöten ist. Ist die Summe über alle g_i jedoch 1, so kann der Nenner weggelassen werden.

Im dritten Schritt wird die Entscheidung getroffen, ob eine Vorhersage überhaupt Sinn macht. Dazu muss der Verlauf der Zeitreihe einigermaßen linear sein. Dies ist dann der Fall, wenn der Unterschied zwischen der gewichteten und ungewichteten Steigung sehr klein ist. Tatsächlich sind die beiden Steigungen bei einem linearen Verlauf sogar identisch. Aus dieser Überlegung ergibt sich das Maß l für die Linearität:

(42) $$l=\left|\frac{s-u}{|s|+|u|}\right|\in[0,1]$$

Ist nun l kleiner als ein Schwellwert, so ist eine gewisse Linearität im Signalverlauf vorhanden und es kann eine lineare Vorhersage getroffen werden. In den meisten Szenarien wird der Schwellwert auf 0,2 gesetzt. Ist also $l > 0,2$, so wird die Berechnung der Vorhersage abgebrochen und postuliert, dass sich der Verlauf in Zukunft nicht ändern wird, sich also der zuletzt gemessene Wert immer wiederholt. Diese Annahme ist natürlich falsch, aber sicherlich ist dadurch das Ergebnis nicht schlechter, als eine lineare Vorhersage bei einem ganz offensichtlich nicht linearen Verlauf.

Ansonsten wird eine Vorhersage erstellt. Für die Berechnung der Werte der nachfolgenden Zeitschritte gibt es zwei Möglichkeiten:

- Man behält die Steigung s bei und errechnet die nachfolgenden Werte analog wie im dritten Schritt, ausgehend vom vorhergehenden (extrapolierten) Wert. Dazu benutzt man das berechnete s, um die Werte (X_{n+i}, t_{n+i}) ausgehend von (X_n, t_n) wie folgt zu berechnen:

(43) $$X_{n+i}=X_n+s\cdot i\cdot\Delta t$$
$$t_{n+i}=t_n+i\cdot\Delta t$$

- Nachdem einmalig im dritten Schritt ein Wert extrapoliert wurde, beginnt man wieder beim ersten Schritt für die Berechnung der nachfolgenden Steigungen s_{n+i} und bezieht so die bereits extrapolierten Werte mit in Betracht.

(44) $$X_{n+i}=X_{n+i+1}+s_{n+i+1}\cdot\Delta t$$
$$t_{n+i}=t_n+i\cdot\Delta t$$

Um die Unempfindlichkeit gegenüber einem leichten Knick im Verlauf einer ansonsten linear verlaufenden Funktion zu zeigen, betrachte man die Abbildung 32 und die dazugehörige Berechnung der Linearität l und der Steigungen u und s in Abbildung 33. Die Vorhersage lässt sich durch den Knick zwar beeinflussen, aber durch die stärkere Gewichtung der aktuelleren Werte fällt dieser Einfluss geringer aus als bei einer Gleichverteilung der Gewichte.

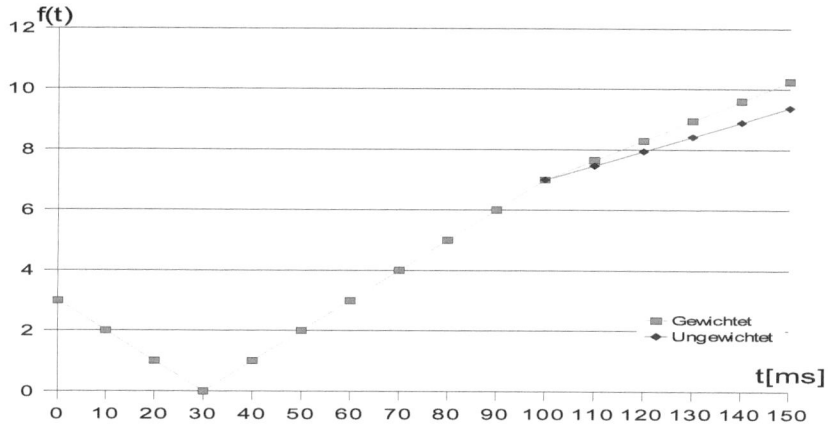

Abbildung 32: Vorhersage einmal mit Gleichverteilung der Gewichte ($g_i = 1$, Rauten) und einmal mit stärkerer Gewichtung der aktuelleren Werte wie in Formel (40) angegeben (Rechtecke).

Gewichtete Steigung

Steigung m_i	Gewicht g_i	Steigung * Gewicht	
-0,08	0,1	-0,01	
-0,08	0,11	-0,01	
-0,08	0,11	-0,01	
0,1	0,12	0,01	
0,1	0,13	0,01	
0,1	0,14	0,01	
0,1	0,16	0,02	
0,1	0,18	0,02	
0,1	0,22	0,02	gewichtete
0,1	0,32	0,03	Steigung u
Summe	1,59	0,1	0,065

Einstellungen

Grenzwert, der nicht überschritten werden soll	20
Art der Gewichtung	Wurzel
Schwellwert für Linearität	0,200

Ungewichtete Steigung

Steigung m_i	Gewicht g_i	Steigung * Gewicht	
-0,08	1	-0,08	
-0,08	1	-0,08	
-0,08	1	-0,08	
0,1	1	0,1	
0,1	1	0,1	
0,1	1	0,1	
0,1	1	0,1	
0,1	1	0,1	
0,1	1	0,1	ungewichtete
0,1	1	0,1	Steigung s
Summe	10	0,48	0,048

Ergebnisse

Linear	Ja	
Linearität l	0,156	
Steigung s	0,065	
Grenzwertüberschreitung in	199,9	Zeiteinheiten

Abbildung 33: Ausschnitt aus den Berechnungen für Abbildung 32. Der Verlauf wird mit einer Steigung von 0,065 als linear erkannt. Außerdem wird angegeben, dass bei aktuellem Verlauf der gesetzte Grenzwert von 20 in knapp 200 Zeiteinheiten überschritten wird.

Abschließend sei noch angemerkt, dass linear extrapolierende Verfahren, natürlich stets unbeschränkt (unbounded) sind. Ein vorhergesagter Wert kann also beliebig weit vom sich tatsächlich einstellenden Wert entfernt liegen.

4.4.2 Fuzzy Vorhersage durch den Palit-Algorithmus

In der Dissertation [Palit00] wird eine Methode zur Vorhersage vorgestellt, welche rein auf Fuzzy-Logik basiert. Laut dieser Arbeit ist es möglich, mittels dieser Art der Vorhersage musterbasiert beliebige Funktionen zu erlernen und anschließend den weiteren Verlauf vorherzusagen. Im nächsten Abschnitt wird dieses System vorgestellt, so wie es in der Arbeit von [Palit99] und [Palit00] präsentiert wird. Der darauf folgende Abschnitt zeigt, was bei diesem Vorgehen verbessert werden muss, um es nicht nur funktionsfähig zu machen, sondern auch was verändert werden muss, um das Verfahren nicht nur theoretisch, sondern auch praktisch in einem Rechner verwenden zu können.

4.4.2.1 Original Vorhersage mit dem Palit-Algorithmus

Ziel bei [Palit99] und [Palit00] ist es, ausgehend von einer Folge gemessener Werte $X = \{X_1, X_2, X_3, ..., X_q\}$ mit zugehörigen äquidistanten Zeitabständen $t = \{1, 2, 3, ..., q\}$ eine Reihe von Fuzzy-Regeln aufzustellen, mit deren Hilfe eine Extrapolation stattfindet. Dieses Verfahren teilt sich in drei Schritte auf: Die „Rückschau und Partitionierung", die „Unterteilung der Y-Domäne und Fuzzifizierung" und schließlich die „Vorhersage mittels Fuzzy-Logik-Regler".

Schritt 1: Rückschau und Partitionierung

Für die Rückschau und Partitionierung wird im ersten Schritt die Menge X in eine Reihe von Teilmengen, die so genannten MISOs (Multiple Input, Single Output), unterteilt. Ausgehend von diesen Teilmengen werden die Fuzzy-Regeln aufgestellt. Dazu muss zunächst festgelegt werden, von wie vielen Eingabewerten X_i ein Ausgabewert Y_i abhängen soll. Die Eingabewerte werden im Folgenden Rückschau R genannt. Legt man sich beispielsweise auf eine Rückschau von $R = 3$ fest, so hat jede MISO$_i$ die Form $(X_{1,i}, X_{2,i}, X_{3,i}; Y_i)$. Interessant ist in diesem Fall auch die Frage, wie man die Wertemenge in die MISOs unterteilt. Denkbar sind, wie in Tabelle 19 angegeben, maximale, minimale und keine Überlappung.

Bei der *maximalen Überlappung* werden die Werte maximal oft bei der Partitionierung benutzt. Wenn ein Wert $X_{k,i}$ in der MISO$_i$ an Position k steht, so steht er bei MISO$_{i+1}$ an Position $k-1$. Anschaulich ist dies ein „Links-Shift" der Daten. Dabei wird bei jedem Übergang von MISO$_i$ nach MISO$_{i+1}$ rechts ein neuer Wert, nämlich das nächst folgende X beziehungsweise das Y_i des vorhergehenden MISOs eingefügt.

Bei der *minimalen Überlappung* wird beim Übergang von MISO$_i$ nach MISO$_{i+1}$ lediglich der Y_i-Wert als erster Eingabewert für MISO$_{i+1}$ genutzt. Die restlichen Elemente von MISO$_{i+1}$ werden mit den noch nicht verwendeten Werten X_i, sprich den nächst folgenden, aufgefüllt. Jeder Wert der Menge X wird genau ein einziges Mal als Eingabewert eines MISOs verwendet. Damit für alle Werte der Menge X ein MISO aufgestellt werden kann, werden $|X| = R \cdot i + 1$, $i \in \mathbb{N}$ Werte benötigt.

Bei *keiner Überlappung* wird kein Wert aus der Menge X mehrfach verwendet. Jeder Wert X_i taucht also lediglich in einem MISO auf. Beim Übergang von MISO$_i$ nach MISO$_{i+1}$ wird MISO$_{i+1}$ deshalb komplett mit den nächst folgenden Werten X_i aufgefüllt. Damit für alle Werte der Menge X ein MISO aufgestellt werden kann, werden $|X| = (R+1) \cdot i$, $i \in \mathbb{N}$ Werte benötigt.

Für ein Beispiel mit solchen Aufteilungen sei angenommen, dass die Menge X = {3, 17, 9, 5, 27, 4, 13, 8} sei. Die Ausgabe hänge von drei Eingabewerten ab, das heißt die Rückschau ist $R = 3$. Dann sehen die resultierenden MISOs wie in Tabelle 19 angegeben aus.

Maximale Überlappung	Minimale Überlappung	Keine Überlappung
MISO$_1$ = {3, 17, 9; 5}	MISO$_1$ = {3, 17, 9; 5}	MISO$_1$ = {3, 17, 9; 5}
MISO$_2$ = {17, 9, 5; 27}	MISO$_2$ = {5, 27, 4; 13}	MISO$_2$ = {27, 4, 13; 8}

Tabelle 19: Die Menge X kann auf unterschiedliche Arten partitioniert werden: mit maximaler, minimaler und keiner Überlappung (von links nach rechts).

Wie zu sehen ist, hat die Partitionierungsstrategie mit minimaler, maximaler und keiner Überlappung eine Auswirkung auf die Anzahl der resultierenden MISO-Mengen. Auch ändert sich die Form der MISO-Mengen. In der Praxis wird man sich in den meisten Fällen für die maximale Überlappung entscheiden, weil durch die maximale Überlappung wesentlich mehr MISOs und damit auch mehr Fuzzy-Regeln erstellt werden. Dies bedeutet, dass wesentlich mehr Zusammenhänge aus dem Datensatz extrahiert werden als mit den beiden anderen Partitionierungen. Der erhöhte Zeitbedarf zum Auswerten der Regeln liegt mit der Länge R der Rückschau bei weniger als Faktor R im Vergleich mit einer Partitionierung ohne Überlappung.

Die Eingabe- und Ausgabewerte stammen aus derselben Domäne; X_i und Y sind alle aus der Menge X. Dies ist deswegen so gewählt, weil der Palit-Algorithmus eine Vorhersage ausgehend von Werten aus der Vergangenheit ist. Man versucht beim Palit-Verfahren also nicht, aus den gegebenen Daten Rückschlüsse auf eventuell andere Daten zu ziehen. In diesem Fall wären die Definitionsbereiche unter Umständen verschieden. Man versucht lediglich aus den vorhandenen Daten den weiteren Verlauf derselben vorherzusagen.

Am Beispiel: Man versucht nicht, aus Sonneneinstrahlung und eventuell weiteren Informationen wie Heizungsregler etc. die Zimmertemperatur vorherzusagen. Dies wäre mittels Fuzzy-Logik sehr wohl möglich. Statt dessen beschränkt man sich darauf, aus den Informationen über die Sonneneinstrahlung in der Vergangenheit Rückschlüsse auf die Sonneneinstrahlung in der (nahen) Zukunft zu schließen. Man weiß aus Erfahrung, dass sich Tag- und Nachtzyklen abwechseln, also wird man erwarten, dass die Vorhersage diesen Zyklus in ihren Werten widerspiegelt und die gemessenen Werte innerhalb eines Intervalls liegen. Diese Tatsachen sind das zugrundeliegende Modellwissen. Es werden aber keine weiteren Formeln oder Differentialgleichungen benötigt, um den Helligkeitsverlauf zu beschreiben. Tatsächlich wurde das Verfahren nach diesem Gesichtspunkt aus zahlreichen Fuzzy basierten Vorhersageverfahren (zum Beispiel [Hansen98], [Aqil06], [Palm07] und [Hugueney04]) ausgewählt, wobei andere Verfahren besagte Eigenschaft nicht besitzen, also Modellwissen in Form von Differentialgleichungen zur Vorhersage benötigen.

Schritt 2: Unterteilung des Y-Definitionsmenge und Fuzzifizierung

Während in Schritt 1 immer noch mit scharfen Mengen gerechnet wird, muss für die Vorhersage mit Fuzzy-Logik die scharfe Menge mittels Fuzzifizierung auf eine unscharfe Menge abgebildet werden. Für die Fuzzifizierung werden geeignete Zugehörigkeitsfunktionen benötigt. Es ist sinnvoll, diese Zugehörigkeitsfunktionen so einfach wie möglich zu halten, damit die Berechnung schnellstmöglich durchgeführt werden kann. Als einfache Zugehörigkeitsfunktionen kommen beispielsweise Dreiecke, Trapeze oder Vierecke in Frage. Im Falle von [Palit00] waren dies ursprünglich endliche Gaußglocken. Dies sind Gaußglocken, welche in ihrer Breite beschränkt sind. Laut Aussage von [Palit00] ist die einzige Motivation für die Wahl der Gaußglocke die Einfachheit der Berechnung. Es können also beliebige Zugehörigkeitsfunktionen verwendet werden. Aus diesem Grund ist die Entscheidung in dieser Arbeit auf Fuzzy-Terme in Form von Dreiecken gefallen. Diese bilden in einer sehr guten Näherung die endlichen Gaußglocken ab, und die Zugehörigkeitsfunktionen sind effizienter und einfacher zu berechnen. Diese Dreiecke werden auch in [Palit99] verwendet.

Für den zweiten Schritt des Verfahrens geht man wie in den nächsten vier Punkten beschrieben vor:

1. Bestimmung des minimalen Wertes m sowie des maximalen Wertes M aus der Menge X, so dass gilt:
$m = min(X)$
$M = max(X)$

2. Festlegen der Anzahl f der Fuzzy-Terme FT_i, in welche die Y-Definitionsmenge (das Intervall $[m, M]$) unterteilt wird. Praktischerweise, aber nicht zwingend, ist dieser Wert eine ungerade Zahl. Die Fuzzy-Terme unterteilen die Domäne in gleichmäßige Teile, so dass alle Zugehörigkeitsfunktionen Dreiecke gleicher Breite sind. Der Abstand zwischen den einzelnen Fuzzy-Termen ist genau eine halbe Dreiecksbreite.

3. Erstellen der Fuzzy-Regeln für die Rückschau R. Aus dem ersten Schritt und oben genannter Unterteilung der Y-Domäne ist die Form der Fuzzy-Regeln damit bereits festgelegt:
   IF $(X_1$ IS $<FT_{1,k}>)$ AND ... AND $(X_R$ IS $<FT_{R,k}>)$ THEN Y IS $<FT_{Y,k}>$
   Dabei gibt X_j innerhalb eines $MISO_k$ ausgehend von Y den i-ten ($i=1, ..., R$) Wert in der Vergangenheit an. Der Fuzzy-Term $<FT_{i,k}>$ ist derjenige Fuzzy-Term mit der höchsten Zugehörigkeit für den gegebenen scharfen Wert X_j. Hierbei ist zu beachten, dass für X_i nicht etwa genau ein Wert eingesetzt wird, sondern X_j als Platzhalter für mehrere Werte betrachtet wird. Lediglich für die $<FT_{i,k}>$ müssen die passenden Fuzzy-Terme eingesetzt werden.

4. Speichern der erstellten Regeln in einem so genannten *Multidimensionalen-Feld*. Das Feld hat die Dimensionen R (für die X_j) mit jeweils f (Anzahl der Fuzzy-Terme) Einträgen pro Dimension. In jedem Element des Multidimensionalen-Feldes wird jeweils der Konklusionspart Y mitsamt dem zugehörigen Fuzzy-Term $FT_{Y,k}$ für die jeweilige Regel gespeichert. Es kann das Problem auftreten, dass mehrere Regeln die gleichen Bedingungen, aber unterschiedliche Folgerungen haben. Daraus folgt, dass die Regeln innerhalb des Multidimensionalen-Feldes an der gleichen Stelle gespeichert werden würden! Das Problem wird mittels der Aktivierungen der zugehörigen Regeln gelöst. Diejenige Regel mit dem höheren Aktivierungsgrad wird gespeichert, die andere verworfen.

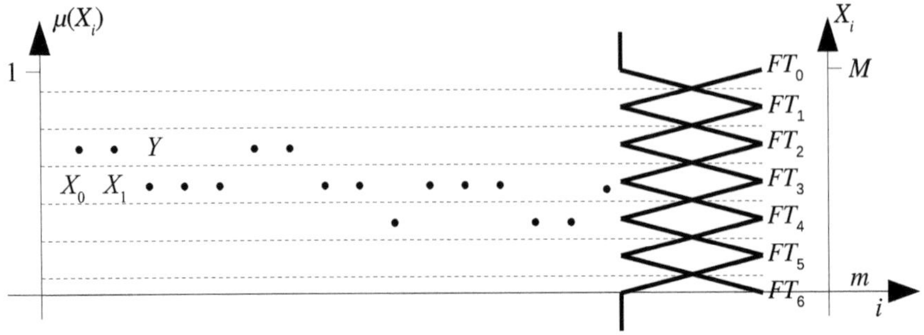

Abbildung 34: Der Wertebereich von X wird in mehrere Regionen FT_0 bis FT_6 unterteilt. Bei einer Rückschau der Länge R = 2 betrachtet man drei aufeinander folgende Messwerte X_0, X_1 und Y. Diese liegen dann in einem oder zwei der durch die Fuzzy-Terme gebildeten Regionen. Hier liegen diese zu 100% in den Regionen FT_2 und FT_3 und bilden die Regel: ***IF*** *X_0* ***IS*** *FT_2* ***AND*** *X_1* ***IS*** *FT_2* ***THEN*** *Y* ***IS*** *FT_3.*

		X_0						
		FT_0	**FT_1**	**FT_2**	**FT_3**	**FT_4**	**FT_5**	**FT_6**
	FT_0							
	FT_1							
X_1	**FT_2**			FT_3, 100%				
	FT_3							
	FT_4							
	FT_5							
	FT_6							

Tabelle 20: Multidimensionales-Feld, hier mit 2 Dimensionen (R = 2) dargestellt als Tabelle, in welcher das gelernte Wissen eingetragen ist. Die gezeigte Eintragung in der Mitte beinhaltet das Wissen fürden Fall, dass X_0 im Bereich von FT_2 und X_1 im Bereich von FT_2 liegt, der nachfolgende, vorhergesagte Wert im Bereich von FT_3 liegt. Der Wert 100% gibt an, dass die Regelaktivierung beim Lernen dieses Eintrages 100% betrug.

Am Besten lassen sich die letzten Abschnitte anhand des in Abbildung 34 gezeigten Beispiels erklären. Gegeben ist als Funktion, welche gelernt werden soll, eine Zeitreihe von Datenpunkten, welche im Bereich von FT_0 bis FT_6 liegen. Das Maximum und das Minimum der Zeitreihe ist bekannt und soll $m = 0$ und $M = 1$ sein. Die Anzahl der Fuzzy-Terme sei auf $f = 7$ gesetzt. Daraus ergeben sich die Fuzzy-Terme FT_0 bis FT_6. Das erste MISO ist {0.67, 0.67; 0.5}.

Die drei Werte des MISOs liegen in den Fuzzy-Termen FT_2, FT_2 beziehungsweise FT_3. Daraus ergibt sich folgende gelernte Regel:

(45) **IF** X_0 **IS** FT_2 **AND** X_1 **IS** FT_2 **THEN** Y **IS** FT_3

Die Regel (45) wird in das Multidimensionale-Feld (hier zweidimensional, da $R = 2$), wie in Tabelle 20 gezeigt, eingefügt. Der Fuzzy-Term, in welchem der Wert X_0 liegt, bestimmt die Spalte und der Fuzzy-Term, in welchem X_1 liegt, bestimmt die Zeile, in welcher die Eintragung von Y erfolgt. Hier wird FT_3 in die Tabelle in Spalte FT_2 und Zeile FT_2 eingetragen. Des Weiteren wird die Regelaktivierung in das Feld eingetragen. Die Regelaktivierung bestimmt sich aus dem Minimum der Aktivierungsgrade der Fuzzy-Terme mit den X_j. Da im hier gezeigten Beispiel X_0 beziehungsweise X_1 genau in der Mitte des Fuzzy-Terms FT_2 liegen, ist die Regelaktivierung 100%. Analog werden so alle weiteren MISO-Mengen in die Tabelle eingetragen, bis die gesamte Menge X zu MISOs verarbeitet ist und als Regeln in das Multidimensionale-Feld eingetragen sind.

Schritt 3: Vorhersage mittels Fuzzy-Logik-Regler

Bis jetzt wurden die Unterteilung der Y-Domäne festgelegt, geeignete Regeln aufgestellt und in das Multidimensionale-Feld eingetragen. Nun gilt es, zukünftige Werte unter Verwendung eines Fuzzy-Logik-Reglers vorherzusagen. Für eine Vorhersage füllt man ein MISO bis auf den letzten Wert, denn dieser soll vorhergesagt werden. Im obigen Beispiel bedeutet dies, dass das MISO {0.5, 0.67, ?} erstellt wird, wenn die Werte $X_0 = 0.5$ und $X_1 = 0.67$ gegeben sind. Nun werden X_0 und X_1 fuzzifiziert. Hier sind dies die Fuzzy-Terme FT_3 und FT_2. Die Eingabedaten können auch zwischen zwei Fuzzy-Termen liegen, also einen Zugehörigkeitsvektor mit mehr als einem Element ungleich Null haben. In diesem Fall greift die ganz normale Inferenz und Defuzzifizierung der Fuzzy-Logik, da jeder Eintrag in dem Multidimensionalen-Feld jeweils für eine Fuzzy-Regel steht. Das Ergebnis der Defuzzifizierung entspricht dann auch dem vorherzusagendem Wert. Hier im Beispiel feuert für die Vorhersage nur die Regel, welche im Multidimensionalen-Feld an der Stelle $X_0 = FT_2$ und $X_1 = FT_3$ steht.

4.4.2.2 Modifizierter Palit-Algorithmus

Bei der Nutzung des Palit-Algorithmus in der in [Palit99] und [Palit00] vorgestellten Version treten einige Probleme auf. Diese Probleme wurden in dieser Arbeit durch Erweiterungen entschärft. Hierzu drei wichtige Bemerkungen:

Erstens, die äußersten Fuzzy-Terme haben außerhalb des Intervalls $[m;M]$ immer einen Zugehörigkeitsgrad von 0. Bis zum Rand hin steigt ihr Zugehörigkeitsgrad von 0 auf 1 (siehe Abbildung 34). Die Motivation für diesen

Sachverhalt liegt darin begründet, dass die CoG-Methode (Center of Gravity) beim Defuzzifizierungsprozess eine Schwerpunktmethode darstellt. Wenn nun innerhalb einer Regel ein Fuzzy-Term aktiviert wird, der innerhalb der Definitonsmenge (also nicht am Rand) liegt, wird der Schwerpunkt unweigerlich zur Mitte hin verlagert. Somit wird es unmöglich, dass der defuzzifizierte Konklusionspart (das heißt der „scharfe" Wert von Y_k) jemals einen Wert ganz am Rand einnimmt. Wird ein Dreieck defuzzifiziert, so liegt der Schwerpunkt bei ca. 29% einer Fuzzy-Term-Breite vom Rand entfernt. Da das Intervall $[m, M]$ in f Fuzzy-Terme unterteilt wird, schrumpft die Breite der Vorhersage auf $0{,}29 \cdot (f-1)^{-1}$. Dieser Sachverhalt ist in Abbildung 35 links genauer skizziert. Eine andere Form der Fuzzy-Terme am Rand, wie rechts in der Abbildung gezeigt, versucht diesen Effekt zu mildern. Durch diese Form wird der Schwerpunkt stark nach außen zum Rand des Intervalls $[m, M]$ verschoben.

Zweitens, die generierten Regeln beim Palit-Algorithmus sind mit „und" verknüpft, weil für jedes $MISO_k$ alle Prämissen $X_{j,k}$ erfüllt sein müssen, damit die Folgerung Y_k gilt. In der Regeldatenbank werden also keine ODER-Verknüpfungen erstellt. Eine Verwendung von ODER würde die Regelbasis jedoch deutlich verkleinern. Ein Beispiel hierzu sind die beiden Bedingungen $A \wedge B \wedge C$ und $A \wedge B \wedge D$. Diese lassen sich zu einer Bedingung $A \wedge B \wedge (C \vee D)$ zusammenfassen. Wie zu sehen ist, spart man sich in diesem einfachen Fall schon ¼ der Rechenoperationen. Wird also erlaubt, die Regelbasis auch mit „oder" Verknüpfungen aufzubauen, kann die Regelbasis verkleinert werden.

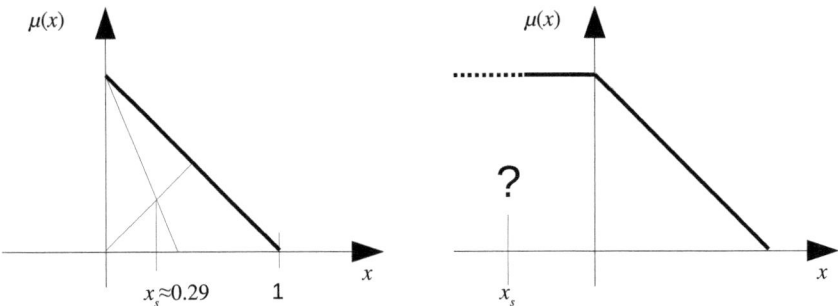

Abbildung 35: Schwerpunkte x_s bei zwei Arten von Fuzzy-Termen für den Palit-Algorithmus. Links, wenn kein Fuzzy-Term außerhalb des Intervalls $[m, M]$ liegt und rechts, wenn ein offener Fuzzy-Term für die Randbereiche gewählt wird.

Drittens, besteht das Multidimensionale-Feld aus f^R Einträgen. Entscheidend für den Füllgrad des Felds ist jedoch die Anzahl der Daten und die daraus resultierende Anzahl der MISOs. Man kann sich recht einfach vorstellen, dass die Anzahl der Regeln weit kleiner ausfällt als f^R, weil hierfür jede Wertkombination aller $X_{j,k}$ notwendig wäre. Mit anderen Worten ist die Größe des

Multidimensionalen-Feldes mit f^R Einträgen sehr viel größer als die Anzahl der Eingabewerte $|X|$. Der Zugriff auf die einzelnen Einträge ist jedoch $O(1)$, da direkt auf jeden Eintrag ohne eine Suche zugegriffen werden kann.

Vorschläge zur Verbesserung des Palit-Algorithmus

Die Fuzzy-Terme am Rand werden zu Dreiecksfunktionen modifiziert. Diese Änderung ist in den Abbildungen 36 und 37 dargestellt. Der Grund dieser Modifikation ist, der Eigenheit des Schrumpfens im Defuzzifizierungsprozess entgegenzuwirken. Die Tatsache, dass die Schwerpunktmethode scharfe Werte aus unscharfen Mengen generiert, führt zu scharfen Werten, die stets im Masseschwerpunkt der jeweiligen Fuzzy-Terme liegen. Bei den hier verwendeten, symmetrischen und gleichschenkligen Dreiecken ist dies stets an der Spitze des Fuzzy-Terms. Doch die Fuzzy-Terme in den Randpunkten sind keine Dreiecke, und ihr Masseschwerpunkt liegt oberhalb des Minimums m beziehungsweise unterhalb des Maximums M. Um nun das verfügbare Wertespektrum $[m, M]$ komplett ausnutzen zu können und auch Werte nahe den Rändern als Vorhersage zu erhalten, wird die Zugehörigkeitsfunktion der Fuzzy-Terme in den Randpunkten, wie in Abbildung 36 gezeigt, modifiziert. Diese Änderung hat keinen Einfluss auf den Algorithmus zur Regelgenerierung oder einen der anderen Schritte des Palit-Algorithmus. Es wird lediglich bei der Defuzzifizierung ermöglicht, dass auch die Werte m und M erreicht werden können.

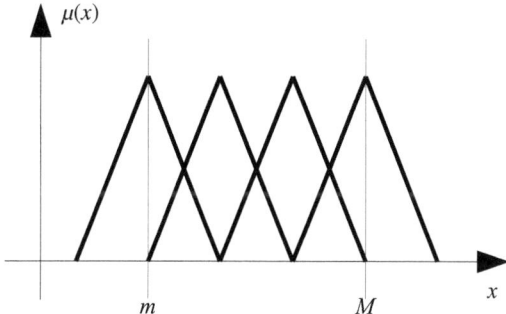

Abbildung 36: Optimalerweise werden die Fuzzy-Terme am Rand des Intervalls [m, M] so gewählt, dass deren Schwerpunkte genau auf den Intervallgrenzen liegen.

Wie bereits weiter oben erwähnt, speichert der Palit-Algorithmus die Regeln innerhalb einer mehrdimensionalen Matrix. Diese Matrix ist in den meisten Fällen sehr gering gefüllt, erfahrungsgemäß zwischen 0,01% – 5%. Es gilt, dass je höher die Rückschau R ist und je mehr Unterteilungen f verwendet werden, desto stärker wächst der Divisor in der folgenden Formel. Die Formel

(46) gibt den maximalen Füllstand der Matrix an. Das Maximum wird genau dann erreicht, wenn es keine Regeldubletten (= MISOs mit den gleichen Fuzzy-Termen für die Eingabewerte X_j) gibt. Der Einfluss der Rückschau ist dabei exponentiell.

(46) $F \leq \dfrac{|X|}{f^R}$, mit F = Füllstand

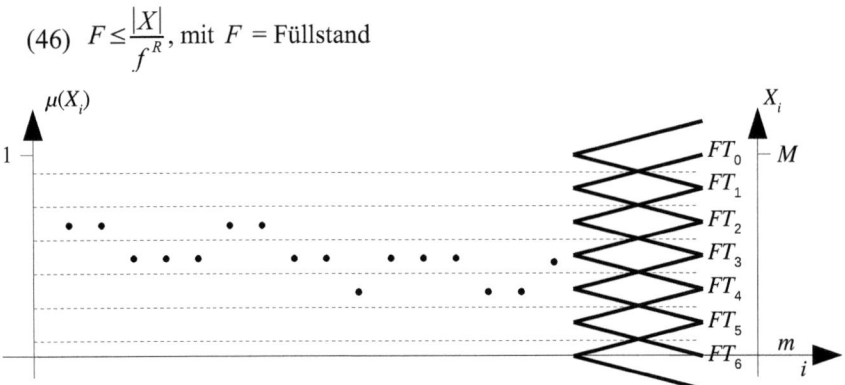

Abbildung 37: Modifizierte Fuzzy-Terme zum Palit-Algorithmus. Vergleiche dazu die äußersten Fuzzy-Terme.

Hier ein Beispiel zur Berechnung des Füllstandes. Bei einer Unterteilung des Intervalls $[m, M]$ in $f = 13$ Fuzzy-Terme und einer Rückschau der Länge $R = 3$ gilt für $|X| = 100$ Eingabewerte und einer maximalen Überlappung der MISOs, dass maximal $|X| - R = 97$ Regeln generiert werden. Der Füllstand ist nach Formel (46) maximal $F = 4,4\%$. Bei praktikableren Werten wie $f = 33$ und $R = 4$ ist der Füllstand sogar kleiner als 0,01%. In [Palit99] werden zum Erstellen einer Vorhersage sogar bis zu $f = 51$ Fuzzy-Terme verwendet.

Demnach hat das so genannte „Einsammeln" der Regeln eine Laufzeitkomplexität von $O(f^R)$, da das gesamte Multidimensionale-Feld nach Einträgen durchsucht wird. Um diesen Umstand des Füllgrades der Matrix zugunsten der Laufzeit und insbesondere des Speicherbedarfs zu verbessern, wird statt des besagten Multidimensionalen-Feldes eine einfache verkettete Liste verwendet, wobei vor jedem Einfügen einer neuen Regel geprüft wird, ob diese Regel bereits in der verketteten Liste existiert. Falls ja, so wurde diese Regel bereits zu einem früheren Zeitpunkt aufgenommen. Dieser Fall tritt besonders oft bei periodischen Funktionen auf. Dann wird genauso fortgefahren wie im vorherigen Kapitel beschrieben. Die Regel in der Liste wird genau dann überschrieben, wenn die neuere Regel eine höhere Aktivierung hat.

Zusammenfassend werden folgende Modifikationen am Palit-Algorithmus durchgeführt:

1. Modifizierte Fuzzy-Terme an den Rändern, wie in Abbildung 34 dargestellt.
2. Eliminierung von reinen Regeldubletten; das heißt Regeln mit gleichen Prämissen und unterschiedlichen Konklusionen sind erlaubt.
3. Speicherung der Regeln in einer Liste statt in einem Multidimensionalen-Feld.

Die Grenzen des Palit-Verfahrens

Bei den klassischen Algorithmen zur Vorhersage kann eine Klassifikation nach beschränkten beziehungsweise unbeschränkten Vorhersagen vorgenommen werden. Dass diese Eigenschaft bei einer Vorhersagemethode maßgeblich bestimmt, welche Typen von Funktionen damit approximiert werden können und welche nicht, soll hier kurz dargestellt werden.

Der Palit-Algorithmus gehört zu der Klasse der beschränkten Vorhersagemethoden. Er kann also nur Funktionen vorhersagen, die beschränkt sind. Mit beschränkt ist hier nicht gemeint, dass die Funktion über ihren gesamten Raum in ein generelles Intervall eingebettet ist. Das würde schließlich auf alle Zeitreihen zutreffen, welche eine endliche Anzahl von diskreten Werten vorhersagen. Ich betrachte hier nur endliche Zeitreihen, da eine Vorhersage nicht unendlich weit getroffen werden kann, sondern nur bis zu einem gewissen Zeitpunkt. Des Weiteren wird gefordert, dass die Daten, die ein beschränkter Algorithmus zur Vorhersage nutzt (im Falle des Palit-Algorithmus also diejenigen Datensätze, anhand derer die Regeln für die Vorhersage aufgebaut werden), die Minima m und Maxima M enthalten, welche die Funktion annehmen kann. Würden in dem kurzen Datenstück, das einem als beschränkt klassifizierten Extrapolationsverfahren als Basis für die Vorhersage zur Verfügung gestellt wird, keine Extrema vorliegen (zum Beispiel wenn die Daten nur aus dem Intervall $[a,b] \subset [m,M]$ wären), so würden die vorhergesagten Daten auch stets nur aus demselben Intervall wie die Eingabedaten sein (also wiederum aus $[a, b]$).

Dies ist genau genommen nicht eine Eigenheit des Palit-Algorithmus, sondern vielmehr die der Fuzzy-Vorhersagetechnik. Fuzzy gestützte Vorhersagen beziehen nämlich ihr Wissen aus Regeln. Diese Regeln wiederum basieren auf bereits vorhandenen Datensätzen beziehungsweise Mustern, und diese endliche Anzahl an Datensätzen ist in ihrem Wertebereich natürlich beschränkt. Am besten verdeutlicht sich die Beschränktheit von auf Fuzzy-Logik gestützten Vorhersagemethoden am Beispiel einer linearen Funktion. Diese Funktion kann von keinem beschränkten Algorithmus vorhergesagt werden, da eine lineare Funktion über alle Grenzen hinaus wächst, insbesondere auch über die Intervallgrenze von $[m, M]$.

Für den Palit-Algorithmus ergibt sich nun ein weiterer Nachteil. Problematisch sind nicht nur Funktionen, die ihren ursprünglichen Wertebereich verlassen, also unbeschränkt sind. Aufgrund der Tatsache, dass Fuzzy gestützte Vorhersagen auf Regeln basieren, also gewissermaßen auf eine Regelbasis (= Wissensbasis) zurückgreifen, kann eine Vorhersage nur dann gelingen, wenn für einen gegebenen Fall von R Werten eine passende Regel in der Datenbank ist. Gibt es keine solche Regel, ist der vorhergesagte Wert undefiniert, also ist keine Vorhersage möglich. In solchen Fällen sind mehrere Ansätze denkbar, um das Problem zumindest zu mildern, die jedoch allesamt unbefriedigende Resultate liefern. Zum einen könnte man als neuen Wert Y den zuvor gewählten Wert von Y, also X_R nehmen. Zum anderen könnte Y auf ein zuvor vorgegebenes Minimum oder Maximum gesetzt werden. In allen diesen Lösungsansätzen geht man allerdings das Risiko ein, für die nachfolgenden Schritte eine Folge von Werten zu generieren, für welche wiederum keine Regel in der Wissensbasis existiert. Diese Lösungsvorschläge entstammen der Fuzzy-Logik selbst, in der definiert wird, was zu tun ist, wenn keine Regel feuert und damit kein Ausgabewert aktiviert wird.

Deswegen wurde ausgehend von einer wesentlich fundamentaleren Fragestellung das Problem angegangen: Wann gibt es keine Regel in der Wissensbasis beziehungsweise wie kann man sicherstellen, dass der oben genannte Fall, dass keine feuernde Regel existiert, nicht eintritt? Grundsätzlich gilt, je mehr Informationen zum Aufstellen der Regeldatenbank bei dem Palit-Algorithmus existieren, desto wahrscheinlicher ist es, dass für eine gegebene Eingabe von R Werten (Prämissen) eine Regel in der Wissensbasis gefunden und somit eine Vorhersage für die Konklusion Y getroffen werden kann. Doch eine hohe Wahrscheinlichkeit ist noch lange keine Sicherheit. An dieser Stelle soll vielmehr betrachtet werden, wann eine Funktion als 100% sicher vorausgesagt werden kann. Ein Fall ist intuitiv klar: Wenn die gegebene Funktion periodisch ist und der Palit-Algorithmus als Grundlage für die Regeldatenbank eine volle Periode + R viele Werte zum Aufstellen der Regeln erhält, so wird der Algorithmus immer eine gültige Vorhersage liefern. Denn dann wird immer eine Regel für den nächsten Wert Y gefunden. Nun gibt es das Argument, dass dies ebenso mit einem einfacheren Algorithmus, wie der Autokorrelation, durchgeführt werden kann, welcher bewusst nach Perioden in der Zeitreihe sucht. Doch der Vorteil auf Seiten des Palit-Algorithmus liegt darin, dass der Algorithmus eben nicht explizit auf solche Analysen der Periodizität angewiesen ist, sondern eine adäquate Vorhersage von sich aus bereits für annähernd periodische Funktionen berechnet. Ein weiterer Pluspunkt zu Gunsten des Palit-Algorithmus ist, dass er nicht nur periodische Funktionen vorhersagen kann, sondern auch quasi-periodische. Sinn und Nutzen der Fuzzy-Technologie ist schließlich ihre Toleranz gegenüber Fehlern und leichten Schwankungen in Daten – ein Vorteil, den keines der hier vorgestellten klassischen Verfahren für sich beanspruchen kann. Um sich einen einfachen Eindruck von dem Begriff quasi-periodisch zu verschaffen, stelle man sich am besten die Funktionswerte einer Sinusfunktion vor, welche allerdings durch ein leichtes Rauschen gestört sind. Solange das Rauschen sich innerhalb der Größenordnung einer halben Fuzzytermbreite bewegt, weichen die resultierenden Regeln und definierten Fuzzy-Terme nicht von denen einer reinen Sinusfunktion ab. Die Vorhersage lässt sich somit nicht von dem Rauschen stören. Der Grund hierfür liegt in der Art und Weise, wie die Regeln für die Vorhersage generiert werden. Bei der Fuzzifizierung werden aus scharfen Werten wie „IF Y IS 3,45" unscharfe Werte der Form „IF Y IS FT", wobei FT derjenige Fuzzy-Term mit der größten Zugehörigkeit ist, das heißt für welchen $\max_i \mu(FT_i) = \mu(FT)$ gilt. Nach der weiter oben beschriebenen Konstruktion und Gleichverteilung der Fuzzy-Terme über das gesamte Intervall [m, M] ist klar, dass trotz des Rauschens, wenn es kleiner ist als die halbe Intervallbreite $(M - m) / 2f$ der Fuzzy-Terme, immer noch die gleichen Regeln in der Datenbank gefunden werden, wie sie in der Lernphase ohne Rauschen gelernt werden. So kann von einer Störimmunität von $(M - m)/2f$ ausgegangen werden.

Zum Schluss folgt nun eine einfache Funktion, welche nicht mit dem Palit-Algorithmus vorhergesagt werden kann, zu sehen in Abbildung 38. Es handelt sich um eine Funktion, in welcher sich ein Eingabe-Muster mehrfach wiederholt, aber der zukünftige Verlauf unterschiedlich ist. Dies führt dazu, dass eine Regel mit mehreren unterschiedlichen Folgerungen, zum Beispiel Y_2 und Y_4 existiert.

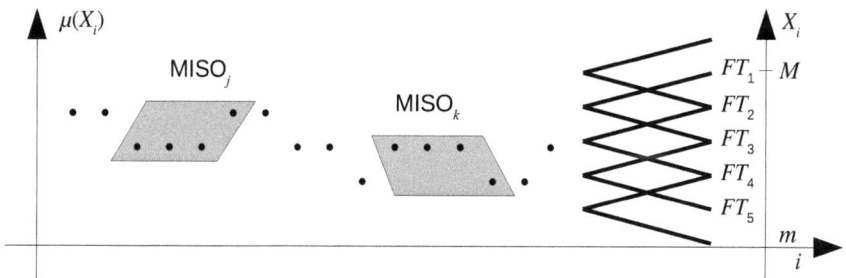

Abbildung 38: Zeitreihe X, welche durch den Palit-Algorithmus nicht vorhergesagt werden kann. Die Eingabedaten der beiden MISOs sind identisch, aber die Folgerungen sind unterschiedlich.

IF X_1 IS FT_3 AND X_2 IS FT_3 AND X_3 IS FT_3 THEN Y IS FT_2, Y IS FT_4

Bei der Defuzzifizierung ergibt diese Regel als Ausgabewert FT_3. Dies entspricht aber keinem gelernten Ausgabewert. Mit anderen Worten: Der Palit-Algorithmus kann nur einen Verlauf lernen, bei dem es keine Regeldupletten gibt. Also kann der Algorithmus auch nicht zur allgemeinen Vorhersage verwendet werden.

4.4.3 Periodenerkennung durch Autokorrelation

Die Autokorrelation (griechisch „auto: eigen, selbst", Korrelation: Bezug) ist an und für sich genommen noch kein Extrapolationsverfahren. Sie ist jedoch im Stande ein Ähnlichkeitsmaß für eine gegebene Funktion oder eine Zeitreihe X zu liefern. Anhand dieses Maßes kann ermittelt werden, ob und wie weit die Daten zueinander ähnlich sind, also ob sich die Daten periodisch wiederholen. Diese Ähnlichkeit kann mit der Autokorrelation nur aus zeitlich äquidistanten Daten bestimmt werden.

Das grundsätzliche Verfahren nach [Storm95] funktioniert folgendermaßen:

(47) $$r_k = \frac{\sum_{i=1}^{N-k}(X_i - \bar{X}) \cdot (X_{i+k} - \bar{X})}{\sum_{i=1}^{N}(X_i - \bar{X})^2} \quad \text{mit} \quad \begin{array}{l} N: \text{ Anzahl der Daten} \\ \bar{X}: \text{ Mittelwert der Daten} \\ X_i: \text{ Wert zum Zeitpunkt } t_i \end{array}$$

Hierbei gibt r_k den Autokorrelationskoeffizienten bei einer Verschiebung der Daten um k Werte an. Anschaulich betrachtet verschiebt man die Funktion hierbei um k Werte und legt sie über sich selbst. Das Produkt der zugehörigen Werte, normiert auf die Summe der quadratischen Abweichung vom Mittelwert (siehe Nenner), ergibt den zugehörigen Autokorrelationskoeffizienten. Je näher dieser Wert bei 1,0 liegt, desto selbstähnlicher ist die Funktion bei einer Verschiebung um k Werte.

In der Formel (47) ist das Betrachten der Abweichung vom Mittelwert $\bar{X}$ zwar nicht nötig, allerdings aus implementationsspezifischer Sicht vorteilhaft, weil dadurch lediglich recht kleine Werte quadriert werden müssen. Dies erhöht die numerische Stabilität der Berechnung.

Unabhängig davon wird in [Storm95] empfohlen, r_k höchstens bis $k \leq N/4$ zu berechnen, weil darüber hinaus die Anzahl der Summanden klein wird. Eine solche Beschränkung mag für große Datensätze, also für große N, sicherlich legitim, also ohne starke Einschränkung sein, ist jedoch bei kleinen Datensätzen nicht besonders praktikabel, da sich die maximale Verschiebung damit auf $N/4$ Werte beschränkt. Denn wenn die Anzahl N der Daten klein ist (zum Beispiel $N = 12$), so wird man gemäß dieser Empfehlung lediglich die Autokorrelationskoeffizienten r_1, r_2, r_3 berechnen, was einer maximalen Verschiebung von $k = 3$ Werten entspricht. Damit könnten dann im besten Fall (falls für $k = 3$ der Autokorrelationskoeffizient am größten ist) drei neue Werte extrapoliert werden. Auch wird nicht erkannt, wenn eine Autokorrelation bei einer größeren Verschiebung um k existiert. Aus diesen Gründen wird die Beschränkung auf $k \leq N/4$ ignoriert.

Abbildung 39 zeigt als Beispiel eineinhalb Perioden einer Sinus-Funktion. Die verschobene gestrichelte Funktion ist immer noch sehr ähnlich zu der nicht verschobenen Funktion. Berechnet man nun die Ähnlichkeit der Sinus-Funktion mit der um 20° verschobenen Sinus-Funktion, so ergibt dies einen Autokorrelationskoeffizienten von $r_k = 0{,}940$. Die Ähnlichkeit ist also immer noch recht groß.

Man betrachte nun eine Funktion mit zufälligem, weißem Rauschen, die sich sechs mal jeweils nach 100 Werten X_j exakt wiederholt. Abbildung 40 zeigt im oberen Diagramm einen solchen Funktionsverlauf. Im unteren Diagramm ist der Verlauf von r_k in Abhängigkeit von k dargestellt. Wie zu sehen ist, gibt es alle 100 Werte einen Scheitelpunkt. Dies gibt an, dass sich das Signal nach 100 Werten wiederholt. Eine Besonderheit hierbei ist, dass bei der Normierung, so wie in Formel (47) geschehen, größere Verschiebungen mit einer „Strafe" belegt werden. Je größer eine Verschiebung ist, desto kleiner ist der maximal mögliche Wert im Scheitelpunkt. Dies soll dazu führen, dass eher kleinere Verschiebungen favorisiert werden. Ist dieses Verhalten unerwünscht, kann man den Normierungsbereich anpassen, indem die Summe im Nenner ebenfalls nur von 1 bis $N - k$ läuft.

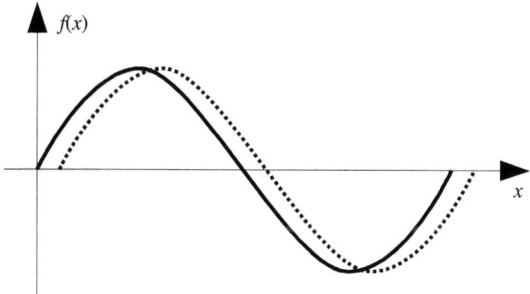

Abbildung 39: Sinus-Funktion (durchgängig) und um $\Delta x = 20°$ verschobene Sinus-Funktion (gestrichelt). Der Ähnlickkeitskoeffizient ist $r_k = 0{,}940$.

Die Autokorrelation lässt sich nun dazu einsetzen, einen Signalverlauf auf periodisches Verhalten zu untersuchen. Hierfür bestimmt man für jede Verschiebung $k = 1, ..., N - 1$ die Ähnlichkeit r_k mit der Ursprungsfunktion. Der Malus ist circa $(N - k) / N$, da in Formel (47) die Summe im Zähler nur von $i = 1$ bis $N = k$, die im Nenner aber bis N läuft.

Für die Vorhersage mit der Autokorrelation ergibt sich folgendes Vorgehen: Zuerst wird der beste Korrelationskoeffizient ermittelt, das heißt man bestimmt dasjenige K, für das $r_K = \max\limits_{k=1,\ldots,N-1} r_k$ gilt. Ist dieses r_K kleiner als ein zuvor festgelegter Schwellwert (zum Beispiel 0,33), dann gibt es in der Zeitreihe keine Wiederholungen. Existiert jedoch eine Wiederholung, so ist durch das K auch bekannt, dass eine Periode die Länge K hat.

Nun wird in dieser Arbeit das Verfahren so erweitert, dass man damit eine Vorhersage treffen kann. Dazu wird der oben vorgestellte Algorithmus zur Autokorrelation auf eine aufgezeichnete äquidistante Zeitreihe X angewandt. Bei der Zeitreihe soll der älteste Wert X_N und der aktuellste Wert X_1 sein, so dass die Daten in umgekehrter Reihenfolge bearbeitet werden. Wird nun eine Periode der Länge K erkannt, ist der erste vorausgesagte Wert X_K. Sollen mehr Werte vorausgesagt werden, so können auch X_{K-1} bis X_1 verwendet werden. Danach wiederholt sich die Vorhersage und beginnt wieder mit X_K.

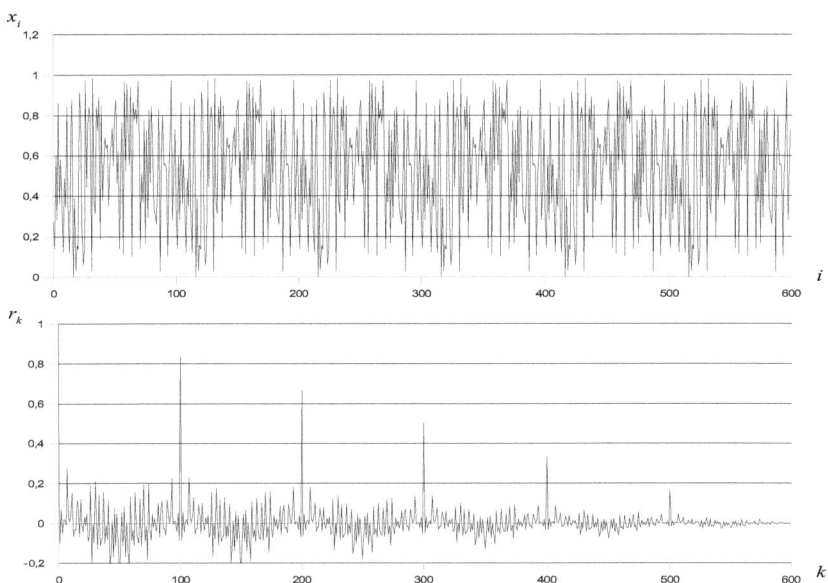

Abbildung 40: Oben: Verlauf einer sich periodisch wiederholenden Folge von Datenpunkten X_i. Unten: Der dazugehörige Verlauf des Ähnlickkeitskoeffizienten r_k in Abhängigkeit von k. An den alle 100 Werte auftretenden Scheitelpunkten ist eine Periodenlänge von 100 zu sehen.

Zum Schluss sei noch anzumerken, dass die mit diesem Verfahren extrapolierten Werte auch nach der Extrapolation innerhalb eines beschränkten

Wertebereichs bleiben. Das heißt falls vor der Extrapolation $m = \min\limits_{i=1,...,N} Y_i \leq \max\limits_{i=1,...,N} Y_i = M$ gegolten hat, so wird dies nach der Extrapolation auch der Fall sein, weil bereits vorhandene Werte zur Vorhersage benutzt werden. Die obere und untere Schranke der Werte bleibt also erhalten. Somit handelt es sich um eine beschränkte Extrapolation.

4.4.4 Fit durch Downhill-Simplex

Eine weitere Methode, um das zukünftige Verhalten von Signalverläufen vorherzusagen, ist das Erkennen von bekanntem Verhalten. Wird zum Beispiel erkannt, dass sich ein Signal wie ein Sinus mit einer bestimmten Amplitude und Frequenz verhält, so kann man davon ausgehen, dass sich dies in naher Zukunft mit einer hohen Wahrscheinlichkeit nicht ändert.

Um nun ein zukünftiges Verhalten zu erkennen, kann man eine bekannte Funktion nehmen, die ein bestimmtes Verhalten beschreibt. Diese Funktion besitzt einen oder mehrere Parameter: zum Beispiel eine periodische Funktion mit vier Parametern. Neben der Amplitude a und der Frequenz f kann noch die Phasenverschiebung ω und eine Verschiebung b auf der y-Achse parametrisiert werden. Nun passt man die Parameter so an, dass der quadratische Fehler zum aufgezeichneten Signalverlauf minimal ist. Ist der Fehler nahe Null, so verhält sich der Signalverlauf wie der parametrisierte Sinus und man kann davon ausgehen, dass sich der Signalverlauf auch weiterhin ähnlich zu diesem Sinus verhält. Demnach kann mit diesem Sinus und den eingestellten Parametern auch eine Vorhersage für den gegebenen Signalverlauf gemacht werden.

Abbildung 41 zeigt einen gegebenen Signalverlauf (nicht gestrichelt), der einem Sinus ähnlich ist. Mit dem Downhill-Simplex-Verfahren aus [Neal65] wird ein Sinus (gestrichelt) iterativ an den gegebenen Sinus angepasst. Je mehr Iterationen ausgeführt werden, desto genauer stimmt der parametrisierte Sinus mit dem gegebenen Signalverlauf überein und desto genauer wird die Vorhersage sein. Dieses Verfahren ist *anytimefähig*. Es kann also zu jedem Zeitpunkt unterbrochen werden und die Güte steigt kontinuierlich. Je früher die Unterbrechung stattfindet, desto weniger optimiert sind die Parameter.

Ist der Fehler, also die Abweichung der parametrisierten Funktion zu der aufgezeichneten Zeitreihe zu groß, so verhält sich der aufgezeichnete Signalverlauf nicht ähnlich der parametrisierten Funktion. Dann kann die Zeitreihe auch nicht mit dieser parametrisierten Funktion vorausgesagt werden, und es muss die Ähnlichkeit zu einer anderen Funktion gesucht werden.

Die Annahmen, die in dieser Arbeit an die vorherzusagenden Signalverläufe gestellt sind, sind dieselben, die schon in vorherigen Abschnitten definiert wurden. Sie müssen sich hauptsächlich entweder linear oder periodisch verhalten. Außerdem sollte das Rauschen so gering sein, dass der eigentliche

Signalverlauf noch erkannt werden kann. Aus diesen Annahmen ergeben sich verschiedene Funktionen, welche sich zur Vorhersage eignen. Im Folgenden sind zehn einfache Beispielfunktionen gezeigt.

$f_0(x) = A$ (1 Parameter)
$f_1(x) = Ax + B$ (2 Parameter)
$f_2(x) = Ax^2 + Bx + C$ (3 Parameter)
$f_3(x) = Ax^3 + Bx^2 + Cx + D$ (4 Parameter)
$f_4(x) = A\sin(Bx + C) + D$ (4 Parameter)
$f_5(x) = f_3(x) + f_4(x)$ (7 Parameter)
$f_6(x) = A \cdot (x \bmod B) + C$ (3 Parameter)
$f_7(x) = \begin{cases} A + B(x - C/2), & \text{wenn}(x \bmod C) < \frac{C}{2} \\ A + B(C/2 - x), & \text{sonst} \end{cases}$ (3 Parameter)
$f_8(x) = A\log(Bx + C) + D$ (4 Parameter)
$f_9(x) = Ae^{Bx+C} + D$ (4 Parameter)

Diese Liste ist weder vollständig noch deckt sie alle Eventualitäten ab. Aber konstante (f_0), lineare (f_1) und schwingende (f_4) Funktionen lassen sich damit sehr gut vorhersagen. Ebenfalls schwingende Funktionen sind der steile und flache Sägezahn (f_6 und f_7). Auch können ansteigende beziehungsweise abflachende Signalverläufe mit den Funktionen f_8 beziehungsweise f_9 vorhergesagt werden. Die weiteren Funktionen sind Erweiterungen, welche entweder wenig zu optimierende Parameter haben (f_2, f_3) und damit leichter zu optimieren sind oder solche, welche die Mächtigkeit der Vorhersage erhöhen (f_5), aber sehr viele Parameter haben. Im Folgenden sind diese Funktionen mit ihrer Anzahl an zu optimierenden Parametern gegeben.

Die eigentliche Optimierung wird mit der Mathematik-Bibliothek *C++ Solver and Optimization Library* von der Tech-X Corporation (siehe [TXCorp03]) berechnet. Hier können beliebige Funktionen definiert werden und diese dann durch einen Downhill-Simplex an einen Signalverlauf angenähert werden. Bei erfolgreicher Optimierung wird somit ein lokales Optimum gefunden. Die Software liefert die Genauigkeit der Optimierung, also den verbliebenen quadratischen Fehler und die Anzahl der Iterationen, die zur Optimierung nötig waren. Diese Art der Optimierung wird Fit genannt, da eine Funktion an einen Verlauf angepasst wird.

Die Gewichtete-Linearität aus Kapitel 4.4.1 zeigt, dass es günstiger ist, aktuelleren Werten ein höheres und älteren eine niedrigeres Gewicht zu bemessen. Diese Art der Gewichtung wird auch beim Fit durch den Downhill-Simplex verwendet. Mit anderen Worten, der Fit mit der linearen Funktion f_1 entspricht der Vorhersage mit gewichteter Linearität. Nur ist die Gewichtete-Linearität deterministisch und deutlich schneller. Außerdem ist die Gewichtete-Linearität auch einfach auf einem eingebetteten System zu implementieren, denn die verwendete Mathematik-Bibliothek für den Downhill-Simplex lässt sich durch ihre Größe und Anforderungen an die CPU-Leistung nicht so einfach auf ein eingebettetes System portieren.

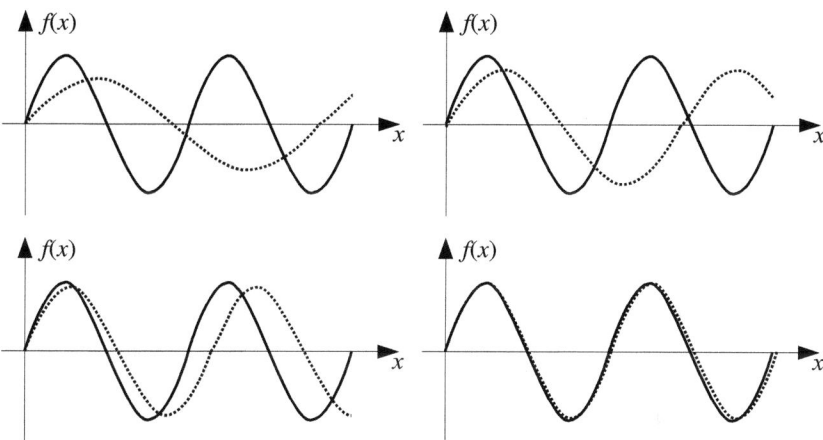

Abbildung 41: Mit dem Downhill-Simplex wird ein Sinus (gestrichelt) iterativ an den gegebenen Sinus (nicht gestrichelt) angepasst. Gezeigt ist der Downhill-Simplex nach 0 (oben links), 150 (oben rechts), 300 (unten links) und 450 (unten rechts) Iterationen.

Diese Art der Vorhersage ermöglicht es, auf elegante Weise ein Modellwissen zu verwenden. So kann anhand der aufgezeichneten Sensordaten das Modell angepasst werden, um eine Vorhersage zu treffen. Auch ist es möglich, anhand der vergangenen Sensordaten auf den aktuellen Zustand des Systems zu schließen, was wiederum eine Vorhersage ermöglicht. Hierfür muss sich das Modell des Systems nur durch eine parametrierbare Funktion beschreiben lassen.

Abbildung 42 zeigt die Ergebnisse bei der Vorhersage von gegebenen Funktionen. Links in jedem der sechs Diagramme sind die vergangenen, rechts die vorhergesagten Sensordaten. Die dickere Linie gibt dabei die jeweils gegebenen Funktionen an. Der Verlauf in der Zukunft ist bekannt, wird aber nicht zum Lernen (Fitten) verwendet. Die eingetragenen dünner gezeichneten Funktionen sind die oben genannten Funktionen f_0 bis f_7. Wie zu sehen ist, ist der Sinus immer eine gute Wahl zur Vorhersage. Für kurzzeitige Vorhersagen ist auch die lineare Vorhersage eine gute Wahl. Quantitative Auswertungen und ein Vergleich mit anderen Vorhersagemethoden sind in Kapitel 4.6 genauer untersucht.

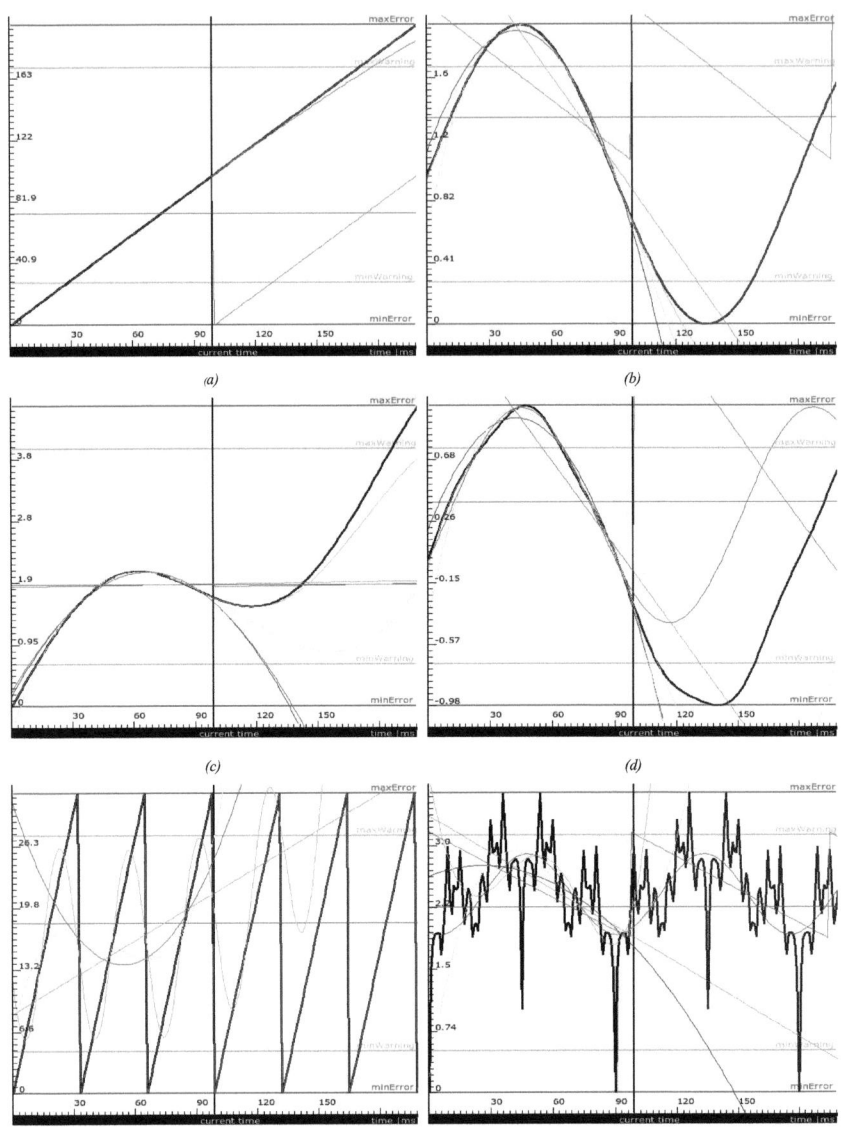

Abbildung 42: Die gegebene (zu lernende) Funktion ist in jedem der sechs Diagramme fett dargestellt. Links von currentTime *ist die Lernphase, rechts davon die Vorhersage. Die zu lernenden Funktionen sind eine linear ansteigende Funktion (a), ein Ausschnitt aus einem Sinus (b), ein Sinus plus einen linearen Anteil (c), ein Sinus plus einen höherfrequenten Sinus mit kleiner Amplitude (d), eine Sägezahn-Funktion (e) und die Weierstraß-Funktion (f).*

4.5 Vorhersage-Algorithmus und Komplexitätsanalyse

Dieses Kapitel untersucht den Aufwand zum Erstellen einer Vorhersage in Abhängigkeit von n aufgezeichneten Daten X_i. Der Fall, dass zu den aufgezeichneten Daten ein neues Datum hinzukommt und die Vorhersage aktualisiert wird, wird nicht beachtet. In diesem Fall sind nämlich manche Schritte wie zum Beispiel die Diskretisierung der gesamten aufgezeichneten Werte nicht mehr so aufwändig, da nur ein neuer Wert hinzukommt und sich die Werte in der Vergangenheit, also auch deren Diskretisierung, nicht ändern.

Die hier vorgestellte Vorhersage (Extrapolation) von Sensordaten baut sich aus fünf Schritten auf, angefangen mit der äquidistanten Diskretisierung der Daten, der anschließenden Autokorrelation, der Auswahl einer geeigneten Vorhersagemethode, der eigentlichen Ausführung der Extrapolation und der abschließenden Interpolation der extrapolierten Daten.

Im ersten Schritt sind die Daten äquidistant zu diskretisieren. Die meisten Algorithmen arbeiten besser oder überhaupt nur, wenn die Daten in äquidistanten Zeitintervallen vorliegen. Eine Interpolation mit quadratischen oder kubischen Splines führt zu einem kontinuierlichen Signal, welches äquidistant diskretisiert werden kann. In den meisten Fällen liegen die Daten schon mehr oder weniger in äquidistanten Zeitintervallen vor, da die Sensoren periodisch abgefragt werden. Der Rechenaufwand dieses Schrittes ist $O(n)$.

Der zweite Schritt ist die Autokorrelation (siehe 4.4.3), durch welche festgestellt werden kann, ob sich ein Signal wiederholt, also periodisch ist. Außerdem ist durch die Autokorrelation auch bekannt, wann sich das Signal wiederholen wird. Der Aufwand der Autokorrelation ist $O(n^2)$, da jeder Wert X_i mit jedem anderen Wert X_j verglichen wird. Also werden n Korrelationen mit jeweiligem Rechenaufwand $O(n)$ berechnet.

Der dritte Schritt ist die eigentliche Entscheidung für einen Vorhersage-Algorithmus. Hat die Autokorrelation eine Periode gefunden, so kann ein Algorithmus für periodische Funktionen eingesetzt werden, zum Beispiel die Vorhersage mittels des Palit-Algorithmus (siehe Kapitel 4.4.2.2). Auch kann hier der Fit mit einer periodischen Funktion wie f_4 bis f_7 aus Kapitel 4.4.4 verwendet werden. Im einfachsten Fall, bei einer 100%-igen Korrelation im zweiten Schritt, kann aber auch die schon berechnete Autokorrelation zur Vorhersage verwendet werden. Hat die Autokorrelation jedoch ergeben, dass es sich nicht um ein periodisches Signal handelt, kann die Vorhersage entweder durch die Gewichtete-Linearität (siehe Kapitel 4.4.1) oder durch einen Fit mit einer Funktion wie f_0 bis f_3 aus Kapitel 4.4.4 vorgenommen werden. Die Entscheidung wird aus zuvor bestimmten Ergebnissen gefällt. Deshalb ist der Rechenaufwand $O(1)$.

Ist die Entscheidung für einen bestimmten Vorhersage-Algorithmus gefallen, so kommt dieser im vierten und vorletzten Schritt zur Ausführung. Die Aufwände der einzelnen Algorithmen sind in den jeweiligen Kapiteln gegeben und nochmals in Tabelle 21 zusammengefasst.

Anfragen eines Fuzzy-Reglers zu den extrapolierten Daten einer Vorhersage werden für konkrete, nicht kontinuierliche Zeitpunkte gestellt. Betrachtet man zum Beispiel die Vorhersage mit dem Palit-Algorithmus, so ist zu sehen, dass dieser die Daten diskretisiert und äquidistant vorhersagt. Um Werte zu Zeitpunkten dazwischen zu erhalten, müssen diese in einem letzten Schritt durch eine Interpolation aus den extrapolierten Werten bestimmt werden.

Der Aufwand für eine Vorhersage in Abhängigkeit der Anzahl n der Sensordaten X_i ist in Tabelle 21 für jeden einzelnen Schritt dargestellt.

Schritt	Aufwand
1. Äquidistante Diskretisierung	$O(n)$
2. Autokorrelation	$O(n^2)$
3. Entscheidung	$O(1)$
4. Ausführung	
- Autokorrelation	$O(1)*$
- Palit-Algorithmus	$O(n^2)$
- Gewichtete-Linearität	$O(1)$
- Fitting	$O(n \log n)$
5. Interpolation	$O(n)$
Gesamtaufwand	$O(n^2+2n)$ ... $O(2n^2+2n)$

Tabelle 21: Komplexität der einzelnen Schritte zur Vorhersage von Sensordaten.
* = Kein weiterer Aufwand nötig, da schon in Schritt 2 inbegriffen.

4.6 Genauigkeitsvergleiche

In diesem Kapitel werden Kriterien für eine Vorhersage aufgestellt und dann alle in Kapitel 4.4 vorgestellten Methoden experimentell und quantitativ miteinander verglichen. Daraus ergeben sich dann die Vor- und Nachteile der verschiedenen Extrapolationsverfahren.

4.6.1 Gütekriterien einer Vorhersage

Es stellt sich die Frage, wann eine Vorhersage als genau gilt. In der Regel kann dies nur empirisch betrachtet werden. Das Problem ist, dass nie klar ist, ob eine Vorhersage nun wirklich gut ist, oder ob sie sich nur bei einem Beispiel gut verhält. Denn es ist natürlich nie bekannt, wie der zukünftige Verlauf wirklich ist. Durch einen unbekannten Einfluss wie einem Defekt bei einem Gerät kann es jederzeit zu unvorhersehbaren Sprüngen in Datenverläufen kommen. Eine Möglichkeit, dennoch vergleichend vorzugehen, ist die Aufstellung verschiedener Gütekriterien anhand derer die Algorithmen miteinander verglichen werden.

Um Vorhersagen untersuchen zu können, werden verschiedene Folgen von 200 Werten erstellt. Diese bilden die Trainingsmenge und Testmenge. Die ersten 100 Werte werden dazu genutzt, um mit den verschiedenen Algorithmen eine Vorhersage zu erstellen. Die restlichen 100 Werte werden als weiterer zukünftiger Verlauf betrachtet. Diese zukünftigen Werte werden mit den Vorhersagen verglichen und geben so Auskunft über die Genauigkeit der Vorhersage.

Zu untersuchen sind drei Kriterien. Am wichtigsten ist, wie genau ein Vorhersage-Algorithmus den aktuellen Verlauf der Daten abbildet. Je genauer diese Abbildung ist, desto wahrscheinlicher ist es, dass mit diesem Algorithmus eine genauere Vorhersage getroffen werden kann. Voraussetzung hierfür ist, dass sich die Testdaten, welche vorhergesagt werden sollen, ähnlich zu den Trainingsdaten verhalten.

Ein weiterer Aspekt ist die Zeit, die zur Berechnung einer Vorhersage nötig ist, denn der beste Algorithmus ist nicht praktikabel einsetzbar, wenn er nicht in einer angemessenen Zeit ein Ergebnis liefert. Will man zum Beispiel in jeder Sekunde einen Regelungsschritt ausführen und muss pro Regelungsschritt den Datenverlauf eines Sensors vorhersagen, so ist damit die obere Schranke der maximalen Taktrate für die Vorhersage gegeben.

Ein letztes Kriterium ist die Genauigkeit der Vorhersage. Dazu wird der quadratische Fehler F der vorhergesagten Werte mit den 100 zukünftigen Werten aus der Trainingsmenge verglichen. Dabei wird zwischen Langzeit- und Kurzzeit-Vorhersagen unterschieden. Eine Langzeit-Vorhersage versucht, alle 100 zukünftigen Werte vorherzusagen, also genau so viele Werte wie zum Lernen verwendet werden. Die Kurzzeit-Vorhersage versucht nur die nächsten paar Werte vorherzusagen. Dies können zum Beispiel die nächsten zehn Werte sein. Die Unterscheidung begründet sich darin, dass es oft nur von Interesse ist, wie sich das Verhalten in kürzester Zeit ändert. Der Fehler F einer Vorhersage berechnet sich wie folgt:

$$(48) \quad F = \sqrt{\frac{\sum_{i=1}^{n}(X(i)-V(i))^2}{n}} \quad \text{mit} \quad \begin{matrix} X_i: \text{Testdaten} \\ V_i: \text{Vorhersage} \end{matrix}$$

4.6.2 Experimentelles Vorgehen

Eine experimentelle Untersuchung gibt Aufschluss über die Praktikabilität der einzelnen Vorhersage-Algorithmen. Dazu wird eine ganze Reihe von Funktionen gelernt und mit diesen die Gütekriterien berechnet. Die zu lernenden und vorherzusagenden Funktionen sind eine linear ansteigende Funktion S_0, ein Ausschnitt aus einem Sinus S_1, ein Sinus plus einen linearen Anteil S_2, ein Sinus plus einen höherfrequenten Sinus mit kleiner Amplitude S_3, eine Sägezahn-Funktion S_4 und die Weierstraß-Funktion S_5. Im Folgenden sind diese Funktionen genauer definiert (siehe auch Abbildung 42):

(49) $S_0: X_i = A \cdot i + B$
$S_1: X_i = \sin(A \cdot i) + B$
$S_2: X_i = \sin(A \cdot i) + B \cdot x + C$
$S_3: X_i = \sin(A \cdot i) + B \cdot \sin(C \cdot i)$
$S_4: X_i = i \bmod A + B$
$S_5: X_i = \sum_{n=0}^{A} (B)^n \cdot |\sin(C^n \cdot i)|$

Die Parameter A, B und C können beliebig sein. Bei Multiplikation mit einem anderen Term müssen die Parameter ungleich Null sein. So stellen diese Funktionen ein großes Spektrum von möglichen Sensordaten bereit.

In nachfolgenden Tests werden folgende Parameter verwendet:

S_0: $A = 1$ $B = 0$
S_1: $A = 1$ $B = \frac{\pi}{90}$
S_2: $A = \frac{\pi}{90}$ $B = \frac{1}{50}$ $C = 1$
S_3: $A = \frac{\pi}{90}$ $B = \frac{1}{10}$ $C = \frac{\pi}{9}$
S_4: $A = 33$ $B = 0$
S_5: $A = 100$ $B = -1$ $C = -1$

Die Vorhersagen werden mit der Gewichteten-Linearität, dem Palit-Algorithmus und dem Downhill-Simplex (mit den Funktionen f_0 bis f_7) berechnet. Die Autokorrelation wird nicht auf ihre Genauigkeit untersucht, da diese immer berechnet wird und man sich danach erst für eine Vorhersage-Methode entscheidet.

4.6.3 Ergebnisse

Die Experimente werden, wie in den vorherigen Kapiteln beschrieben, durchgeführt und die Ergebnisse davon in Tabelle 22 beziehungsweise zusammengefasst in Tabelle 23 dargestellt. Zur weiteren Erläuterung der Tabelle zuvor noch drei Bemerkungen:

Zum einen bezieht sich der Fit-Fehler bei der Gewichteten-Linearität auf zehn Trainingsdaten. Denn Trainingsdaten, welche weiter in der Vergangenheit liegen, beeinflussen die Vorhersage weniger stark (siehe Formel (40)). Deshalb verwendet dieser Algorithmus per Definition nur zehn Werte aus der Trainingsmenge. Ansonsten würde der Fit-Fehler immer sehr hoch ausfallen.

Zum anderen gibt es beim Palit-Algorithmus keinen Fit-Fehler mit der Trainingsmenge. Dies liegt daran, dass der Funktionsverlauf unscharf gelernt wird. Gelernt werden immer nur Muster, also Ausschnitte eines Funktionsverlaufes. Bei diesen Mustern ist der Fit-Fehler immer Null, da sie unscharf in der Datenbank (Multidimensionales-Feld) abgelegt werden können. Zu beachten ist jedoch, dass zwei Muster mit den gleichen Bedingungen und einer unterschiedlichen Folgerung nicht gelernt werden können. Der Algorithmus entscheidet sich für eines dieser Muster und verwirft das andere Muster komplett. Mit diesem ist dann keine Vorhersage mehr möglich.

Des Weiteren ist der Downhill-Simplex mit der Fit-Funktion f_5 (Sinus+kubisch) nicht immer konvergent. Im Vergleich mit der Fit-Funktion f_4 (nur Sinus) sollten die Ergebnisse bei f_5 nicht schlechter sein, da es aber bei f_5 sieben anstatt vier zu optimierende Parameter gibt, sind dementsprechend mehr Iterationen auszuführen und dementsprechend gibt es mehr lokale Minima, durch welche das Auffinden des globalen Minimums immer unwahrscheinlicher wird.

Betrachtet werden nun, wie in Tabelle 23 gezeigt, die einzelnen Kriterien für die verwendeten Vorhersage-Algorithmen. Der Fit-Fehler ist bei der Gewichteten-Linearität am Besten. Jedoch ist zu beachten, dass sich dieser Fehler nur auf die zehn zuletzt aufgezeichneten Werte bezieht, da dieser Algorithmus genau diese zehn Werte zum Berechnen der Vorhersage verwendet. Alle anderen Fit-Fehler beziehen sich auf die gesamte Historie von 100 Werten. Unter Verwendung der gesamten Historie hat der Downhill-Simplex mit dem Sinus beziehungsweise mit dem Sinus plus einem kubischen Anteil den geringsten Fit-Fehler.

Die Anzahl der Iterationen ist nur bei nicht deterministischen Algorithmen von Interesse. Die Anzahl der Iterationen ist bei diesen umso größer, je mehr Parameter optimiert werden müssen. Es wird bei manchen Experimenten mit der Fit-Funktion Sinus oder Sinus plus kubischem Anteil nicht immer eine Konvergenz innerhalb der maximal eingestellten Anzahl von 2500 Iterationen erreicht. Die Vorteile liegen ganz klar bei der Gewichteten-Linearität und bei dem Palit-Algorithmus, denn hier lässt sich durch das deterministische Verhalten die Laufzeit abschätzen.

		Fehler des Fittes						
		Linear S_0	Sinus S_1	Sinus+Linear S_2	Sinus+Sinus S_3	Sägezahn S_4	Weierstraß S_5	Summe
Simplex	Konstant f_0	378,691	0,182	0,037	0,173	92,720	0,353	472,16
	Linear f_1	0,000	0,037	0,037	0,035	86,258	0,271	86,64
	Quadratisch f_2	0,000	0,001	0,001	0,002	79,825	0,265	80,09
	Kubisch f_3	0,000	0,000	0,000	0,001	77,696	0,243	77,94
	Sinus f_4	0,000	0,000	0,001	0,001	39,531	0,232	39,76
	Sinus+Kubisch f_5	0,000	0,000	0,000	0,000	39,257	0,138	39,39
	Sägezahn f_6	0,000	0,037	0,025	0,035	67,346	0,245	67,69
	Dreieck f_7	0,000	0,006	0,006	0,004	62,443	0,220	62,68
Gew. Linearität		0,000	0,100	0,100	0,101	24,654	0,920	25,88
Palit		-	-	-	-	-	-	-

		Iterationen für besten Fit						
		Linear	Sinus	Sinus+Linear	Sinus+Sinus	Sägezahn	Weierstraß	Summe
Simplex	Konstant f_0	36	26	27	27	32	27	175
	Linear f_1	69	110	110	61	79	87	516
	Quadratisch f_2	165	181	370	329	189	281	1515
	Kubisch f_3	231	755	963	757	462	544	3712
	Sinus f_4	2500	493	2500	630	588	295	7006
	Sinus+Kubisch f_5	321	2500	1851	2304	1658	877	9511
	Sägezahn f_6	97	143	461	137	363	344	1545
	Dreieck f_7	220	297	319	354	594	363	2147
Gew. Linearität		-	-	-	-	-	-	-
Palit		-	-	-	-	-	-	-

		Zeit in ms pro Fit						
		Linear	Sinus	Sinus+Linear	Sinus+Sinus	Sägezahn	Weierstraß	Summe
Simplex	Konstant f_0	2,2	2,1	2,1	2,1	2,2	2,1	12,8
	Linear f_1	6,5	5,9	5,9	5,5	5,6	5,7	35,1
	Quadratisch f_2	19,7	18,4	18,7	18,5	18,5	18,4	112,2
	Kubisch f_3	38,4	41,2	39,2	39,6	39,4	38,9	236,7
	Sinus f_4	172,2	94,6	118	98,5	65,4	89,1	637,8
	Sinus+Kubisch f_5	102,1	105	105,4	105,5	101,5	104,7	624,2
	Sägezahn f_6	19	18,7	17,7	18,3	19,1	18,5	111,3
	Dreieck f_7	23,6	19,3	19,2	18,9	23,5	20,9	125,4
Gew. Linearität		0,4	0,4	0,4	0,4	0,4	0,4	2,1
Palit		2289,0	2308,0	2173,0	2197,0	2391,0	2128,0	13486,0

		Vorhersagefehler F bei Langzeit-Vorhersage (100%)						
		Linear	Sinus	Sinus+Linear	Sinus+Sinus	Sägezahn	Weierstraß	Summe
Simplex	Konstant f_0	80,482	0,996	1,170	1,005	9,870	0,541	94,06
	Linear f_1	0,000	1,145	1,145	1,105	15,372	1,396	20,16
	Quadratisch f_2	0,000	4,839	4,839	4,621	62,714	2,921	79,93
	Kubisch f_3	0,000	1,647	1,647	0,946	210,842	12,383	227,47
	Sinus f_4	0,273	0,000	4,836	0,300	7,878	0,481	13,77
	Sinus+Kubisch f_5	0,000	0,308	0,360	3,700	22,311	9,254	35,93
	Sägezahn f_6	0,000	1,592	1,193	1,359	10,374	0,594	15,11
	Dreieck f_7	108,831	3,429	0,861	3,368	16,544	1,426	134,46
Gew. Linearität		0,000	2,094	2,094	2,237	18,531	6,404	31,36
Palit		105,379	1,481	2,014	0,877	21,032	2,876	133,66

		Vorhersagefehler F bei Kurzzeit-Vorhersage (10%)						
		Linear	Sinus	Sinus+Linear	Sinus+Sinus	Sägezahn	Weierstraß	Summe
Simplex	Konstant f_0	9,570	0,274	0,083	0,284	4,111	0,089	14,41
	Linear f_1	0,000	0,087	0,087	0,101	5,313	0,205	5,79
	Quadratisch f_2	0,000	0,059	0,059	0,037	7,161	0,264	7,58
	Kubisch f_3	0,000	0,021	0,021	0,008	8,847	0,115	9,01
	Sinus f_4	0,002	0,000	0,059	0,028	2,494	0,104	2,69
	Sinus+Kubisch f_5	0,000	0,000	0,000	0,035	2,756	0,115	2,91
	Sägezahn f_6	0,000	0,087	0,070	0,101	5,111	0,126	5,5
	Dreieck f_7	1,747	1,036	0,022	1,029	1,439	0,272	5,55
Gew. Linearität		0,000	0,104	0,104	0,101	6,404	1,221	7,93
Palit		26,655	1,796	1,330	0,765	26,655	2,506	59,71

Tabelle 22: Ergebnisse für die einzelnen Kriterien (Fehler des Fittes, Iterationen für besten Fit, Zeit in Millisekunden pro Fit und Vorhersagefehler bei 100% und 10% Vorhersage) der Vorhersage-Algorithmen mit verschiedenen Funktionen.

Das beste Laufzeitverhalten weist die Gewichtete-Linearität auf – das schlechteste die Vorhersage mit dem Palit-Algorithmus. Zwischen diesen beiden Algorithmen liegt laufzeitmäßig der Downhill-Simplex, wobei beim Downhill-Simplex gilt, dass je mehr Parameter optimiert werden, desto länger dauert die Optimierung. Ein interessanter Vergleich ist die Gewichtete-Linearität mit dem linearen Downhill-Simplex. Die Vorhersage mit dem linearen Downhill-Simplex ist etwas besser, aber die Laufzeit der Gewichteten-Linearität ist um mehr als eine Größenordnung besser.

		Gesamtsummen				
		Fit-Fehler	Iterationen	Zeit [ms]	$F_{100\%}$	$F_{10\%}$
Simplex	Konstant f_0	472,2	175	13	94,1	14,4
	Linear f_1	86,6	516	35	20,2	5,8
	Quadratisch f_2	80,1	1515	112	79,9	7,6
	Kubisch f_3	77,9	3712	237	227,5	9,0
	Sinus f_4	39,8	7006	638	13,8	2,7
	Sinus+Kubisch f_5	39,4	9511	624	35,9	2,9
	Sägezahn f_6	67,7	1545	111	15,1	5,5
	Dreieck f_7	62,7	2147	125	134,5	5,5
Gew. Linearität		25,9	-	2	31,4	7,9
Palit		-	-	13486	133,7	59,7

Tabelle 23: Gesamtergebnis beim Vergleich der verschiedenen Vorhersage-Algorithmen. Grau hinterlegt sind die Algorithmen, welche bei einem Kriterium das beste Ergebnis liefern.

Die beste Vorhersagegenauigkeit erreicht der Downhill-Simplex mit Sinus dicht gefolgt von dem Sinus plus kubischem Anteil. Am schlechtesten ist die Vorhersage mit dem kubischen Downhill-Simplex. Die Vorhersage ist sogar noch schlechter als wenn einfach ein gewichtetes Mittel (aktuellere Werte haben ein höheres Gewicht) als zukünftige Werte vorhergesagt wird. Dies liegt daran, dass der kubische Downhill-Simplex sehr schlecht den Sägezahn vorhersagen kann.

Zusammenfassend ergeben sich daraus die in Tabelle 24 dargestellten Ergebnisse.

Algorithmus	*Vorteil*	*Nachteil*
Gewichtete-Linearität	Deterministisch, Schnell	Keine Langzeitvorhersagen
Palit-Algorithmus	Deterministisch	Langsam, Ungenau
Autokorrelation	Gute Erkennung einer Periode	Nur für periodische Funktionen
Downhill-Simplex	Einsatz von Modellwissen Sehr gute Vorhersagen	Nicht deterministisch

Tabelle 24: Vorteile und Nachteile der verschiedenen Vorhersage-Algorithmen.

4.7 Schlussfolgerungen

In diesem Kapitel wurden verschiedene Methoden zur Vorhersage und Extrapolation von Sensordaten vorgestellt und untersucht. Grundsätzlich haben sich zwei mögliche Vorhersagemethoden ergeben, welche auch in der für diese Arbeit erstellten Software und im Beispiel in Kapitel 7 verwendet werden.

Zum einen ist dies die Gewichtete-Linearität. Diese wird eingesetzt, da sie mit nur wenigen Daten eine brauchbare Vorhersage liefert. Außerdem ist der Code so klein, dass er mit wenigen Zeilen Code auf einem eingebetteten System implementiert werden kann und dort auch schnell ausgeführt werden kann.

Zum anderen, wenn die Vorhersage genauer sein soll und ausreichend Rechenkapazität zur Verfügung steht, wird die Autokorrelation verwendet und danach entschieden, mit welcher Methode eine Vorhersage berechnet werden soll. Da aber in den meisten Fällen der Downhill-Simplex mit einem Sinus als Fit-Funktion die besten Ergebnisse bei der Vorhersage liefert, wird auf eine Autokorrelation verzichtet und gleich der Downhill-Simplex mit einem Sinus zur Vorhersage von Sensordaten genutzt. Dies begründet sich im Wissen über die vermuteten Signalverläufe von periodischen Helligkeitsschwankungen im Experiment zur Gebäudeautomatisierung.

Ein weiterer Vorteil des Downhill-Simplex ist, dass diese Art der Vorhersage es möglich macht, Modellwissen in die Vorhersage einfließen zu lassen. Hierzu muss eine Funktion oder ein Algorithmus als Modell bekannt sein, welche den Verlauf der Sensordaten in der Vergangenheit beschreiben. Beide (Funktion und Modell) müssen durch Parameter an die aufgezeichneten Sensordaten anpassbar sein. Diese Parameter werden durch den Downhill-Simplex ermittelt beziehungsweise optimiert, so dass anschließend eine Vorhersage möglich ist.

5 Temporaler Fuzzy-Regler

Der temporale Fuzzy-Regler nutzt zur Darstellung seiner Regeln und Daten eine für dieser Arbeit erarbeitete Erweiterung der industriell eingesetzten Fuzzy-Regler Sprache *FCL* (= Fuzzy Control Language, siehe [IEC97]), um temporale Aspekte sprachlich zu modellieren. Durch diese Erweiterung ist es möglich weitaus komplexere Regler zu schreiben. Diese Regler haben ein breiteres Anwendungsgebiet als gewöhnliche Fuzzy-Regler. Die Sprache FCL ist in der EBNF (siehe [IEC96] und [Scowen98]) definiert.

Um eine einfachere und übersichtlichere Schreibweise zu erhalten, wird definiert, dass im Folgenden Wörter, welche komplett in Großbuchstaben geschrieben sind, immer Terminal-Symbole sind. Dagegen sind alle anderen Wörter Nicht-Terminal-Symbole. Für diese Wörter existiert eine Ersetzungsregel, durch welche eine neue Folge von Terminal und/oder Nicht-Terminal-Wörtern entsteht.

Wird ein Ausdruck, ein Symbol oder ähnliches grau dargestellt, so bedeutet dies, dass dieser Ausdruck oder dieses Symbol zwar in dem betreffenden Standard (zum Beispiel der FCL) definiert ist, in dieser Arbeit aber nicht verwendet wird. Es handelt sich dabei um Funktionalitäten, welche für diese Zwecke nicht nötig sind.

Werden Ausdrücke oder Symbole bei der Beschreibung eines Standards fett dargestellt, so handelt es sich um Neuerungen zum Standard, welche einführt werden, um diesen Standard zu erweitern. Bei den meisten Erweiterungen handelt es sich um zielgerichtete Erweiterungen, welche nötig sind, um zeitliche Aspekte zu beschreiben. Manche Änderungen werden jedoch nur vorgenommen, um die Arbeit mit der Regelungssprache zu vereinfachen.

5.1 Einordnung des Temporalen Fuzzy-Reglers

Ein Temporaler Fuzzy-Regler unterscheidet sich grundsätzlich von einem normalen Fuzzy-Regler, zum einen in seinem Verhalten und zum anderen in seinem Aufbau. Geht man davon aus, dass beide Reglerarten zeitliche Aspekte behandeln sollen, dann benötigt der klassische Fuzzy-Regler die Zeit als Eingabevariable, da der Regler ansonsten keinerlei zeitliche Informationen besitzt. Diese benötigt man aber bei einem Temporalen Fuzzy-Regler nicht, denn dieser kennt durch eine eingebaute Uhr die aktuelle Zeit und weiß somit, zu welchem Zeitpunkt eintreffende Daten aufgenommen wurden. Außerdem verfügt der Temporale Fuzzy-Regler noch über eine Historie von zuvor aufgenommenen Daten mit ihren jeweiligen Zeitstempeln.

Die Schnittstellen des Temporalen Fuzzy-Reglers kann man in zwei Klassen unterteilen. Zum einen in die direkten Schnittstellen. Diese beinhalten die Eingabe beziehungsweise Ausgabe, welche in das beziehungsweise aus dem System fließen. Diese Schnittstellen gibt es bei klassischen und temporalen Fuzzy-Reglern. Nur enthält die Eingabe bei letzterem keine Zeitinformationen. Zum anderen gibt es die indirekten Schnittstellen. Dies sind die Schnittstellen zu anderen Komponenten, zu denen der zu regelnde Prozess keine direkte Verbindung oder genauer gesagt keinen direkten Einfluss hat. Dies sind die Daten in der Datenbank und das „Orakel" zur Vorhersage, welche in einem klassischen Fuzzy-Regler nicht vorhanden sind.

Das Informationspaar von Datenwert und Aufnahmezeitpunkt speichert der Temporale Fuzzy-Regler in der Daten-Datenbank ab. Diese Datenbank bildet eine Historie, auf welche immer zugegriffen werden kann. Im optimalen Fall treffen die Daten in äquidistanten Zeitabständen ein, so dass man Zeitreihen mit gleichen Zeitabständen von benachbarten Daten vorliegen hat. Dies ist für die Vorhersage-Algorithmen aus Kapitel 4 wichtig. Sind die Zeitabstände nicht äquidistant, so können die Daten immer noch interpoliert werden. Dies ist ein struktureller Unterschied zu einem klassischen Fuzzy-Regler, der diese Datenbank nicht besitzt und auch nur auf aktuell in das System eingespeiste Daten zugreifen kann. So ergeben sich Fuzzy-Regeln in der Art „*Temperatur* IS *niedrig*". Der Temporale Fuzzy-Regler dagegen kann auch auf vergangene Werte zugreifen. Zum Beispiel mit der Regel „*Temperatur* IS$_{EXITS}$ *gestern niedrig*".

Ein weiterer struktureller Unterschied ist das in Abbildung 43 dargestellte „Orakel". Sie soll verdeutlichen, dass es nicht einfach ist, in die Zukunft zu sehen. Hier werden zum Beispiel die in Kapitel 4 vorgestellten Methoden zur Vorhersage der zukünftigen Signalverläufe eingesetzt. Sofern ein Modell des zu regelnden Prozesses bekannt ist, können hier auch die Modellannahmen beziehungsweise die Gleichungen, die den Prozess beschreiben, eingesetzt werden, um eine höhere Genauigkeit bei einer Vorhersage zu erreichen.

Ein Vergleich eines temporalen Fuzzy-Reglers mit einem klassischen Fuzzy-Regler ist in Kapitel 5.5 beschrieben. Außerdem werden die beiden Fuzzy-Regler mit einem optimierten Proportional-Integral-Differenzial-Regler (PID) verglichen.

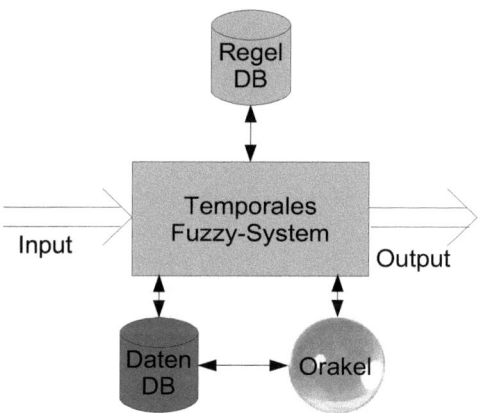

Abbildung 43: Ein temporaler Fuzzy-Regler mit den direkten Schnittstellen Input, Output und der Regel-Datenbank und den indirekten Schnittstellen zur Daten-Datenbank (Historie der Daten) und „Orakel" zur Vorhersage von Daten. Die indirekten Schnittstellen gibt es nur bei temporalen Fuzzy-Reglern.

5.2 Fuzzy Control Language

Die Fuzzy Control Language, definiert und standardisiert von der [IEC97], beschreibt einen Fuzzy-Regler hinsichtlich seiner Eingabe und Ausgabe mittels Fuzzy-Termen und seines Verhaltens mittels Regeln. Dieses Kapitel beschreibt kurz die Fuzzy Control Language, so wie sie von der IEC (International Electrotechnical Commission) standardisiert ist.

Die Fuzzy Control Language wird zur Beschreibung von programmierbaren Fuzzy-Reglern verwendet. Diese Regler werden programmiert, indem ihnen die Fuzzy-Terme zur Fuzzifizierung und Defuzzifizierung mitgeteilt werden. Ebenso werden die Regeln im Speicher des Reglers abgelegt. Alle Schritte von der Fuzzifizierung bis zur Defuzzifizierung können vom Regler selbst in Echtzeit mit einer Reaktionszeit von wenigen Millisekunden ausgeführt werden. Beschränkungen gibt es nur in der Anzahl der Regeln und Terme, die maximal definiert werden können. In Tabelle 25 sind vier Beispiele solcher Regler gegeben. Wie zu sehen ist, sind diese zum Teil recht mächtig und können verhältnismäßig viele Regeln und Variablen verarbeiten.

| Hersteller | Variablen | | | Terme | | Regeln | | |
Reglername	#Input	#Output	#Terme pro Variable	#Stützstellen	#Regeln	#Regelblöcke (RB)	#Input pro RB	#Output pro RB
Siemens IA-S5	32	8	5	4	640	8	8	4
Siemens Fuzzy-166	127	16	8	16	256+	32	8	4
Mitsubishi MCU-374	255	8	8	4	256+	32	8	4
SGS-Thomson MCU-ST6	4	1	7	4	4+	4	1	1

Tabelle 25: Verschiedene Hardwareregler, welche durch [Fuzzytech06] mittels Verwendung von FCL-Dateien (siehe Kapitel 5.2.1) implementiert werden können. Die Regler unterscheiden sich hinsichtlich ihrer maximalen Anzahl an verarbeitbaren Variablen, der Anzahl der Stützstellen in den Fuzzy-Termen und der Anzahl der Regeln und Regelblöcke (RB).

5.2.1 Fuzzy Control Language in EBNF

Die Fuzzy Control Language wird zum Beschreiben und Implementieren von Fuzzy-Reglern verwendet. Sie ist von der International Electrotechnical Commission (IEC) in [IEC97] standardisiert und mit der Syntaxbeschreibungssprache Enhanced-Backus-Naur-Form (ENBF) definiert. Die Syntaxbeschreibungssprache EBNF ist in [IEC96] beschrieben. Die wichtigsten und im Folgenden verwendeten Definitionen zur EBNF-Syntax sind in Tabelle 26 kurz beschrieben.

EBNF-Term	Beschreibung
{A}	Der Ausdruck A kann beliebig oft gewählt werden, auch Null mal.
{A}-	Der Ausdruck A kann beliebig oft wiederholt werden, mindestens jedoch einmal.
[A]	Optionale Auswahl von A. Der Ausdruck kann gewählt oder weggelassen werden.
A | B	Eine Auswahl von entweder A oder B. Es muss genau eine Möglichkeit ausgewählt werden.
GROSSSCHREIBWEISE	Terminalsymbole, welche durch EBNF-Regeln nicht weiter ersetzt werden.
GemischteSchreibweise	Nicht-Terminalsymbole, welche durch EBNF-Regeln solange weiter ersetzt werden, bis nur noch Terminalsymbole vorhanden sind.

Tabelle 26: Beschreibung der wichtigsten EBNF Regeln.

Im Folgenden dargestellt ist der Aufbau eines FCL Programms, wie im Standard von [IEC97] definiert. Dies kann als Programmgerüst angesehen werden, welches noch mit Fuzzy-Termen, Variablen und Regeln gefüllt werden muss.

```
1   FUNCTION_BLOCK
2
3   {STRUCT StructName
4     {StructDefinition;}-
5   END_STRUCT}
6
7   {VAR_INPUT
8     {InputVariableName: DataType;}-
9   END_VAR}
10
11  {VAR_OUTPUT
12    {OutputVariableName: REAL;}-
13  END_VAR}
14
15  {FUZZIFY InputVariableName
16    {TERM FuzzyTermName := Points ;}-
17  END_FUZZIFY}
18
19  {DEFUZZIFY OutputVariableName
20    {TERM FuzzyTermName := Points;}-
21    [METHOD: DefuzzyficationMethod;]
22    [DEFAULT := Real | NC;]
23    [RANGE := (Min .. Max)]
24  END_DEFUZZIFY}
25
26  {RULEBLOCK RuleBlockName
27    [AND:AndAlgorithm;]
28    [OR:OrAlgorithm;]
29    [ACCU:AccumulationMethod;]
30    [ACT:ActivationMethod;]
31    {RULE Integer: IF Condition THEN Conclusion
    [WITH WeightingFactor];}-
32  END_RULEBLOCK}
33
34  {OPTION
35     UserDefinedOptions
36  END_OPTION}
37
38  END_FUNCTION_BLOCK
```

Das Programmgerüst enthält noch Nicht-Terminalsymbole. Diese werden solange durch die im Folgenden dargestellten Regeln ersetzt, bis nur noch Terminalsymbole vorhanden sind. Dann liegt ein syntaktisch korrektes FCL Programm vor. Besondere Nicht-Terminalsymbole sind *String*, *Integer* und *Real*, welche für eine Zeichenkette, eine Ganzzahl beziehungsweise eine Gleitkommazahl stehen. Diese sind nicht explizit in Tabelle 27 angegeben.

Nicht-Terminalsymbol	EBNF Ersetzungsregel	Beschreibung des Nicht-Terminalsymbols
StructName	:= *String*	Gibt den Namen eines neuen Datentypes an. Dies wird in dieser Arbeit nicht verwendet.
StructDefinition	:= *String*	Definiert neue Datentypen. Da diese Möglichkeit in dieser Arbeit nicht verwendet wird, wird sie auch nicht genauer beschrieben.
DataType	:= REAL | INT | *StructName*	Drei verschiedene Datentypen sind möglich. REAL für Gleitkommazahlen, INT für Ganzzahlen und selbstdefinierte Structs.
InputVariableName	:= *String*	Inputvariablen für das Fuzzysystem, dessen Wert fuzzifiziert wird.
OutputVariableName	:= *String*	Der Wert von Outputvariablen wird durch Regelaktivierungen gesetzt.
Min	:= *Real*	Untere Intervallgrenze von RANGE
Max	:= *Real*	Obere Intervallgrenze von RANGE
FuzzyTermName	:= *String*	Name eines Fuzzy-Terms
Points	:= *Real* | {(*Real, Real*)}	Stützpunkte einer Zugehörigkeitsfunktion. Jeder Fuzzy-Term wird durch eine Zugehörigkeitsfunktion beschrieben, welche entweder ein Singleton (einzelner Punkt) oder ein Polygonzug (mindestens zwei Punkte) ist.
DefuzzyficationMethod	:= COG | COGS | COA | LM | RM	Die Art, wie aus unscharfen Fuzzy-Werten scharfe Werte berechnet werden sollen. Am gebräuchlichsten ist die Center of Gravity Methode (COG=Schwerpunktmethode) oder COGS (COG für Singletons). COA (Center of Area) ist nur ein Synonym für COG. LM beziehungsweise LR stehen für die left beziehungsweise right max Methode.
RuleBlockName	:= *String*	Eindeutiger Name eines Regelblockes. Es können beliebig viele Regelblöcke existieren. In einem Regelungsschritt können die aktuell zu aktivierenden Regelblöcke über ihren Namen angegeben werden.
AndAlgorithm	:= MIN | PROD | BDIF	Am gebräuchlichsten ist die Min-Methode für AND Verknüpfungen. Weitere Methoden sind das Produkt PROD oder die beschränkte Differenz BDIF. MIN: $\min(\mu_a(x), \mu_b(x))$ PROD: $\mu_a(x)\mu_b(x)$ BDIF: $\max(0, \mu_a(x) + \mu_b(x) - 1)$

Nicht-Terminalsymbol	EBNF Ersetzungsregel	Beschreibung des Nicht-Terminalsymbols
OrAlgorithm	:= MAX | ASUM | BSUM	Am gebräuchlichsten ist die Max-Methode für OR Verknüpfungen. Weitere Methoden sind die algebraische Summe ASUM und die beschränkte Summe BSUM. MAX: max $(\mu_a(x), \mu_b(x))$ ASUM: $\mu_a(x) + \mu_b(x) - \mu_a(x)\mu_b(x)$ BSUM: min $(1, \mu_a(x) + \mu_b(x))$
Accumulation-Method	:= MAX | BSUM | NSUM	Am gebräuchlichsten ist die Max-Methode für die Akkumulierung. Weitere Methoden sind die beschränkte BSUM und die normalisierte Summe NSUM. MAX: max $(\mu_a(x), \mu_b(x))$ BSUM: min $(1, \mu_a(x) + \mu_b(x))$ NSUM: $\dfrac{\mu_a(x)+\mu_b(x)}{(\max(1,\max_{x'}(\mu_a(x')+\mu_b(x'))))}$
ActivationMethod	:= MIN | PROD	Am gebräuchlichsten ist die Min-Methode für die Aktivierung. Eine weitere Methode ist das Produkt PROD. MIN: min $(\mu_{Rule}, \mu_{tf}(x))$ PROD: $\mu_{Rule} \, \mu_{tf}(x)$
Condition	:= <[NOT] *AtomIn*> | <[NOT] *SystemCheck*> | <[NOT] (*Condition* {<AND | OR> *Condition*}–)>	Eine beliebige Verschachtelungstiefe ist für die Bedingungen einer Regel möglich.
Conclusion	:= (*AtomOut*) | < *Conclusion, Conclusion* >	Eine beliebige Anzahl von Folgerungen sind pro Regel möglich.
AtomIn	:= (*InputVariableName* IS *FuzzyTermName*)	Atom in einer Bedingung ist eine Fuzzy-Bedingung.
AtomOut	:= (*OutputVariableName* IS *FuzzyTermName*)	Atom in einer Folgerung ist eine Fuzzy-Bedingung.
WeightingFactor	:= *Real*	Gewichtungsfaktor einer Regel. Wird kein Gewicht angegeben, so wird das Gewicht als 1.0 angenommen.
UserDefinedOptions	:= *String*	Hier können beliebige vom Benutzer zu definierende Optionen in freiem Format angegeben werden. Diese müssen auch von Benutzer selbst ausgewertet werden. Diese Möglichkeit wird in dieser Arbeit nicht genutzt.

Tabelle 27: Erläuterungen zu den Nicht-Terminalsymbolen der EBNF-Beschreibung der Fuzzy Control Language.

5.3 Temporal Fuzzy Control Language

Dieses Kapitel beschäftigt sich mit der zeitlichen Erweiterung der Fuzzy Control Language zu der so genannten Temporal Fuzzy Control Language. Diese Erweiterung ist nötig, da sich, wie schon in Kapitel 3 beschrieben, die zugrunde liegende Fuzzy-Logik Sprache geändert hat. Die temporale Fuzzy-Logik hat mehr Prädikate und mehr Formulierungsmöglichkeiten (zum Beispiel die Angabe von Zeit in Bedingungen oder die Deklaration von Fuzzy-Zeit-Termen) als die klassische Fuzzy-Logik. Diese Erweiterungen werden im Folgenden genauer vorgestellt.

5.3.1 Temporal Fuzzy Control Language in EBNF

Wie schon in Kapitel 5.2.1 eingeführt, kann man auch die Temporal Fuzzy Control Language in EBNF beschreiben. Schon im Programmgerüst gibt es Unterschiede zur Fuzzy Control Language. Diese sind, wie im Folgenden erklärt, hervorgehoben:

- Grau: Die Formulierung ist in der FCL definiert, wird aber von der TFCL nicht unterstützt. Dies betrifft nur die Definition von eigenen Datenstrukturen (Structs), Ganzzahlen als Datentypen und die Angabe von eigenen Optionen. In TFCL gibt es nur REAL als möglichen Datentyp.

- Normal: Formulierungen, welche sowohl in der FCL und TFCL definiert sind.

- Fett: Formulierungen, welche in der FCL nicht vorgesehen sind, aber in der TFCL definiert sind.

Gegeben ist nun das Programmgerüst, wie es für die Temporal Fuzzy Control Language verwendet wird.

```
1    FUNCTION_BLOCK
2
3    {STRUCT StructName
4      {InputVariableName: DataType}-
5    END_STRUCT}
6
7    {VAR_SYSTEM
8      {SystemVariableName [actuator]: DataType;}-
9    END_VAR}
10
11   {VAR_INPUT
12     {InputVariableName: DataType;}-
13   END_VAR}
14
15   {VAR_OUTPUT
16     {OutputVariableName [actuator]: REAL;}-
17   END_VAR}
```

```
18
19   {VAR_EVENT
20     {EventName;}-
21   END_VAR_EVENT}
22
23   {FUZZIFY InputVariableNameStar
24     {TERM FuzzyTermName := Points ;}-
25     [RANGE := (Min .. Max)]
26   END_FUZZIFY}
27
28   {DEFUZZIFY OutputVariableName
29     {TERM FuzzyTermName := Points;}-
30     [METHOD: DefuzzyficationMethod;]
31     [DEFAULT := Real | NC;]
32     [RANGE := (Min .. Max)]
33   END_DEFUZZIFY}
34
35   FUZZY_TIME_TERM FuzzyTimeTermName
36     {FACT Integer := Poins}-
37     {TIME Integer := Poins}-
38   END_FUZZY_TIME_TERM
39
40   {EVENT EventName
41     {TASK TaskName := TaskNumber;}-
42   END_DEFUZZIFY}
43
44   {RULEBLOCK RuleBlockName
45     [AND:AndAlgorithm;]
46     [OR:OrAlgorithm;]
47     [ACCU:AccumulationMethod;]
48     [ACT:ActivationMethod;]
49     [PREDICTION:PredictionMethod;]
50     {RULE Integer: IF Condition THEN Conclusion
          [WITH WeightingFactor];}-
51   END_RULEBLOCK}
52
53   {OPTION
54     UserDefinedOptions
55   END_OPTION}
56
57   END_FUNCTION_BLOCK
```

Bei den Erläuterungen zu den Nicht-Terminalsymbolen in Tabelle 28 werden nur Änderungen und Neuerungen zu Tabelle 27 gezeigt. Außerdem verfügen nun auch Eingabevariablen über die Angabe eines Gültigkeitsbereiches RANGE für die eingehenden Daten. Diese Angabe wird hauptsächlich benötigt, um den Anzeigebereich zur graphischen Anzeige von Daten festzulegen. Außerdem kann dieser Wert bei Vorhersagen als Bereich verwendet werden, in welchem die vorhergesagten Werte liegen müssen.

Datenfeld	*EBNF Notation*	*Beschreibung*
StructName	:== *String*	Nicht unterstützt
DataType	:== REAL | INT | *StructName*	Nur Realvariablen (Doublegenauigkeit) werden unterstützt.
EventName	:== *String*	Name eines Ereignisses, welches beim Auftreten an einen Benutzer gegeben werden kann.
SystemVariableName	:== *String*	Systemvariablen sind Realvariablen, welche nur innerhalb des Fuzzysystems verwendet werden. Sie werden nicht fuzzifiziert und auch nicht defuzzifiziert. Durch Angabe des Schlüsselwortes **actuator** wird die Variable zur Steuerung verwendet. Ansonsten ist es nur eine interne Variable.
InputVarName	:== *String* | **InputVarNameStar**	Inputvariablen für das Fuzzysystem, deren Wert fuzzifiziert wird.
InputVariableNameStar	:== *String* | *InputVarName*	Der Name der Variablen darf mit dem Zeichen '*' enden, wenn der Stern durch eine Zeichenkette ersetzt werden kann, so dass der resultierende Name einer unter VAR_INPUT definierten Variablen entspricht. Die Definition der TERME betrifft alle Variablen, auf welche *InputVariableNameStar* expandiert werden kann.
OutputVariableName	:== *String*	Der Wert von Outputvariablen wird durch Regelaktivierungen gesetzt. Durch Angabe des Schlüsselwortes **actuator** wird die Variable zur Steuerung verwendet.
FuzzyTimeTermName	:== *String*	Name eines Fuzzy-Zeit-Terms. Der Term gibt an, aus welchem unscharfen Zeitbereich ein Prädikat Daten verarbeitet.
DefuzzyficationMethod	:== COG | COGS | COA | <MCOG := *Real*> | **MM** | LM | RM	Die Art, wie aus unscharfen Fuzzy-Werten scharfe Werte berechnet werden sollen. Am gebräuchlichsten ist die Center of Gravity Methode (COG=Schwerpunktmethode) oder COGS (COG für Singletons)
PredictionMethod	:== **LINEARITY | PALIT | CORRELATION | FIT**	Art der Vorhersage von Daten. Entweder durch die Gewichtete-Linearität (LINEARITY), durch den Palit Algorithmus (PALIT), durch die Autokorrelation oder durch den Downhill-Simplex (FIT) (siehe Kapitel 4.4 für die einzelnen Algorithmen).
Conclusion	:== (*AtomOut*) | (**SystemModify**) | < *Conclusion*, *Conclusion* | **GOTO** *RuleBlockName* >	Folgerung einer Regel. Neu ist hier *SystemModify*, um Systemvariablen zu verändern und GOTO, um den aktuellen Regelblock zu wechseln.

Datenfeld	EBNF Notation	Beschreibung
AtomIn	:== (*InputVariableName* < IS | *IsTime* | *IsExists* | **GREATER** | **LESS** > *FuzzyTermName*)	Atom in einer Bedingung
AtomOut	:== (*OutputVariableName* < IS | *TimeIs* | *TimeExists* > *FuzzyTermName*) | (***EventName* IS *TaskName***)	Atom in einer Folgerung
SystemCheck	:== (*SystemVariableName* < < | > | = > <REAL | *SystemVariableName* >)	Vergleicht die Werte von Systemvariablen, ob sie kleiner, größer oder gleich einem gegeben Wert oder dem Wert einer anderen Variablen sind.
SystemModify	:== *SystemVariableName* < := REAL | := *SystemVariableName* | ++ | -- | >	Systemvariablen können einen festen Wert zugewiesen bekommen, genauso wie sie um die Regelaktivierung erhöht beziehungsweise erniedrigt werden können. Sie können aber auch den Wert einer anderen Systemvariablen erhalten.
IsTime	:== **IS_TIME** [*FuzzyTimeTermName*]	IS_TIME betrachtet, ob alle Daten in ihrer Gesamtheit in dem gegebenen Fuzzy-Term der Bedingung liegen. Ein Fuzzy-Zeit-Term bestimmt den Zeitbereich, aus welchem Daten betrachten werden. Siehe dazu Kapitel 3.
IsExists	:== **IS_EXISTS**[*FuzzyTimeTermName*]	IS_EXISTS betrachtet, ob es ein Datum gibt, welches in dem gegebenen Fuzzy-Term der Bedingung liegt. Ein Fuzzy-Zeit-Term bestimmt den Zeitbereich, aus welchem Daten betrachtet werden. Siehe dazu Kapitel 3.

Tabelle 28: Erläuterungen zu den Terminalsymbolen der EBNF-Beschreibung der Temporal Fuzzy Control Language. Dargestellt sind nur die geänderten beziehungsweise neuen Regeln im Vergleich zur Fuzzy Control Language in Tabelle 27. Änderungen sind dabei fett hervorgehoben.

5.4 Auswerten von TFCL-Beschreibungsdateien

Hier soll kurz beschrieben werden, wie eine TFCL-Datei ausgewertet wird. Eine solche Datei beinhaltet zuallererst Eingabe- und Ausgabevariablen. Für diese Variablen sind ein oder mehrere Fuzzy-Terme gegeben. Jeder Fuzzy-Term ft, auch die Fuzzy-Zeit-Terme, wird durch einen Polygonzug beschrieben, welcher die Zugehörigkeitsfunktion μ_{ft} angibt. Sind diese Informationen eingelesen, werden die Schnittstellen zum Regler definiert. Anschließend müssen nur noch die Regelblöcke eingelesen werden.

Jeder Regelblock hat einen eindeutigen Namen, durch welchen er identifiziert wird. Dies ermöglicht es, unterschiedliche Regelblöcke zu unterschiedlichen Zeiten oder unterschiedlich oft auszuwerten. Soll ein Regelblock ausgewertet werden, dann werden alle Regeln in diesem einzeln und nacheinander ausgewertet. Regeln, die zuerst in einem Regelblock stehen, werden auch zuerst ausgewertet. Dies ist nur von Belang, wenn Systemvariablen und GOTO-Anweisungen verwendet werden. Bei Systemvariablen werden die Änderungen sofort nach der Regelauswertung übernommen. Deshalb hat eine unterschiedliche Auswertungsreihenfolge auch unterschiedliche Auswirkungen. Auch GOTO-Anweisungen werden sofort ausgeführt, so dass eine Auswertung der weiteren Regeln im Regelblock nicht mehr stattfindet. Die Defuzzifizierung wird zwar noch ausgeführt, aber alle folgenden Regeln haben darauf keinen Einfluss mehr.

Die Regeln der Regelblöcke werden beim Einlesen in zwei Teile aufgeteilt: die Regel-Bedingung und die Regel-Folgerung. Dadurch, dass die Daten in einer eigenen und effizienten Datenstruktur vorliegen, benötigt man keinen Interpreter, der Zeile für Zeile der TFCL-Datei interpretiert. Dies beschleunigt die Auswertung der TFCL-Dateien.

Die Regel-Bedingung besteht aus einzelnen Atomen, welche durch AND beziehungsweise OR verknüpft sind. Intern wird eine Regel-Bedingung als Datenstruktur durch einen Baum dargestellt. Außerdem kann die Reihenfolge der Auswertung durch Klammerung der Ausdrücke festgelegt werden. Bei jeder Klammerung steigt man eine Ebene tiefer in den Baum. Ausdrücke, die innerhalb einer Klammerungsebene stehen, befinden sich auch auf der gleichen Höhe im Baum. Die Entscheidung, einen Baum anstatt der herkömmlich verwendeten Matrix (siehe Tabelle 30, Seite 154) zu verwenden, ist darin begründet, dass eine Matrix sehr viel Speicherplatz belegt und man in dieser keine OR-Verknüpfung und noch weniger verschachtelte Ausdrücke darstellen kann.

Die Regel-Folgerung dagegen ist sehr viel einfacher aufgebaut. Sie besteht aus einer Liste von Folgerungen, welche gelten, sollte die Regel-Bedingung gültig sein. Zur Auswertung wird jedes Element dieser Liste nacheinander von links nach rechts ausgewertet. Elemente, die zuerst in der Liste stehen, werden auch zuerst ausgewertet. Einen Einfluss auf die Auswertung hat außerdem der Gewichtungsfaktor einer Regel, welcher die Aktivierung einer Regel verstärken oder abschwächen kann. Der Einfluss hiervon geht direkt in die Folgerungen ein, da diese immer unter Beachtung der gewichteten Regelaktivierung ausgewertet werden. Zum Beispiel die am meisten vorkommende Folgerung „x IS *hoch*". Die Ausgabevariable x ist *hoch* zu einem bestimmten Grad. Der Grad ist genau die gewichtete Regelaktivierung.

Nachdem die Daten eingelesen wurden, können mit neuen Eingabewerten neue Ausgabewerte bestimmt werden. Diese Aufgabe unterteilt sich in vier Schritte.

Der erste Schritt der Auswertung ist die Aggregation (auch Fuzzifizierung genannt). In diesem Schritt wird die Liste aller Regeln des aktiven Regelblockes sequentiell durchgegangen. Bei jeder Regel werden ihre atomaren Bedingungen durch die vorliegenden Eingaben aktiviert. Die atomaren Fuzzy-Bedingungen werden durch Traversieren des Baumes der Regel-Bedingungen gefunden.

Danach erfolgt die Aktivierung. Für jede Regel wird deren Aktivierung bestimmt. Die Berechnung der Aktivierung, wie sie in dieser Arbeit vorgenommen wird, ist genau in Kapitel 1.2.3.3.2, insbesondere Tabelle 14, Seite 81, beschrieben. Nach diesem Schritt ist für jede Regel bekannt, wie stark diese feuert.

Anschließend wird die Akkumulation durchgeführt. Hierzu setzt man die Aktivierung jedes Fuzzy-Terms in jeder Ausgabevariablen auf Null. Danach setzt man für jede Regel-Folgerung die Aktivierung der Regel nach der MAX- oder PROD-Methode in den angegebenen Fuzzy-Term, der durch die Folgerung gegeben ist. Das Ergebnis dieses Schrittes sind Ausgabevariablen mit aktivierten Fuzzy-Termen. Außerdem gibt es noch Folgerungen, welche die Variablen direkt ändern (zum Beispiel Systemvariablen durch den Operator + +) oder den Programmablauf beeinflussen (zum Beispiel GOTO).

Der letzte Schritt ist die Defuzzifizierung. Mit den aktivierten Fuzzy-Termen in den Ausgabevariablen bestimmt man nun durch die gegebene Defuzzifizierungsmethode für jede Ausgabevariable deren scharfen Ausgabewert, siehe hierzu Kapitel 1.2.3.3.5.

Damit ist die Auswertung der TFCL-Datei abgeschlossen. Gelangen neue Daten in das Fuzzy-System, so werden nur noch die letzten vier Schritte wiederholt. Das Einlesen der Beschreibungsdatei und das Aufbauen der Bäume zur Beschreibung der Regel-Bedingungen entfällt, da sich diese beim Programmablauf nicht ändern.

5.5 Stabilitätsuntersuchung eines Fuzzy- und PID-Reglers am Beispiel eines simulierten Stabwagens

In diesem Kapitel werden, wie schon in [Schmidt06] vorgestellt, qualitativ und quantitativ verschiedene PID- und Fuzzy-Regler miteinander verglichen. Dies geschieht am Beispiel eines simulierten Stabwagens mit einem Inversen Pendel. Ein wichtiges Augenmerk liegt auf der Stabilitätsuntersuchung und der Zeit zum Entwickeln und Implementieren eines Reglers.

Zuerst mehr zum Experiment selbst: Beim Inversen Pendel handelt sich um ein beliebtes Modellproblem, das Balancieren eines Metallstabes im Schwerefeld durch Bewegung seines Fußpunkts (Abbildung 44). Das Beispiel ist an das Inverse Pendel aus [Bothe95] angelehnt, bei welchem das Pendel zwar vorgestellt wird, aber keine Untersuchung des Verhaltens oder eine Auswertung der Regeln berechnet wird. Vergleiche dieser Art können in der Literatur bei [Butkiewicz00] und [Kazemian01] gefunden werden. Hier wird ebenfalls ein Fuzzy-Logik-Regler mit einem PID-Regler verglichen, aber es wurden nur die Zeit und das Schwingverhalten untersucht. Außerdem wurde kein temporaler Fuzzy-Regler bei den Experimenten verwendet. Diese Werte und die wirkenden Kräfte werden hier ebenfalls untersucht.

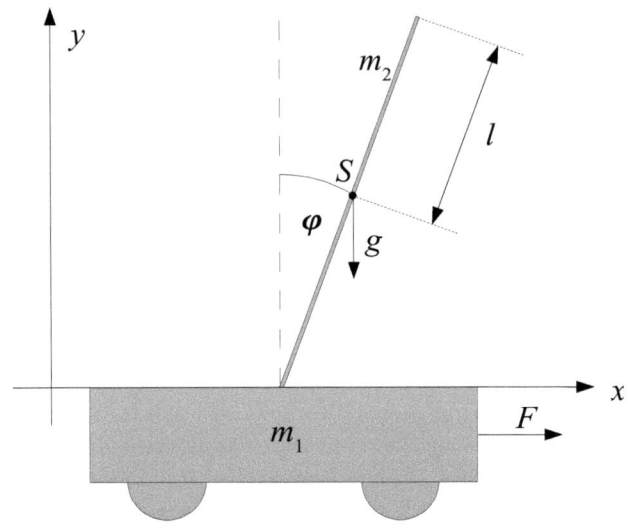

Abbildung 44: Inverses Pendel der Masse m_2 und des Massenschwerpunkts S auf einem Stabwagen der Masse m_1. Der Wagen wird mit der Kraft F beschleunigt, um die Auslenkung φ des Stabes der Länge 2l zu reduzieren. Der Stab wird von der Kraft g nach unten gezogen.

Die Untersuchung in [Chang97] geht noch ein Stück weiter. Hier werden PID- und Fuzzy-Hybrid-Regler in Kombination mit einer manuellen Steuerung einer Verbrennungsanlage verglichen. Die überwachten Kriterien sind Dampfdruck und -fluss sowie Sauerstoff- und Kohleverbrauch. Das Ergebnis der Untersuchung ist, dass der Hybrid-Regler dem PID-Regler bezüglich der Reaktionszeit überlegen ist.

Zur Vereinfachung wird im Folgenden angenommen, dass die Masse m_2 im Metallstab homogen verteilt ist. Die Massen m_1 und m_2 sind durch ein Drehgelenk reibungsfrei miteinander verbunden. Hierbei erlaubt das Drehgelenk nur eine Bewegung in einer Ebene, der Stab hat also nur einen Freiheitsgrad. Der Winkel zwischen dem Stab und der y-Achse beträgt φ. Mit der Kraft F kann die untere Masse m_1 längs der x-Achse beschleunigt und dadurch der

Stab verschoben beziehungsweise balanciert werden. Als Werte werden folgende Konstanten eingesetzt: $m_1 = 1$ kg, $l = 2$ m, $m_2 = m_1$, $g = 9.81$ m/s².

Um die Beschleunigung $\ddot{x}$ des Wagens in x-Richtung und die Winkelbeschleunigung $\ddot{\varphi}$ des Stabes im Punkt S in Abhängigkeit der wirkenden Kraft F zu berechnen wird der Lagrange Formalismus mit der Lagrange Funktion und der 1. und 2. Lagrange Methode angewandt (siehe [Demtröder08], Kapitel 4.5.4).

Lagrange Funktion: $L = T - V$

1. Lagrange Methode: $\dfrac{d}{dt}\dfrac{\partial L}{\partial \dot{x}} - \dfrac{\partial L}{\partial x} = F$

2. Lagrange Methode: $\dfrac{d}{dt}\dfrac{\partial L}{\partial \dot{\varphi}} - \dfrac{\partial L}{\partial \varphi} = 0$

mit:
T : kinetische Energie
V : potentielle Energie

Die kinetische Energie $T = \dfrac{m}{2} v^2$ ist die Bewegungsenergie einer Masse m mit der Geschwindigkeit v. Die potentielle Energie $V = m g h$ ist die Lageenergie einer Masse m im Schwerkraftfeld der Beschleunigung g in einer Höhe h. Setzt man diese Energien für den Stabwagen in die Lagrange Funktion ein, so erhält man für das Experiment in dieser Arbeit die Funktion

$$L = \frac{1}{2} m_1 v_1^2 + \frac{1}{2} m v_2^2 - m_2 g l \cos\varphi.$$

Der Wagen selbst besitzt eine zeitlich konstante potentielle Energie, deshalb wird diese nicht angegeben. Die Geschwindigkeit v_1 des Wagens ist die Änderung der Position x, also $\dot{x} = \dfrac{\partial x}{\partial t}$. Die Geschwindigkeit v_2 des Stabes setzt sich aus der zeitlichen Änderung der vertikalen und horizontalen Position zusammen. Daraus ergibt sich die quadratische Geschwindigkeit

$$v_2^2 = \left(\frac{d}{dt}(l \cos\varphi)\right)^2 + \left(\frac{d}{dt}(x - l \sin\varphi)\right)^2.$$

Beachtet man beim Ableiten von Sinus und Cosinus die Kettenregel, da der Winkel φ von der Zeit abhängt, so ergibt sich für die Geschwindigkeit

$$v_2^2 = l^2 \dot{\varphi}^2 \sin^2\varphi + \dot{x}^2 - 2 \dot{x} l \dot{\varphi} \cos\varphi - l^2 \dot{\varphi}^2 \cos^2\varphi.$$

Mit der Bedingung $\sin^2\varphi + \cos^2\varphi = 1$ vereinfacht sich die Gleichung zu

$$v_2^2 = \dot{x}^2 - 2 \dot{x} l \dot{\varphi} \cos\varphi - l^2 \dot{\varphi}^2.$$

Mit den beiden Geschwindigkeiten eingesetzt, ergibt sich die Lagrange Funktion zu

$$L = \frac{m_1 + m_2}{2} \dot{x}^2 - m_2 l \dot{x} \dot{\varphi} \cos\varphi + \frac{m_2 l^2 \dot{\varphi}^2}{2} - m_2 g l \cos\varphi .$$

Daraus leiten sich aus der 1. und 2. Lagrangemethode folgende zwei Gleichungen ab.

$$(m_1 + m_2) \ddot{x} - m_2 l \ddot{\varphi} \cos\varphi + m_2 l \dot{\varphi}^2 \sin\varphi = F$$
$$m_2 l (-g \sin\varphi - \ddot{x} \cos\varphi + l \ddot{\varphi}) = 0$$

Aus diesen zwei Gleichungen lassen sich durch Umstellen der Funktionen die gesuchten Gleichungen für die Beschleunigungen $\ddot{x}$ und $\ddot{\varphi}$ in Abhängigkeit der Kraft F ableiten.

(50) $$\ddot{x} = \frac{F + m_2 l (\ddot{\varphi} \cos\varphi - \dot{\varphi}^2 \sin\varphi)}{m_1 + m_2}$$

$$\ddot{\varphi} = \frac{g \sin\varphi + \ddot{x} \cos\varphi - \ddot{\varphi}}{l}$$

Um vergleichbare und wiederholbare Ergebnisse zu erhalten, wird der Stabwagen nur in einer simulierten Umgebung mit obigen Formeln betrachtet. In der Simulation bringen nacheinander fünf verschiedene Regler (drei PID und zwei Fuzzy) den Stab in eine Ruhelage und halten ihn dort. Der Startwinkel ist immer $\varphi_0 = +1,0$ [rad] $\approx 57,3°$ und die Simulationszeit beträgt 2 Sekunden. Innerhalb dieser Zeitspanne ist es allen Reglern möglich, die Auslenkung auf Null zu reduzieren und den Stab in dieser Lage zu halten.

Gewünscht ist eine möglichst kurze Zeit zum Stabilisieren des Stabes. Stabil bedeutet, dass sich der Stab nur noch ganz wenig bis gar nicht bewegt. In dieser Arbeit ist die stabile Lage als eine Auslenkung von weniger als $\Delta\varphi$ = 0,005 (<0,29°) definiert, was bei einer Stablänge l von 2 Metern einer Auslenkung an der Stabspitze von weniger als einem Zentimeter entspricht. Für einen Zeitpunkt t_0, ab welchem der Stab stabil ist, gilt folgende Bedingung:

(51) $$\min_{t_0} \left(\exists t_0 \, \forall t \geq t_0 : \varphi(t) \leq 0,005 \,[\text{rad}] < 0,29° \right)$$

Alle fünf Regelkreise sind im Folgenden in PID- und Fuzzy-Regler unterteilt und im jeweiligen Kapitel 5.5.1 für PID-Regler und 5.5.2 für Fuzzy-Regler genauer beschrieben. In Kapitel 5.5.3 werden die Ergebnisse der einzelnen Regler im Experiment dargestellt und miteinander verglichen.

5.5.1 Der PID-Regler

PID-Regler werden zum Beispiel in [Horn06], [Föllinger94], [Lunze06] und [Unbehauen07] genau beschrieben. Hier werden jedoch zusammenfassend die Grundlagen, welche zum weiteren Verständnis nötig sind, erläutert.

Der PID-Regler unterteilt sich in drei unabhängige Anteile, den Proportional- (P), Integral- (I) und Differential-Anteil (D). Jeder Anteil hat als Eingabe eine Regeldifferenz $e(t)$. Die Regeldifferenz gibt an, um wie viel bei einem zu regelnden Prozess ein Istwert von einem Sollwert abweicht. Das Ziel des Reglers ist es, die Regeldifferenz schnellstmöglich klein und wenn möglich auf Null zu bringen und dort zu halten. Um dies zu leisten, kann der Regler durch einen Stellwert $u(t)$ direkt oder indirekt Einfluss auf den Prozess nehmen.

Der einfachste Regler ist der P-Regler. Er verstärkt durch den Proportionalitätsfaktor K_P die Regeldifferenz $e(t)$ und reagiert unmittelbar auf eine Veränderung in der Regeldifferenz. Problematisch ist es, wenn ein großes K_P verwendet wird, da in diesem Fall der Prozess dazu neigt, sich aufzuschwingen und dadurch wird die Regeldifferenz immer größer. Der P-Regler sieht wie folgt aus:

(52) $u(t) = K_\mathrm{P} \cdot e(t)$

Der I-Regler reagiert langsamer auf Abweichungen in der Regeldifferenz als der P-Regler, da sich die Abweichungen erst über ein Integral vergangener Werte aufsummieren müssen. Durch diese Trägheit ist der I-Regler unempfindlicher gegenüber kleinen Störungen. Es ist zu beachten, dass der Zeitraum, über den integriert wird, hinreichend lang sein muss, denn ansonsten würde der I-Regler dem P-Regler entsprechen. Der Faktor K_I gibt an, wie stark der Integralanteil auf den Stellwert wirkt. Der I-Regler sieht wie folgt aus:

(53) $u(t) = K_\mathrm{I} \cdot \int e(t)\, dt$

Der D-Regler reagiert nur auf Änderungen in der Regeldifferenz. Ist die Regeldifferenz konstant, so bleibt er inaktiv. Deshalb kann der D-Regler auch keine konstanten Regeldifferenzen ausgleichen. Dies macht ihn ohne einen anderen Regler unbrauchbar. Der Vorteil des D-Reglers ist seine schnelle Reaktion auf Störungen. Der Faktor K_D gibt an, wie stark der Differenzialanteil auf den Stellwert wirkt. Der D-Regler sieht wie folgt aus:

(54) $u(t) = K_\mathrm{D} \cdot \dfrac{\partial e(t)}{\partial t}$

Verschiedene Kombinationen von P-, I- und D-Reglern sind möglich. Diese Arbeit beschränkt sich jedoch auf die gebräuchlicheren Kombinationen von P-, PI- und PID-Regler. Die Formeln hierfür lauten:

P: $\quad u(t) = K_P \cdot e(t)$

PI: $\quad u(t) = K_P \cdot e(t) + K_I \cdot \int e(t) dt$

PID: $\quad u(t) = K_P \cdot e(t) + K_I \cdot \int e(t) dt + K_D \cdot \dfrac{\partial e(t)}{\partial t}$

Alle Regler liefern ein Steuersignal *u(t)*, aber zum Regeln des Prozesses muss bekannt sein, wie das Steuersignal *u(t)* Einfluss auf dem Prozess nimmt. Bei dem Beispiel des Stabwagens gibt das Steuersignal die gewünschte Drehgeschwindigkeit $\dot{\varphi}$ des Stabes an. Diese kann aber nicht direkt eingestellt werden. Nur die Kraft *F*, mit welcher der Stabwagen beschleunigt wird, kann geändert werden. Demnach benötigt man noch eine Umrechnung der benötigten Kraft *F*, um die gewünschte Geschwindigkeitsänderung $\Delta \dfrac{\partial \dot{\varphi}}{\partial t} = \ddot{\varphi}$ des Stabes zu erreichen.

$$(55) \quad F = \frac{m_1 + m_2}{\cos(\varphi)} \left(l \left(\frac{4}{3} - \frac{m_2 \cos^2(\varphi)}{m_1 + m_2} \right) \cdot \ddot{\varphi} - g \cdot \sin(\varphi) \right) - m_2 l \dot{\varphi}^2 \sin(\varphi)$$

Die Kraft *F*, deren Einwirken während *Δt* Sekunden nötig ist, um das System so zu beschleunigen, dass die neue Drehgeschwindigkeit erreicht wird, wird mit einer vereinfachten Formel bestimmt. Die Berechnung der Kraft *F* soll nur als Näherung für kleine Auslenkungen *φ* korrekt sein. Um Formel (55) lösen zu können, wird davon ausgegangen, dass die aktuelle Auslenkung des Stabes nahezu Null beträgt. Dadurch kann der sin(*φ*) beziehungsweise cos(*φ*) mit 0 beziehungsweise 1 angenähert werden. Für große Auslenkungen ist der Fehler größer, aber noch nicht so groß, dass die Regelung nicht funktionieren würde. Ist also die Auslenkung *φ* des Stabes sehr klein, so gilt:

$$(56) \quad F \approx \frac{4 m_1 + m_2}{3} \cdot l \cdot \ddot{\varphi}$$

Um eine möglichst optimale Regelung zu finden, müssen optimale Parameter K_i gefunden werden. Da das Pendel nur simuliert wird, kann man es sich erlauben, alle Parameter mit einer kleinen Diskretisierung (Schrittweite 0,05) in der Simulation zu testen. Getestet wird die Dauer zum Stabilisieren des Stabes. Liefern mehrere Parameter beziehungsweise Parameterpaare die kürzeste Stabilisierungszeit, so entscheidet man sich für den Median der Parameter. Genauer gesagt zuerst für den Median von K_P, dann von K_I und dann von K_D.

Die Parameter, bei welchen der Stab die geringste Zeit zum Stabilisieren benötigt, sind in Tabelle 29 gegeben.

Regler	K_P	K_I	K_D
P	13,00	0,00	0,00
PI	7,20	0,90	0,00
PID	7,50	1,65	0,35

Tabelle 29: Optimale Regler Parameter beim hier vorgestellten Inversen Pendel.

In einer Historie `History` werden die Auslenkungen über die Zeit gesammelt. Ein Zeitschritt dauert Δt Sekunden und bei jedem wird ein Wert aufgezeichnet. Der PID-Regler lässt sich in Pseudocode, wie im Folgenden angegeben, beschreiben.

```
1    // Ältesten Wert verwerfen
2    History.shift ();
3
4    // Aktuelle Auslenkung merken
5    History.add (φ);
6
7    // P-Anteil ausgehend von der Auslenkung
8    φ̇' = φ * K_P;
9    // I-Anteil ist das Integral über die letzten 5 Zeitschritte
10   φ̇' += History.integral (5 * Δt) * K_I;
11   // D-Anteil aus Auslenkungsänderung nach dem letzten Zeitschritt
12   φ̇' += History.derivate (Δt) * K_D;
13
14   // Kraft zum Ändern der Drehgeschwindigkeit
15   F = (φ̇ + φ̇') / Δt * l * (4 * m₁ + m₂) / 3;
```

5.5.2 Der Fuzzy-Regler

Der Fuzzy-Regler wird in zwei Varianten vorgestellt. Einmal als klassischer Fuzzy-Regler und danach als zeitlich erweiterter temporaler Fuzzy-Regler. Beide Fuzzy-Regler erhalten die gleichen Eingaben (Auslenkung φ und Drehgeschwindigkeit $\dot{\varphi}$) und beide regeln die Kraft F des Stabwagens. Auch sind die Fuzzy-Terme der Fuzzy-Variablen identisch, so dass der einzige Unterschied in den verwendeten Prädikaten und den Zugehörigkeitsfunktionen liegt. Der klassische Fuzzy-Regler verwendet nur das Prädikat IS, der temporale Fuzzy-Regler nur das Prädikat IS_{EXISTS}.

Eine Optimierung der Regler findet ausschließlich über eine Veränderung der Zugehörigkeitsfunktionen statt. Die Regelbasis wird dabei nicht verändert. Im Experiment hat sich gezeigt, dass es genügt, die Zugehörigkeitsfunktion des Fuzzy-Terms für die Kraft F anzupassen. Es wird davon ausgegangen, das die Kraft F im Bereich -100N bis +100N liegt und es günstiger ist, wenn die meisten Zugehörigkeitsfunktionen einen kleinen Bereich von -15N bis +15N beschreiben. Diese Annahmen legen schon die meisten Stützpunkte der Zugehörigkeitsfunktionen fest. Die letztendlich als optimal gefundenen Zugehörigkeitsfunktionen können der angegebenen TFCL-Datei (siehe Seite 155) entnommen werden (Zeilen 32-43). Gefunden wurden diese, indem bei den Termen NG die dritte und NM die erste und zweite Stützstelle variiert wurden. Die Terme PM und PG werden symmetrisch dazu behandelt. Die Stützstellen werden solange im Bereich zwischen 15 und 80 verschoben, bis eine optimale Regelung gefunden ist.

Eine vollständige Angabe der Regelbasis bei zwei AND-verknüpften Variablen mit fünf beziehungsweise sieben Fuzzy-Termen besteht aus 35 Regeln. Diese sind in Tabelle 30 angegeben. Die Matrix gibt an, welche Regeln gebildet werden. Für den klassischen Fuzzy-Regler gilt zum Beispiel bei einer negativen mittleren (NM) Auslenkung φ und einer negativen kleinen (NK) Drehgeschwindigkeit $\dot{\varphi}$, dass die Kraft F negativ mittel (NM) sein soll. Daraus bildet sich die Regel:

IF (φ **IS** NM) **AND** ($\dot{\varphi}$ **IS** NK) **THEN** (F **IS** NM)

Die entsprechende Regel für den temporalen Fuzzy-Regler sieht wie folgt aus:

IF (φ **IS**$_{\text{EXISTS}}$ *next* NM) **AND** ($\dot{\varphi}$ **IS**$_{\text{EXISTS}}$ *next* NK) **THEN** (F **IS** NM)

		Drehgeschwindigkeit $\dot{\varphi}$				
		NM	NK	ZR	PK	PM
Auslenkung φ	NG (= negativ, groß)	NG	NG	NG	NG	NG
	NM (= negativ, mittel)	NG	NM	nm	nk	ZR
	NK (= negativ, klein)	NM	NK	nk	zr	pk
	ZR (= zero)	NM	nk	ZR	pk	PM
	PK (= positiv, klein)	nk	zr	pk	PK	PM
	PM (= positiv, mittel)	ZR	pk	pm	PM	PG
	PG (= positiv, groß)	PG	PG	PG	PG	PG

Tabelle 30: Matrix mit den Fuzzy-Regeln für die Kraft F zum Regeln des Stabwagens. Fuzzy-Terme in Großbuchstaben sind in [Bothe95] definiert, der Rest wurde zur Vervollständigung hinzugefügt.

Die beiden Fuzzy-Regler lassen sich durch folgende TFCL-Beschreibung angeben. Angegeben sind die Stützpunkte (siehe Zeile 33-39) für den temporalen Fuzzy-Regler. Der klassische Fuzzy-Regler hat die Stützpunkte -75 und -61. Der Fuzzy-Zeit-Term in den Zeilen 45-49 und die Angabe der Vorhersagemethode in Zeile 56 werden nur für den temporalen Fuzzy-Regler benötigt. Alle anderen Zeilen sind für beide Fuzzy-Regler identisch.

```
 1   FUNCTION_BLOCK
 2
 3   VAR_INPUT
 4       auslenkung: REAL;
 5       drehgeschwindigkeit: REAL;
 6   END_VAR
 7
 8   VAR_OUTPUT
 9       kraft: REAL;
10   END_VAR
11
12   FUZZIFY auslenkung
13       TERM NG := (-1.60, 1)(-1.00, 1)(-0.14, 0);
14       TERM NM := (-1.00, 0)(-0.14, 1)(-0.07, 0);
15       TERM NK := (-0.14, 0)(-0.07, 1)( 0.00, 0);
16       TERM ZR := (-0.07, 0)( 0.00, 1)( 0.07, 0);
17       TERM PK := ( 0.00, 0)( 0.07, 1)( 0.14, 0);
18       TERM PM := ( 0.07, 0)( 0.14, 1)( 1.00, 0);
19       TERM PG := ( 0.14, 0)( 1.00, 1)( 1.60, 1);
20       RANGE := (-1.60 .. 1.6);
21   END_FUZZIFY
22
23   FUZZIFY drehgeschwindigkeit
24       TERM NM := (-6.30, 0)(-0.40, 1)(-0.20, 0);
25       TERM NK := (-0.40, 0)(-0.20, 1)( 0.00, 0);
26       TERM ZR := (-0.20, 0)( 0.00, 1)( 0.20, 0);
27       TERM PK := ( 0.00, 0)( 0.20, 1)( 0.40, 0);
28       TERM PM := ( 0.20, 0)( 0.40, 1)( 6.30, 0);
29       RANGE := (-6.3 .. 6.3);
30   END_FUZZIFY
31
32   DEFUZZIFY kraft
33       TERM NG := (-100, 1)(-79, 1)(-58, 0);
34       TERM NM := ( -58, 0)(-15, 1)(-10, 0);
35       TERM NK := ( -15, 0)(-10, 1)(  0, 0);
36       TERM ZR := ( -10, 0)(  0, 1)( 10, 0);
37       TERM PK := (   0, 0)( 10, 1)( 15, 0);
38       TERM PM := (  10, 0)( 15, 1)( 58, 0);
39       TERM PG := (  58, 0)( 79, 1)(100, 1);
40       METHOD: COG;
41       DEFAULT := 0;
42       RANGE := (-100 .. 100);
43   END_DEFUZZIFY
44
45   FUZZY_TIME_OBJECT next
46       FACT 1: (0,1) (1,1);
47       TIME 1: (0,0) (0,1);
48               (30,1) (40,0);
```

```
49   END_FUZZY_TIME_OBJECT
50
51   RULEBLOCK control
52       AND:MIN;
53       OR:MAX;
54       ACCU:MAX;
55
56       ACT:MIN;
57       PREDICTION:LINEARITY;
58       RULE 0: (Regeln siehe Tabelle 30)
59   END_RULEBLOCK
60
61   END_FUNCTION_BLOCK
```

5.5.3 Ergebnisauswertung

Nun folgt ein Vergleich der fünf vorgestellten Regler anhand acht verschiedener Kriterien. Zuerst werden die acht Kriterien vorgestellt und anschließend wird jeder Regler anhand dieser Kriterien im Vergleich mit den anderen Reglern untersucht.

Das einfachste Kriterium ist die Stabilisierungszeit s, die ein Regler benötigt, um den Stab in eine stabile Lage zu bringen. Stabil bedeutet, dass die Auslenkung φ ab dem Zeitpunkt t_0 immer kleiner als 0,005 (= 0,29°) bleibt. Ob die Auslenkung innerhalb dieser Schwankungsbreite gegen Null geht oder weiter schwingt, spielt dabei keine Rolle.

Ein weiteres Kriterium ist das Integral über die Auslenkung φ oder bei diskreter Messung die Summe über die Auslenkungen. Ist diese Zahl klein, so wird der Stab sehr schnell in die Nullstellung gebracht und bleibt auch in dieser. Ein hoher Wert gibt an, dass der Stab entweder nur langsam ausbalanciert oder der Stab überhaupt nicht ausbalanciert wird, beziehungsweise immer noch kleine Schwingungen aufweist.

Das Integral über die Kraft F (die Summe über die diskreten Kraftwerte) gibt an, wie viel Energie der Regler zum Stabilisieren und anschließenden Halten in dieser Stellung benötigt. Eine hohe Energie ist ineffizient, aber nicht unbedingt langsam.

Die Summe über die Winkelgeschwindigkeit $\dot{\varphi}$ gibt den Weg an, den der Stab zurücklegt. Ein Wert von 100 °/s gibt an, dass der Stab den kürzest möglichen Weg zurückgelegt hat, also den direkten Weg zum Ziel, ohne Überschwinger und ohne Schwingungen im stabilen Zustand, genommen hat.

Die Summe über die quadratische Änderung der Kraft gibt an, ob ein Regler sehr oft die Kraft stark ändert. Ein hoher Wert entspricht einem hohen Verschleiß der Hardware, da oft hohe Kraftänderungen vorgenommen werden.

Nach diesen fünf quantitativen Kriterien folgen drei qualitative Beurteilungen. Der Verlauf der Auslenkung beschreibt, wie sich der Stab verhält und wie seine Bewegung aussieht. Dagegen beschreibt der Verlauf der Kraft, wie der Stab ausbalanciert wird. Das letzte Kriterium beschreibt subjektiv den Aufwand, der zum Entwickeln des jeweiligen Reglers nötig war.

In Tabelle 31 sind die wichtigsten Ergebnisse der Simulation zusammengefasst. Grün beziehungsweise rot hinterlegt sind die besten beziehungsweise schlechtesten Werte einer Spalte. Ähnliche Werte werden ebenfalls grün beziehungsweise rot hinterlegt. Als ähnlich schlecht zählen Werte, welche näher am schlechtesten Wert als am Mittelwert von Maximum und Minimum einer Spalte liegen. Für die besten Werte gilt dies analog. In Abbildung 45 sind die Verläufe der Kraft und der Auslenkung der dazugehörenden Regler darstellt. Das Verhalten der PID-Regler (P-, PI- und PID-Regler) ist im Großen und Ganzen recht ähnlich. Deshalb werden sie auch nicht getrennt voneinander beschrieben, sondern diese mit den beiden Fuzzy-Reglern verglichen, die jedoch in ihrer Herangehensweise (Verwendung von nur aktuellen Werten oder der gesamten Historie) große Unterschiede untereinander aufweisen.

Bei quantitativer Untersuchung der Ergebnisse in Tabelle 31 kann man erkennen, dass je nachdem, welches Kriterium wichtig ist, entweder die PID- oder die Fuzzy-Regler besser sind. Ist es wichtig, dass der Regler schnell ist (kleine Stabilisierungszeit t_0), dann sind die PID-Regler besser, ist es aber wichtig, dass wenig Energie (ΣF) zur Regelung benötigt wird oder der Verschleiß der Hardware ($\sqrt{\Sigma\ dF^2}$) gering ist, dann sind die Fuzzy-Regler besser.

Die qualitative Untersuchung der Graphen der verschiedenen Regler in Abbildung 45 zeigt, dass die Auslenkung sich immer recht ähnlich verhält, aber bei den Kräften größere Unterschiede vorkommen. Dies spiegelt sich auch in den zuvor beschriebenen quantitativen Angaben wieder. Auffällig ist, dass die Fuzzy-Regler insgesamt ein weicheres, aber dadurch auch langsameres Regelverhalten aufweisen. Das Verhalten äußert sich darin, dass die Kräfte bei den PID-Reglern kurz vor Stillstand mehrfach zwischen positiven und negativen Kräften hin und her springen. Dies bewirkt ein schnelles aber abruptes Abbremsen. Die Fuzzy-Regler dagegen weisen einen recht glatten Kräfteverlauf mit nur sehr kleinen Sprüngen kurz vorm Stillstand auf. Dadurch wirken kleinere Beschleunigungen auf den Stab, was aber auch in einem langsameren Abbremsen resultiert.

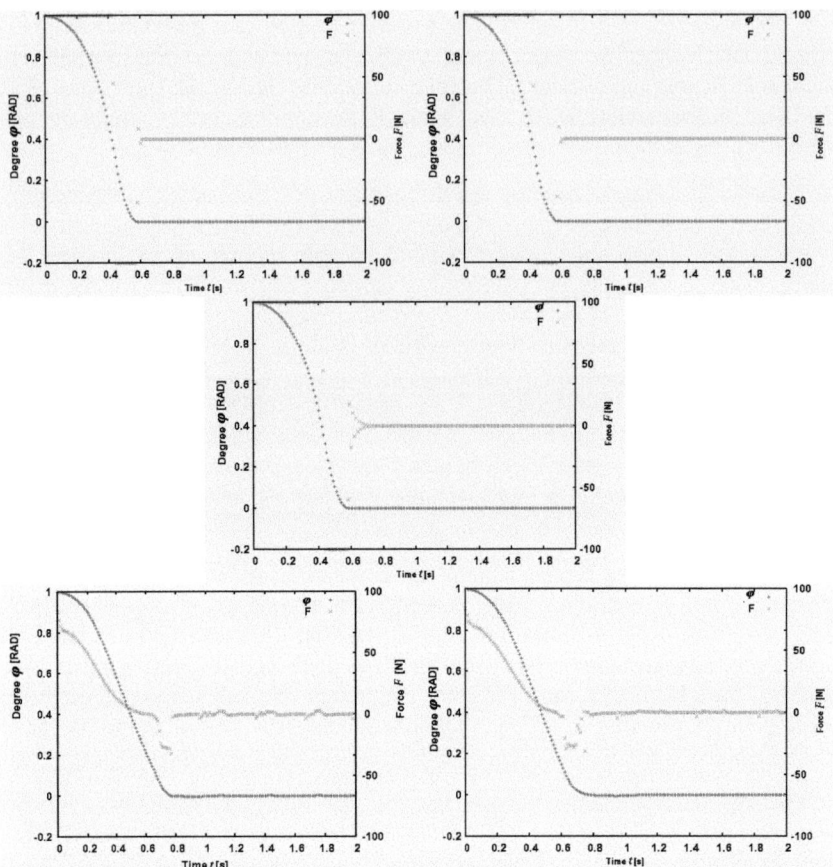

Abbildung 45: Auslenkungs- und Kraftverläufe des Stabwagens für fünf verschiedene Regler: P-, PI-, PID-, FCL- und TFCL-Regler. Die Kraft ist grün und die Auslenkung rot.

Ein ebenfalls wichtiges Kriterium ist der Aufwand zum Erstellen eines Reglers. Dazu zählt sowohl die Modellierung als auch die anschließende Implementierung in der Programmiersprache C. Gemeinsam ist beiden Reglern der Programmieraufwand. Der PID-Regler ist in Kapitel 5.5.1 als Pseudocode gegeben und der Fuzzy-Regler als FCL-Programm in Kapitel 5.5.2. Für den Fuzzy-Regler benötigt man noch das C-Programmgerüst aus Anhang A1.1. Der eigentliche Aufwand beim PID-Regler besteht darin, die richtige Stellgröße zu finden, da die Kraft F nicht als Stellgröße funktionieren kann, denn die in einem Regelschritt zu wählende Kraft ist nicht proportional zur Regeldifferenz $e(t)$, da schon beim Einwirken einer konstanten Kraft eine beliebige Drehgeschwindigkeit erreicht werden kann, wenn sie nur lange genug wirkt. Die Proportionalität zur Regeldifferenz gilt jedoch für die Drehgeschwindigkeit. Die Umrechnung der Änderung der Drehgeschwindigkeit in eine Kraft stellt hier den größten Aufwand dar. Der Aufwand beim Erstellen des Fuzzy-Reglers beschränkt sich darauf, die FCL-Datei mit den Fuzzy-Regeln zu beschreiben. Da die Fuzzy-Regeln die Regelung so beschreiben, wie sie ein Mensch auch beschreiben könnte, ist dieser Aufwand sehr gering. Aus diesem Grund wird der Entwicklung eines Fuzzy-Reglers ein geringerer Aufwand erteilt.

Als Gesamtergebnis ergibt sich, dass die Regelung mit klassischer Fuzzy-Logik am schlechtesten und die Regelung mit temporaler Fuzzy-Logik am besten abschneidet. Die PID-Regler liegen im Gesamtergebnis zwischen den beiden Fuzzy-Reglern.

Regler	Σ Auslenkung φ	Σ Kraft F	$\Sigma\dot{\varphi}$	Stabilisierungszeit t_0	$\sqrt{\Sigma dF^2}$	Aufwand	Gesamt
P	37,47	5814	100,8	0,56	189	mittel	+1
PI	37,48	5777	100,8	0,56	186	mittel	+1
PID	37,48	5842	100,8	0,56	210	mittel	+1
FCL	44,29	2353	102,0	0,76	92	wenig	0
TFCL	42,57	2452	101,4	0,74	93	wenig	+2

Tabelle 31: Ergebnisse aus den Experimenten mit den verschiedenen Reglern. Die rechte Spalte gibt das Gesamtergebnis bei Grün +1 Punkt und Rot -1 Punkt an.

5.6 Schlussfolgerungen

Als Fazit stellt sich heraus, dass zum Entwickeln des PID-Reglers fundiertes Wissen, wie in Formel (52) gezeigt, über den zu regelnden Prozess nötig ist. Mit diesem Wissen können die möglicherweise nötigen Umrechnungen für eine geschlossene Regelkette berechnet werden. Der PID-Regler hat als Ausgabe die neu einzustellende Drehgeschwindigkeit. Diese muss zuerst in eine Winkelbeschleunigung und anschließend in eine Kraft umgerechnet werden. Der Grund hierfür ist, falls sich das Pendel schon in die richtige Richtung bewegt, dann muss es auch bei einer großen Auslenkung nicht weiter beschleunigt werden. Die Kraft muss also auch bei einer großen Auslenkung Null sein können, kann also nicht proportional zur Auslenkung gewählt werden. Würde die Kraft proportional zur Auslenkung gewählt werden, dann würde der P-Regler bei einer großen Auslenkung so lange beschleunigen, bis die Auslenkung Null ist. Erst dann würde auch die Kraft Null werden. Da der Stab aber beschleunigt wurde, besitzt er eine große Geschwindigkeit und schießt über das Ziel hinaus. Da zu Beginn die Auslenkung klein ist, würde durch den Proportionalanteil nur eine kleine Kraft wirken und den Stab nur sehr langsam abbremsen.

Beim Fuzzy-Regler dagegen genügt es, das Problem als Mensch real oder in Gedanken lösen und auch beschreiben zu können. Eine Lösungsbeschreibung, welche in Fuzzy-Regeln beschrieben ist, kann direkt von einem Fuzzy-Regler verarbeitet werden. Lässt sich das Problem nicht direkt in Fuzzy-Regeln ausdrücken, so muss es erst übersetzt werden. Dies kann nur durch einen Experten geschehen, der sich mit Fuzzy-Logik und insbesondere mit temporaler Fuzzy-Logik und dem zu regelnden Prozess auskennt.

Eine Optimierung ist bei beiden Reglerarten möglich. Beim PID-Regler gibt es drei Parameter, K_P, K_I und K_D, die optimiert werden. Gute Werte können in einer Simulation sehr schnell gefunden werden, aber auch ohne Simulation ist die Parameterfindung nicht schwierig. Beim Fuzzy-Regler dagegen gibt es beliebig viele Parameter. Die Anzahl der Fuzzy-Terme und die Wahl der Stützstellen für die Zugehörigkeitsfunktionen ergeben einen so großen Suchraum, dass eine automatische Suche nach guten Zugehörigkeitsfunktionen nicht mehr möglich ist. Hier im Beispiel wären es 24 Parameter bei der gegebenen Anzahl von Fuzzy-Termen. Wird die Anzahl der Fuzzy-Terme noch variiert, dann steigt somit auch die Anzahl der Parameter weiter an. Es bietet sich an, die Fuzzy-Terme und Zugehörigkeitsfunktionen so zu wählen, wie sie ein Mensch beschreiben würde. Bessere Parameter kann man erhalten, indem man nur wenige Stützstellen verändert oder aber die Stützstellen nur ein wenig verändert. Erstere Methode wurde mit besseren Erfolg verwendet.

Beide Arten von Reglern benötigen einen Experten, der sich mit dem verwendeten Regler und dem zu regelnden Prozess auskennt. Jedoch benötigt man weniger Zeit, um eine Regelbasis aufzustellen als für die Umrechnung, die bei einem PID-Regler nötig sein kann. Auch liest sich die Implementierung in Fuzzy-Logik einfacher (vergleiche PID-Pseudocode mit TFCL-Datei) und bleibt dadurch wartbarer. Der PID-Regler dagegen ist zeitlich deutlich effizienter in seiner Leistung, was aber auch zu Lasten der Hardwareabnutzung geht. Wie zu sehen ist, haben beide Arten der Regelung ihre Vor- und Nachteile, die je nach Einsatzgebiet wichtiger oder zu vernachlässigen sind.

Der Vorteil des temporalen zum atemporalen Fuzzy-Regler liegt in der vorausschauenden Regelung. Diese sorgt dafür, dass der Verschleiß der Hardware etwas geringer ist. Auch ist die maximale Auslenkung geringer und die Stabilisierungszeit leicht schneller. Im großen und ganzen sind die beiden Fuzzy-Regler sehr ähnlich, nur dass der temporale Regler in diesem Experiment etwas besser ist. Bei anderen Experimenten, bei denen eine Vorhersage essentiell wäre, ist ein atemporaler Fuzzy-Regler nicht einsetzbar, also auch nicht vergleichbar.

Als Gesamtergebnis stellt sich jedoch heraus, dass der temporale Fuzzy-Regler etwas besser ist als die PID-Regler und der klassische Fuzzy-Regler etwas schlechter als die PID-Regler.

6 Temporaler Fuzzy-Regler zur Überwachung und Wartung

Im vorherigen Kapitel wurde die Sprache TFCL (= Temporal Fuzzy Control Language) für den temporal erweiterten Fuzzy-Regler eingeführt. Dieser Regler kann nun auch als Überwachungs- beziehungsweise als Wartungssystem eingesetzt werden. Die nötigen Schritte zum Einsatz von temporaler Fuzzy-Logik in einem Wartungssystem, sowie die sich ergebenden Möglichkeiten eines solchen Reglers werden in diesem Kapitel vorgestellt.

Zuerst werden Kriterien aufgestellt, wie überhaupt eine Überwachung beziehungsweise eine Wartung definiert werden kann. Dies sind Kriterien, wie sie jetzt schon in Industrie und Forschung eingesetzt werden. Anschließend werden diese Kriterien in dieser Arbeit durch Mamdani-Fuzzy-Regeln ausgedrückt, so dass die Kriterien auch in einem Fuzzy-Regler verwendet werden können.

6.1 Kriterien

Hier werden nun die Überwachungs-, Wartungs- und Diagnosekriterien vorgestellt.

Die *Überwachungskriterien* beschreiben, was ein Überwachungssystem beobachten kann und welche Fehler sich damit erkennen lassen. Generell betrachtet ein Überwachungssystem mindestens einen Wert auf Gültigkeit. Im einfachsten Fall wird dabei geprüft, ob ein bestimmter Wertebereich eingehalten wird, oder ob der Wert innerhalb tolerierbarer Parameter liegt. Auch kann geprüft werden, ob der Wert einem zuvor festgelegten zeitlichen Verlauf folgt, also die Abweichung zum vorgegebenen Verlauf innerhalb gegebener Grenzen verläuft. Ist der beobachtete Wert nicht mehr gültig, so liegt ein Fehler vor. Welcher Fehler vorliegt, ist nicht bekannt und für die Überwachung auch nicht von Belang. Es ist nur bekannt, dass bei ungültigen Werten ein Fehler vorliegt. Weitergehende Informationen zu Überwachungskriterien finden sich in [Flender01], [Flender02] und [Helmke99].

Soll bei einer Überwachung beim Vorliegen eines Fehlers noch zusätzlich angegeben werden, welcher Fehler vorliegt, so muss der Fehler genauer diagnostiziert werden. Dies sind die *Wartungskriterien*, also die Angabe, welcher Fehler vorliegt und wie dieser behoben werden kann. Genauer beschrieben sind diese in [Kim99b] und [Mechler94]. Im optimalen Fall werden die Fehler erkannt, bevor diese auftreten. [Briggs00] unterteilt die Wartung in geplante (predictive, preventive, protective), und ungeplante (breakdown) Wartung. Abbildung 46 aus [Briggs00] zeigt, dass aus der Überwachung eines Wertes $E(t)$ geschlossen werden kann, wann ein System eine gewisse Güte G nicht mehr erfüllt und gewartet werden sollte, also $E(t) < G$ ist, oder wann das System zusammenbricht, also $E(t) = 0$ ist. Dabei gibt es sowohl bei der Güte als auch bei der zeitlichen Einschätzung eine Unschärfe. Diese Unschärfe wird durch Fuzzy-Regeln beschrieben und der Ansatz von [Briggs00] als Wartungskriterium verwendet. Einen ähnlichen Ansatz verfolgt auch [Bennett99]. Dort wird versucht, die Lebensdauer von mechanischer Schiffsausrüstung mit einem fallbasierten System vorherzusagen.

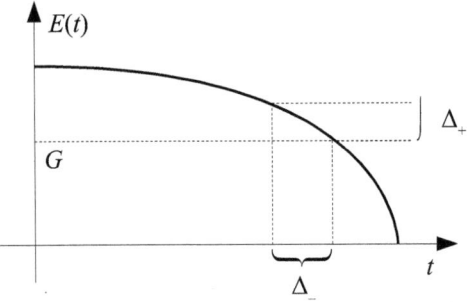

Abbildung 46: Die Effizienz E(T) einer Komponente kann mit der Genauigkeit Δ_+ bestimmt werden. Der Zeitpunkt t, zu welchem E(t) unter den Grenzwert G sinkt, kann nur mit der Genauigkeit Δ_- angegeben werden.

Diese Arbeit beschränkt sich auf Überwachungs- und Wartungskriterien, dennoch sollen kurz die *Diagnosekriterien* aus [Althoff92], [Pfeifer93] und [Frank94] beschrieben werden. Ein Diagnosesystem wird erst aktiv, wenn bereits ein Fehler aufgetreten ist. Anhand des Wissens über mögliche Fehler werden Anfragen generiert, die möglichst schnell und kostengünstig die Ursache eines Fehlers finden. Das Finden der Ursache ist aber nicht Bestandteil dieser Arbeit. Vielmehr wird davon ausgegangen, dass in den Wartungskriterien schon die Ursache angegeben ist und nicht erst aus einer Wissensdatenbank deduziert werden muss.

6.2 Überwachung mit TFCL

Wird von einer Überwachung gesprochen, so ist immer die Analyse eines Sensorsignals S gemeint. Diese Datenreihen tragen die Information über Ereignisse in der Vergangenheit oder das mögliche weitere Verhalten der mit dem Sensor gemessenen Umgebung. Bei der Überwachung werden die Signalverläufe in fünf verschiedene Klassen aufgeteilt (siehe Tabelle 32).

In der ersten Klasse, der *Bereichsabfrage*, befinden sich alle Signalverläufe, welche in einem für jeden Signalverlauf eigenen vorgegebenen Bereich liegen. Dieser Bereich ist beschränkt durch zwei Schranken bestehend aus einem Supremum ft^{sup} und Infimum ft^{inf}. Die zweite Klasse, die *Muster*, beinhalten sich wiederholende Ausschnitte von Signalverläufen. Die dritte Klasse, die *periodische Schwingung*, beinhaltet Signalverläufe, in denen sich das Signal mit einer bestimmten Frequenz w wiederholt. Da die Signalverläufe diskret sind, beinhaltet eine Periode nur endlich viele Sensorwerte. Das heißt, es gibt ebenfalls ein eindeutiges Maximum und Minimum. Deshalb kann die dritte Klasse als ein Spezialfall der ersten Klasse angesehen werden. Liegt ein Signalverlauf in der vierten Klasse, dem *Ausreißer*, so bedeutet dies, dass es für den Signalverlauf der Sensordaten S, welche innerhalb eines Fuzzy-Terms ft_i liegen, mindestens einen Wert $S_i \in S$ gibt, welcher einen anderen Fuzzy-Term ft_k annimmt, wobei $j \neq k$ ist. Liegt er in der fünften Klasse, dem *Trend*, so bedeutet dies, dass ältere Sensordaten S in einem Fuzzy-Term ft_j liegen und neuere Sensordaten in einem anderen Fuzzy-Term ft_k mit $j \neq k$ zu liegen kommen. Ist nun ft_j kleiner beziehungsweise größer als ft_k, dann handelt es sich um einen Signalverlauf, bei dem die Werte immer kleiner beziehungsweise größer werden.

Signalverläufe, die in keiner der genannten Klassen liegen, können unterteilt werden, so dass Teilstücke davon in die oben genannten Klassen einsortiert werden können. Teilstücke müssen dabei immer aus mehreren Werten bestehen, denn eine Teilmenge mit nur einem Element könnte immer einer Klasse zugeordnet werden. Liegt ein Verlauf dann immer noch nicht in einer der aufgeführten Klassen, so kann er nicht eindeutig einer Klasse zugeordnet werden.

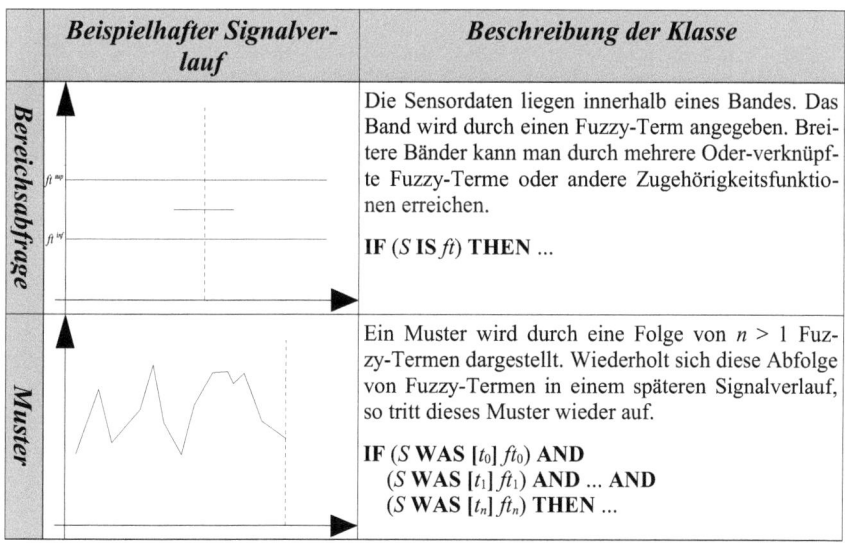

	Beispielhafter Signalverlauf	*Beschreibung der Klasse*
Bereichsabfrage		Die Sensordaten liegen innerhalb eines Bandes. Das Band wird durch einen Fuzzy-Term angegeben. Breitere Bänder kann man durch mehrere Oder-verknüpfte Fuzzy-Terme oder andere Zugehörigkeitsfunktionen erreichen. **IF** (S **IS** ft) **THEN** ...
Muster		Ein Muster wird durch eine Folge von $n > 1$ Fuzzy-Termen dargestellt. Wiederholt sich diese Abfolge von Fuzzy-Termen in einem späteren Signalverlauf, so tritt dieses Muster wieder auf. **IF** (S **WAS** $[t_0]$ ft_0) **AND** (S **WAS** $[t_1]$ ft_1) **AND** ... **AND** (S **WAS** $[t_n]$ ft_n) **THEN** ...

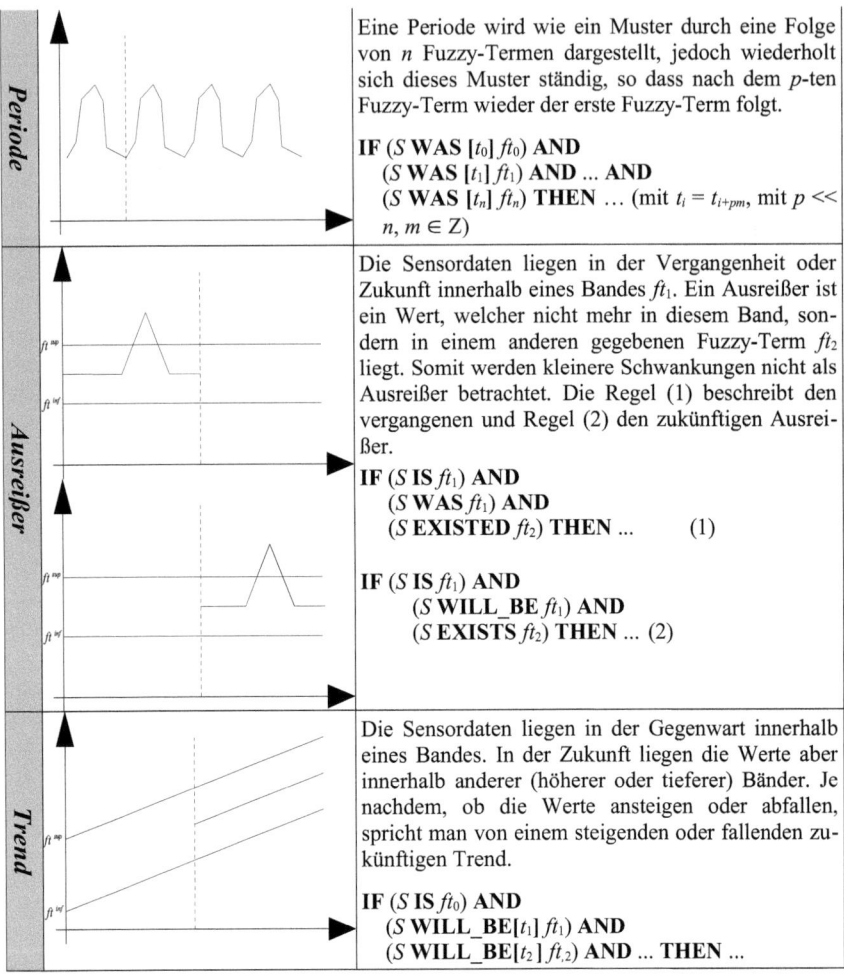

Tabelle 32: *Beispielhafte Signalverläufe und deren Beschreibung (auch als Fuzzy-Regel), die ein Überwachungssystem erkennen kann.*

Bis jetzt wurden nur die Überwachungskriterien angegeben. Die Wartungskriterien lassen sich sehr einfach in TFCL beschreiben. Es können verschiedene Aufgaben durch Fuzzy-Regeln aktiviert werden. Feuert zum Beispiel eine Regel, welche die Fuzzy-Variable `maintenance` mit dem Fuzzy-Term `task`$_i$ als Folgerung hat, wird durch die feuernde Regel der angegebene Fuzzy-Term aktiviert. Nachdem alle Regeln berechnet wurden, erhält man für die Fuzzy-Variable `maintenance` einen Zugehörigkeitsvektor, der angibt, welcher `task`$_i$ mit welcher Wahrscheinlichkeit zu erledigen ist. Überschreitet die Wahrscheinlichkeit einen zuvor festgelegten Schwellwert, wird der Arbeitsauftrag `task`$_i$ ausgeführt.

In Tabelle 33 sind diese Elemente zur Wartung in TFCL zusammengefasst dargestellt. Es wird eine Fuzzy-Variable `maintenance` als Ereignis (event) deklariert. Außerdem erhält die Fuzzy-Variable beliebig viele Arbeitsaufträge (task) als Fuzzy-Terme zugewiesen. Anschließend kann diese Fuzzy-Variable in einer Regel-Folgerung verwendet werden.

Festlegen von	*TFCL Code*

Ereignissen (event) durch	`EVENT_VAR`
	    `maintenance`
	`END_EVENT_VAR`

Arbeitsaufträge (task) und Aktivierung in	`EVENT maintenance`
	    `TERM task`$_1$ `:= 1`
	    `TERM task`$_2$ `:= 2`
	    `...`
	`END_EVENT`

Fuzzy-Regeln	`RULE` *n*`: IF condition THEN maintenance IS task`$_1$

Tabelle 33: Festlegen von Ereignissen (event) durch Arbeitsaufträge (task) in Fuzzy-Variablen und Aktivierung durch Fuzzy-Regeln, falls eine Bedingung (condition) erfüllt ist.

6.3 Wartung mit TFCL

Der in Kapitel 5 vorgestellte temporale Fuzzy-Regler kann nun als Wartungs- und Überwachungssystem eingesetzt werden. Der Einsatz des Fuzzy-Reglers (Software) in Verbindung mit einem zu steuernden und zu überwachenden Prozess (Hardware) mit der Beziehung zu einem Entwickler und einem Bediener (Mensch-Maschine-Komponente) der Hardware wurde schon in Abbildung 7 auf Seite 29 detailliert dargestellt.

Der Prozess wird durch Sensoren überwacht. Die Sensoren messen physikalische Änderungen und geben diese Sensordaten als Ist-Werte an die Software weiter. Dort werden die Daten in einem Datenaufbereitungsschritt verarbeitet. Die Daten werden aufgezeichnet und in die Zukunft vorhergesagt, so dass der Fuzzy-Regler auf bereits vergangene oder zukünftige Werte zurückgreifen kann. Diese Daten werden an drei Fuzzy-Regler weitergegeben. Der erste (Mitte) übernimmt die Regelungskomponente für den Prozess. Der zweite Fuzzy-Regler (unten) überwacht den Prozess und den ersten Fuzzy-Regler. Diese beiden Regler können über Aktuatoren Einfluss auf den Prozess nehmen, indem sie Befehle erteilen, um Soll-Werte zu verändern. Sollte die Regelung und Überwachung fehlschlagen, so kann der dritte Fuzzy-Regler (oben) Wartungsaufträge für die Mensch-Maschine-Komponente generieren. Dort hat ein Bediener direkten Zugriff auf den Prozess und kann so direkt Reparaturen vornehmen. Außerdem hat ein Entwickler über die Regeldatenbank vollen Zugriff auf die Regeln aller Fuzzy-Regler und kann so Änderungen an der Software-Komponente vornehmen.

Um den Einsatz des Fuzzy-Reglers noch zu vereinfachen, sind im Folgenden in Tabelle 34 vier Regeln gezeigt, wie sie zur Wartung und Überwachung regelmäßig in einem Fuzzy-Wartungssystem vorkommen, um ausgehend von Bedingungen zur Überwachung ($condition_1$) bei Fehlverhalten Wartungsaufträge ($task_1$) zu generieren. Um vorausschauend handeln zu können, sollten die Terme in $condition_1$ temporale Fuzzy Prädikate beinhalten.

Regeln	Erklärung
IF $condition_1$ AND $counter_1$ BIGGER -1 THEN $counter_1$ ++, A IS ft	Die Bedingung $condition_1$ gibt an, dass ein Wert außerhalb seiner üblichen Parameter liegt. Dies kann durch eine temporale Bedingung erreicht werden, wie sie in den Überwachungskriterien in Tabelle 32 angegeben ist. Soll diese Abweichung korrigiert werden, so muss der Zähler $counter_1$ größer als -1 sein. Dann werden die Versuche unscharf gezählt und der Zähler um die Regelaktivierung erhöht. Außerdem wird die Gegenmaßnahme A IS ft ausgeführt, um der Abweichung entgegen zu wirken.
IF NOT $condition_1$ AND $counter_1$ BIGGER 1 THEN $counter_1$ $--$	Wenn die erste Regel nicht feuert (weil $condition_1$ nicht eintritt), also die Gegenmaßnahme A IS ft nicht ausgeführt wird, dann wird der Zähler fuzzymäßig solange reduziert, bis er kleiner als 1 ist.
IF $condition_2$ THEN $counter_1 := 0$	Die Bedingung $condition_2$ gibt an, dass jetzt wieder alles in Ordnung ist. Deshalb wird auch der Zähler wieder auf Null zurückgesetzt.
IF $counter_1 > 5$ THEN $counter_1 := -1$, `maintenance` IS `task`$_1$	Die Gegenmaßnahme A IS ft wurde jetzt mindestens fünf mal aktiviert, ohne dass $condition_2$ wahr wurde oder ohne dass $condition_1$ nicht mehr aktiviert wurde. Deshalb wird der Zähler und somit auch die Gegenmaßnahme deaktiviert und der Wartungsauftrag `task`$_1$ generiert.

Tabelle 34: Vier Regeln, wie sie zur Wartung und Überwachung regelmäßig in einem Fuzzy-Wartungssystem vorkommen, um ausgehend von Bedingungen zur Überwachung ($condition_1$) bei Fehlverhalten Wartungsaufträge ($task_1$) zu generieren.

Das hier vorgestellte Regelwerk kann als Schablone zur so genannten Musterbasierten-Programmierung (pattern based programming) verwendet werden. Tabelle 32 zeigt, welche Regeln für jede zu überprüfende Bedingung ausgefüllt werden müssen.

Im Folgenden wird in Kapitel 7.1 ein Beispiel vorgestellt, das ein Wartungsproblem löst. Dort wird auch der praktische Nutzen genauer diskutiert.

7 Experimente

Dieses Kapitel beschreibt Wartungs- und Regelungsbeispiele, geschrieben in Temporal Fuzzy Control Language (TFCL), die auf der Sprache Fuzzy Control Language (FCL), von [IEC97]) basiert und dient dem Verdeutlichen der praktischen Anwendbarkeit dieser neuen Art von Regelung mit zeiterweiterten Prädikaten. Als Beispiele dienen ein Demonstrator zur Gebäudeautomatisierung, welcher speziell zum Testen der TFCL entwickelt wurde. Danach folgt eine praktisches Einsatzszenario an einem real verfügbaren System zur Videoüberwachung.

7.1 Wartungs- und Regelungbeispiel anhand einer Gebäudeautomatisierung

Dieses Beispiel beschreibt, wie man die temporale Fuzzy-Logik zur Wartung eines Gebäudes (siehe Abbildung 47) oder mehrerer Büroräume einsetzen kann.

7.1.1 Beschreibung

In einem Büroraum soll die Helligkeit auf einem vom Benutzer festgelegten Niveau gehalten werden. Dabei muss immer eine minimale Helligkeit vorherrschen, jedoch soll ein Maximalwert auch nicht überschritten werden. Eine weitere Beschränkung ist, dass aus Kostengründen Energiesparlampen verwendet werden. Diese benötigen ungefähr 15 Minuten, bis sie ihre maximale Helligkeit erreicht haben. Ist es im Büroraum zu dunkel, so müssen rechtzeitig zusätzliche Lampen eingeschaltet werden, denn wenn die minimale Helligkeit erreicht ist, ist es zu spät, um weitere Lampen einzuschalten. Aus den genannten Gründen muss der Helligkeitsverlauf im Raum vorhergesagt werden.

Die Außenhelligkeit ändert sich im Laufe des simulierten Tages durch Sonnenauf- beziehungsweise Sonnenuntergang oder durch Wolken, welche die Sonne verdunkeln. Ist der Raum jedoch bei bereits abgeschalteten Lampen zu hell, weil die Sonneneinstrahlung zu stark ist, werden die Jalousien soweit geschlossen bis in dem Raum eine angenehme Helligkeit eingestellt ist. Ohne Sonneneinstrahlung, zum Beispiel nachts, wird mehr als genügend Licht produziert, wenn alle sieben Lampen angeschaltet werden. Auch genügen die Jalousien, um die maximal mögliche Sonneneinstrahlung genügend zu verringern.

Das TFCL Beispiel beinhaltet neben dem Regelteil, um die Helligkeit im Büroraum auf einem konstanten Level zu halten, auch einen Wartungsteil. Dieser erkennt folgende vier Fehlerfälle beziehungsweise Probleme.

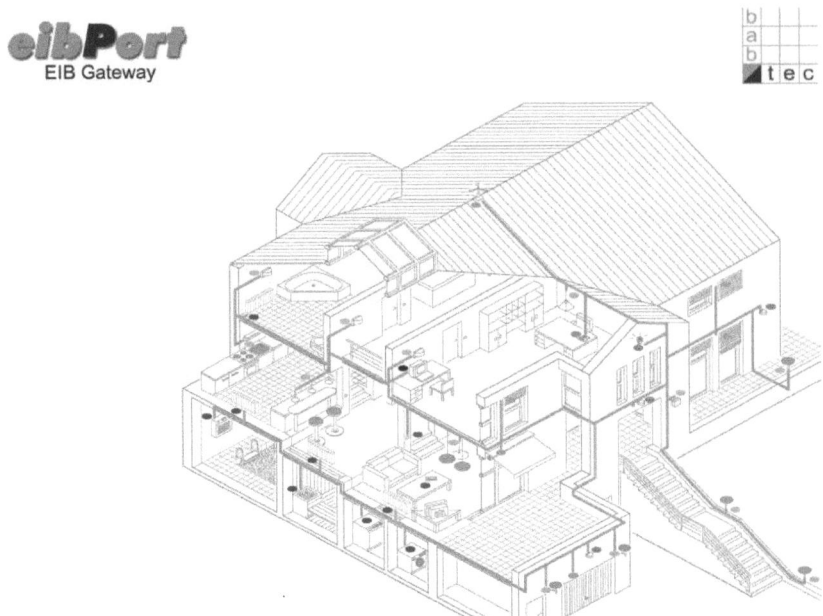

Abbildung 47: Vernetzung aller elektrischer Geräte wie Lampen, Heizung, Klimaanlage, Jalousien in einem Haushalt mit eibPort Technologie (realisiert von http://www.bab-tec.de).

Erstens kann es passieren, dass es im Raum immer noch zu dunkel ist, obwohl die Regelung alle möglichen Lampen anschaltet. Dies kann daher kommen, dass eine oder mehrere Lampen defekt sind und so mit den verbleibenden funktionsfähigen Lampen keine ausreichende Helligkeit mehr erreicht werden kann. Es kann aber auch sein, dass der Benutzer eine nicht erreichbare Helligkeit eingestellt hat. Letzteres lässt sich durch Überprüfen der eingestellten Helligkeit feststellen, während man bei eventuell defekten Lampen die Lampen des Raumes untersuchen muss.

Zweitens kann es im Raum zu hell sein, obwohl die Regelung alle Lampen ausgeschaltet und die Jalousien geschlossen hat. Das Problem können die Lampen sein, welche immer noch brennen, obwohl sie von der Regelung ausgeschaltet sind. Oder aber die Jalousien sind immer noch offen und die Sonne scheint in das Zimmer hinein.

Der dritte und vierte Fehler liegen dann vor, wenn es im Raum entweder viel zu dunkel oder viel zu hell ist. Die Ursachen hierfür müssen nicht unbedingt an einem Defekt, wie einem defekten Photosensor liegen, sondern können auch für eine dekalibrierte Regelung sprechen. Auch kann der Benutzer die gewünschte Helligkeit viel zu hoch beziehungsweise viel zu niedrig eingestellt haben, so dass die Regelung diese Werte nie erreichen kann.

7.1.2 Veranschaulichung

Eine Demonstration dient zum Vorführen eines Gesamtsystems. Das System zeigt, dass der temporale Fuzzy-Regler auch real eingesetzt wird und funktioniert. Außerdem werden noch weitere Möglichkeiten der temporalen Fuzzy-Regelung und die Mächtigkeit der temporalen Fuzzy-Logik gezeigt. Dies geschieht unter verschiedenen Aspekten wie der Verwendbarkeit der generierten Wartungsaufträge, der Einfachheit der Sprache, der Auswirkung der Vorhersagen auf die Regelung, der Simulation von Defekten und der Möglichkeit des manuellen Einflusses auf die Regelung.

Verwendbarkeit der generierten Wartungsaufträge: Sind viele Lampen defekt, so kann die Regelung unter Umständen nicht mehr genügend funktionsfähige Lampen einschalten, um die vom Benutzer geforderte Helligkeit zu erreichen. In diesem Fall wird ein Wartungsauftrag generiert, der einem Techniker mitteilt, dass Lampen defekt sind und ausgetauscht werden müssen. Auch kann es passieren, dass eine Lampe sich nicht mehr ausschalten lässt, weil zum Beispiel ein Relais defekt ist. Auch in diesem Fall wird ein Techniker über diesen Fehler informiert.

Einfachheit der Sprache: Die Raumregelung und die Bedingungen zum Generieren von Wartungsaufträgen für einen Raum sind ausschließlich in der Temporal Fuzzy Control Language implementiert. Es werden nur sechs Regeln zur Beschreibung benötigt. Diese sind leicht zu lesen und damit auch leicht zu überarbeiten, falls zum Beispiel Änderungen am Raum vorgenommen werden.

Auswirkung der Vorhersagen auf die Regelung: Bei der Online-Verfolgung der Raumhelligkeit werden die vorhergesagten mit den aufgezeichneten Werten online verarbeitet. Sinkt oder steigt die Helligkeit, dann greift die Regelung rechtzeitig, da sie auf den vorhergesagten Werten arbeitet. Um dies zu verdeutlichen, kann manuell Einfluss auf die Außenhelligkeit genommen werden. Noch bevor es zu dunkel wird, reagiert das System durch Anschalten weiterer Lampen.

Simulieren von Defekten: Mit Polwendeschaltern können Defekte simuliert werden. Ein solcher Schalter hat drei Positionen. Die Lampen können entweder auf automatische Steuerung, auf An oder auf Aus geschaltet werden. In den beiden letzten Betriebsmodi reagieren die Lampen nicht mehr auf die Regelung und behalten ihren geschalteten Wert bei. Dies beeinflusst die Regelung, indem diese andere Lampen an- oder ausschaltet.

Manueller Einfluss auf die gewünschte Raumhelligkeit: Die Fuzzy-Terme *veryLow*, *low*, *med*, *high* und *veryHigh* für die Helligkeit in Räumen werden nach den Benutzerwünschen (auf der *x*-Achse) verschoben, also erhöht oder erniedrigt. Bei einem Wunsch nach mehr Licht im Raum wird das Niveau für den Fuzzy-Term *med* erhöht, damit dieser nun einer höheren Lichtintensität entspricht – die anderen Fuzzy-Terme werden ebenfalls angepasst. Dadurch ergeben sich in der Fuzzifizierung andere Zugehörigkeitsvektoren, und das Fuzzy-System reagiert dementsprechend auf die neuen Benutzereingaben. Somit hat der Benutzer immer noch die Kontrolle über seine individuell bevorzugte Helligkeit in einem Raum.

7.1.3 Regelung in TFCL

Tabelle 35 beinhaltet die Beschreibung des Wartungsbeispieles, geschrieben in TFCL. Die Systemvariablen `numberOfLamps` und `shutterClosed` repräsentieren die Anzahl der Lampen, welche anzuschalten und die Anzahl der Jalousien, welche zu schließen sind und sind somit spezielle Ausgabevariablen. In der Eingabevariable `brightness` steht die gemessene Helligkeit im Büroraum. Die Ereignisvariablen `maintenance` und `pWarning` beinhalten Ereignisse, welche eintreten können. Die gemessene Helligkeit im Büroraum wird fuzzifiziert. Es gibt hierzu fünf Fuzzy-Terme: *veryLow*, *low*, *med*, *high* und *veryHigh*. Dabei soll die Helligkeit größer als *veryLow* und *low* und kleiner als *high* und *veryHigh* sein, also ist ein Helligkeitswert von *med* erwünscht. Dies alles ist im ersten Abschnitt von Tabelle 35 beschrieben (alles oberhalb des Regelblockes **RULEBLOCK**).

Nach der Deklaration der Variablen und Fuzzy-Terme werden die Regeln für den Fuzzy-Regler angegeben. Die *monitoring* und *prediction* Regel (Nummer 0) überprüft, ob die Helligkeit in der Zukunft einmal *veryLow* oder *low* wird. Wenn ja, wird das vorhergesagte Warnungsereignis `brightness` für die Helligkeit generiert. Die *maintenance* Regel (Nummer 1) überprüft, ob die Helligkeit schon eine Viertelstunde *low* ist und mehr als sieben Lampen eingeschaltet sind. Wenn ja, kann man daraus schließen, dass die Lampen nicht mehr genügend Helligkeit liefern, oder dass es defekte Lampen gibt. Es wird dann ein Wartungsereignis *replaceLamps* generiert, um den Benutzer anzuhalten, defekte Lampen auszutauschen. Die *control* Regeln (Nummer 2-6) werden genutzt, um Lampen an- oder auszuschalten oder um Jalousien zu öffnen oder zu schließen. Im Detail schaltet Regel 2 Lampen an, wenn es in einer viertel Stunde zu dunkel sein würde und wenn alle Jalousien offen sind. Falls Jalousien geschlossen sind, sollen diese zuerst geöffnet werden, bevor begonnen wird Lampen anzuschalten. Regel 3 öffnet eine Jalousie, wenn die Helligkeit in einer viertel Stunde zu dunkel ist und wenn mit der Bedingung „*shutterClosed*

PREEXIST last quarter_hour *shutterClosed*" überprüft wurde, ob die Anzahl der geschlossenen Jalousien in der letzten viertel Stunde konstant war. Es wird also keine Jalousie geöffnet, wenn schon vor einer Viertelstunde eine geöffnet oder geschlossen wurde. Dadurch wird die Schaltfrequenz der Jalousien heruntergesetzt und so vermieden, dass ständig eine Jalousie geöffnet oder geschlossen wird. Wenn die Helligkeit zu hoch ist, werden mit Regel 4 und 5 Lampen ausgeschaltet, oder wenn alle Lampen ausgeschaltet sind, Jalousien geschlossen.

Regelungsbeispiel in TFCL

```
1    VAR_SYSTEM
2      numberOfLamps actuator: Range: 0..8 REAL;
       shutterClosed actuator: Range: 0..2 REAL;
3    END_VAR

4    VAR_INPUT
5      brightness: REAL;
6    END_VAR

7    VAR_EVENT
8      maintenance;
       pWarning;
9    END_VAR_EVENT

10   FUZZIFY brightness
11     TERM veryLow  := (0, 1)(43, 1)(112, 0);
       TERM low      := (43, 0)(112, 1)(128, 0);
       TERM med      := (112, 0)(128, 1)(170, 0);
       TERM high     := (128, 0)(170, 1)(213, 0);
       TERM veryHigh := (170, 0)(213, 1)(255,1);
       RANGE := (0 .. 255);
12   END_FUZZIFY

13   EVENT maintenance
14     TASK replaceLamps;
15   END_EVENT

16   EVENT pWarning
17     EVENT brightnessWarning;
18   END_EVENT

19   RULEBLOCK
20     AND:MIN;
       OR:MAX;
       ACCU:MAX;
       ACT:MIN;
       PREDICTION:LINEARITY;
21     RULE 0: IF (brightness WILL_EXIST veryLow) OR
       (brightness WILL_EXIST veryHigh) THEN (pWarning
       (brightnessWarning));
22     RULE 1: IF (brightness WAS last quarter_hour
       veryLow) AND (numberOfLamps > 7) THEN (mainte-
```

```
                nance (replaceLamps));
        23      RULE 2: IF ((brightness WILL_BE next
                quarter_hour veryLow) OR (brightness WILL_BE
                next quarter_hour low)) AND (shutterClosed <
                0.5) THEN (numberOfLamps ++);
        24      RULE 3: IF ((brightness WILL_BE next
                quarter_hour veryLow) OR (brightness WILL_BE
                next quarter_hour low)) AND (shutterClosed PREE-
                XIST last quarter_hour shutterClosed) THEN
                (shutterClosed --);
        25      RULE 4: IF (brightness WILL_BE next
                quarter_hour high) OR (brightness WILL_BE next
                quarter_hour veryHigh) THEN (numberOfLamps --);
        26      RULE 5: IF (brightness WILL_BE next
                quarter_hour high) OR (brightness WILL_BE next
                quarter_hour veryHigh) AND (numberOfLamps < 0.5)
                THEN (shutterClosed ++);
                END_RULEBLOCK
```

Tabelle 35: Komplettes Regelungsbeispiel geschrieben in der Sprache Temporal Fuzzy Control Language (TFCL), um die Helligkeit in einem Büroraum zu regeln und Wartungsaufträge zu generieren.

7.1.4 Experiment

Kapitel 7.1.1 führt ein Wartungsbeispiel ein, das nun in einem simulierten Experiment eingesetzt wird. Die Randbedingungen für die Fuzzy-Regelung sind, dass die Helligkeit im Büroraum nicht unter *low* oder *veryLow* und nicht über *high* oder *veryHigh* liegt. Die Helligkeit liegt in einem Intervall von 0 (Minimum) bis 255 (Maximum). Die Regelaktivierung, ab welcher die Regeln für die Systemvariablen *numberOfLamps* und *shutterClosed* feuern, ist auf 50% gesetzt. Das heißt, die Regeln 2-5 aus Tabelle 35 feuern nur bei einer Aktivierung der Bedingungen von mehr als 50%. Betrachtet man nun die Randbedingung an die Helligkeit, die Fuzzifizierung der Helligkeit und den Schwellwert der Regelaktivierung, so bedeutet dies, dass die Helligkeit zwischen 120 und 149 liegen sollte und nicht 170 überschreiten beziehungsweise 112 unterschreiten darf.

Die Helligkeit *o* von außen, die durch das Sonnenlicht verursacht ist und in den Büroraum einstrahlt, hängt von der Tageszeit *t* ab und wird zum Beispiel durch folgende Gleichung angenähert:

$$(57) \quad o(t) = 192 \cdot \sin\left(\frac{t-5h}{14h} \cdot \pi\right) + noise$$

Die Sonne geht also um 5 Uhr auf und um 19 Uhr unter. Der höchste Sonnenstand (Helligkeitswert 192) wird um 12 Uhr erreicht. Schwankungen durch Wolken werden durch das Rauschen *noise* simuliert.

Wird eine Lampe eingeschaltet, so steigt deren abgestrahlte Helligkeit innerhalb von 15 Minuten linear von 0 auf 20 an. Wird die Lampe ausgeschaltet, so verringert sich die Helligkeit sofort auf 0.

7.1.5 Ergebnis

Die Ergebnisse der Raumsteuerung sind in Tabelle 36 gegeben. Abbildung 48 beziehungsweise Abbildung 50 zeigen den Helligkeitsverlauf mit klassischer Fuzzy-Regelung beziehungsweise mit temporaler Fuzzy-Regelung. In der Tabelle ist zu sehen, dass der Fehler bei der atemporalen klassischen Fuzzy-Regelung nicht Null ist. Auch liegt der Durchschnitt der Helligkeit nicht so nah am Optimum, wie der Durchschnitt bei der temporalen Fuzzy-Regelung.

Kriterium	*Atemporal*	*Temporal*	*Optimum*
Min / Max	59 / 79	64 / 79	60 / 80
Durchschnitt	68	69	70
Standardabweichung	2,5	2,7	0
Fehler	0,11	0	0

Tabelle 36: Ergebnisse für die Helligkeitswerte aus den Experimenten.

Ziel ist es, die Helligkeit im Bereich 60% bis 80% zu halten. Diese Vorgabe wird von der klassischen Fuzzy-Logik nicht eingehalten. Zum Zeitpunkt $t = 142000$ ist die Helligkeit das erste Mal unter dem Minimum von 60%. Dies geschieht, weil die Außenhelligkeit zu diesem Zeitpunkt sehr schnell abnimmt. Die klassische Fuzzy-Regelung reagiert nicht schnell genug auf diese Änderung. Die temporale Fuzzy-Logik dagegen errechnet den zukünftigen Verlauf der Helligkeit, wie in Abbildung 49 dargestellt, und erkennt einen schnellen Helligkeitsabfall oder -anstieg rechtzeitig und schaltet schon frühzeitig weitere Lampen ein oder aus.

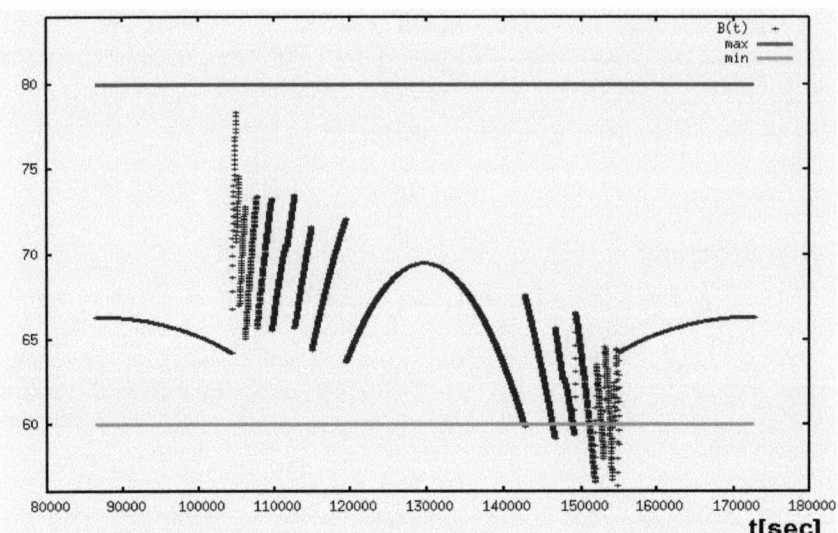

Abbildung 48: Experimentelle Ergebnisse für einen kompletten 24 Stunden-Tag ohne Vorhersage für den Helligkeitsverlauf B(t) im Büro. Die maximal und minimal gewünschten Helligkeiten sind durch die horizontalen Linien bei Helligkeit gleich 60% und 80% dargestellt.

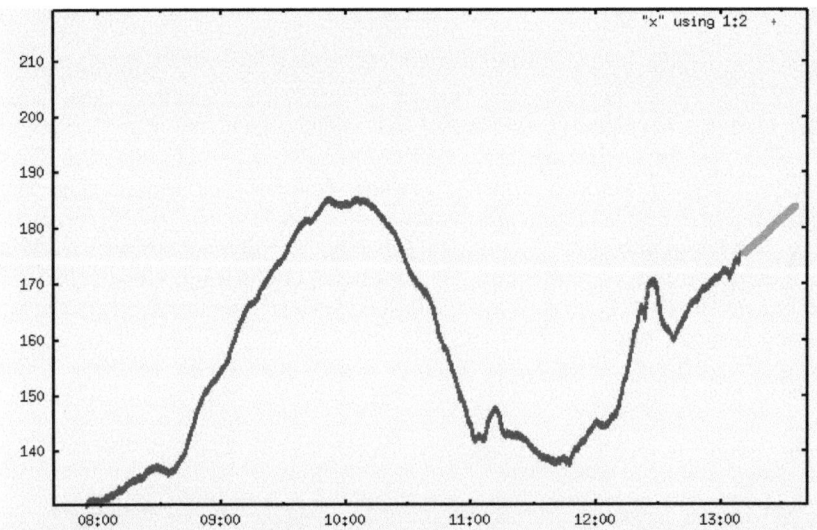

Abbildung 49: Aufgezeichneter Helligkeitsverlauf von 7:50 Uhr bis 13:10 Uhr. Der Verlauf von 13:10 bis 13:40 ist eine Prognose mit der Gewichteten-Linearität.

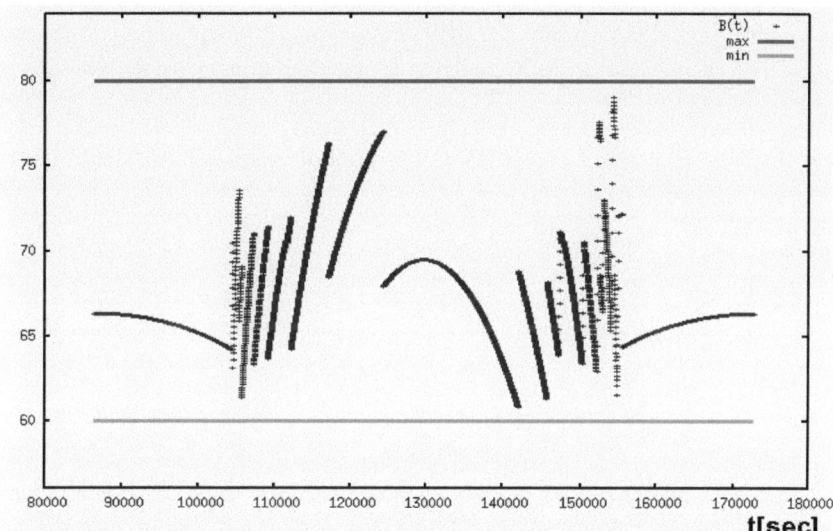

Abbildung 50: Experimentelle Ergebnisse für einen kompletten 24 Stunden-Tag mit Vorhersage für den Helligkeitsverlauf B(t) im Büro. Die maximal und minimal gewünschten Helligkeiten sind durch die horizontalen Linien bei Helligkeit gleich 60% und 80% dargestellt.

7.2 Effiziente Fuzzy-Bild- und Videoverarbeitung

Ein weiteres mögliches Einsatzgebiet der temporalen Fuzzy-Logik ist die Bild- und Videoverarbeitung. Auch hier ist es möglich, Aufgaben mit einfachen Regeln zu definieren. In dieser Arbeit wird das Verfahren dabei auf Pixel- und regionenorientierte Filter zur Verarbeitung von Bildern beschränkt. Globale Bildbearbeitung ist durch Fuzzy-Logik zwar auch möglich, aber dann wird kein MIMO (multi input, multi output) System mehr genutzt, also auch nicht mehr der in Kapitel 5 vorgestellte Regler. Da dieser Regler aber zur Bild- und Videoverarbeitung eingesetzt wird, werden globale Filter nicht weiter betrachtet. Weiterführende Informationen zu globalen Fuzzy Filtern zur Bildverarbeitung beschreibt [Tizhoosh98].

Ebenfalls soll diese Arbeit nicht mit den in der Computergrafik bekannten und effizienten Algorithmen zur Bildverarbeitung konkurrieren. Es kann durchaus Situationen geben, in denen es einfacher ist, ein Problem mit diesen klassischen Methoden zu lösen. Wird in einer Situation eine Lösung mittels Fuzzy-Logik gesucht, dann wird die Lösung eines Problems in Fuzzy-Regeln formuliert und ist so auch leichter verständlich. Dass dies auch zu effizienten Lösungen mit Temporaler-Fuzzy-Logik führen kann, wird in diesem Kapitel gezeigt.

7.2.1 Beschreibung der Aufgabe

Die Leistungsfähigkeit des temporalen Fuzzy-Reglers wird an einem einfachen Beispiel demonstriert – der Videoverarbeitung. Zur Lösung eines Problems wünscht man sich eine einfache Beschreibung des Problems in der Zielsprache. Hier ist dies die Temporale Fuzzy Control Language. Mit dieser Sprache ist es einfach, Aufgaben aus der Bild- und Videoverarbeitung zu beschreiben. Es können dabei Punkt- und Regionen-Orientierte Algorithmen beschrieben werden.

Wenn der temporale Fuzzy-Regler als Eingabe Helligkeitswerte aus Bildern und Videoströmen erhält und dazu Helligkeitswerte ausgibt, kann damit ein Bild bzw. ein Video verarbeitet werden. Damit kann der in den vorherigen Kapiteln vorgestellte temporale Fuzzy-Regler ohne Änderungen verwendet werden. Um nun die Leistungsfähigkeit zu zeigen, werden in der Demonstrationssoftware Live-Videobilder verarbeitet.

Um Bilder schnell und live verarbeiten zu können, müssen noch ein paar Erweiterungen vorgenommen werden. Es darf nicht der komplette Fuzzy-Regler verwendet werden. In der Mächtigkeit werden ein paar Abstriche gemacht (zum Beispiel gibt es nur die Vorhersage mit Gewichteter-Linearität) und aus den TFCL-Dateien werden automatisch C-Programme generiert, welche beim Laden der TFCL-Dateien erstellt werden. Anschließend wird der C-Code zur Laufzeit in native Maschinensprache übersetzt. Diese übersetzten TFCL-Programme führen zu einer Effizienzsteigerung mit einer Beschleunigung um den Faktor 30. Dazu mehr in Kapitel 7.2.3.

Das Ergebnis dieser Implementierung ist ein Demonstrator zum Aufzeigen der Effizienz von temporaler Fuzzy-Logik anhand von Live-Videoverarbeitung und der Möglichkeit, online Veränderungen an den TFCL-Dateien vorzunehmen.

7.2.2 Filter in TFCL

In diesem Kapitel werden exemplarisch drei verschiedene Filter zur Fuzzy-Bild und -Videoverarbeitung vorgestellt. Die Beschreibung der Filter erfolgt in TFCL. Ein grundlegender Unterschied ist, dass für die Videoverarbeitung temporale Prädikate benötigt werden. Die Zeiten dazu werden über Fuzzy-Zeit-Terme angegeben, durch welche dann Beziehungen zwischen Bildsequenzen ausgedrückt sind.

Werden keine temporalen Prädikate verwendet, so können nur einzelne Bilder nacheinander verarbeitet werden. Diese können auch als Bildfolge vorliegen, aber jedes Ausgabebild wird aus genau einem Eingabebild berechnet.

Eine typische Anwendung bei Bildern ist das Erkennen von Kanten. Umgangssprachlich formuliert ist eine Kante ein heller Pixel, der dunkle Nachbarpixel hat. Als Fuzzy-Regel geschrieben:

IF (Pixel **IS** *hell*) **AND** ((Pixel_left **IS** *dunkel*) **OR**
(Pixel_right **IS** *dunkel*) **OR** (Pixel_top **IS** *dunkel*) **OR**
(Pixel_bottom **IS** *dunkel*)) **THEN** (Pixel_output **IS** *hell*)

Werden temporale Prädikate verwendet, dann drücken die Fuzzy-Regeln Abhängigkeiten zwischen Bildern aus, die zu unterschiedlichen Zeitpunkten aufgenommen worden sind. Ein einfaches Beispiel ist das Erkennen einer Bewegung. Eine Bewegung bedeutet, dass es eine zeitliche Änderung im Bild gibt. Eine Änderung liegt bei schwarz/weiß Bildern dann vor, wenn ein Pixel jetzt dunkel ist, der zuvor hell war oder ein Pixel jetzt hell ist und zuvor dunkel war. Die Zugehörigkeitsfunktionen von jetzt und zuvor könnten dabei wie folgt aussehen:

FUZZY_TIME_TERM *jetzt*
  FACT 1: (0,1) (1,1)
  TIME 1: (-4,0) (-3,1) (0,1)
END_FUZZY_TIME_TERM

FUZZY_TIME_TERM *zuvor*
  FACT 1: (0,1) (1,1)
  TIME 1: (-9,1) (-4,1)(-3,0)
END_FUZZY_TIME_TERM

Die negative Zeitangabe in den Fuzzy-Zeit-Termen bezieht sich auf die Anzahl der Bilder in der Vergangenheit. Der Zeitpunkt −2 bezieht sich also auf das vorletzte Bild. Die Regel zum Erkennen der Bewegung:

IF (Pixel **IS**$_{TIME}$ *jetzt dunkel*) **AND** ((Pixel **IS**$_{TIME}$ *zuvor mittel*) **OR**
(Pixel **IS**$_{TIME}$ *zuvor hell*))
THEN (Pixel_output **IS** *hell*) **ELSE** (Pixel_output **IS** *dunkel*)

Mit diesem Wissen kann man nun beliebige Fuzzy-Filter für Bilder und Videoströme aufstellen. Allen gemeinsam ist die Verwendung der gleichen Bezeichnung von Ein- und Ausgabepixeln. Ein Filter wird entweder auf einen Eingabepixel Pixel_mm oder auf eine 3x3 Eingabematrix mit den neun Eingabevariablen Pixel_[l|m|r][o|m|u] angewendet. Als Ausgabe gibt es einen Pixel mit der Bezeichnung Pixel_output. Für die Fuzzifizierung und Defuzzifizierung sind immer folgende Fuzzy-Terme und Zugehörigkeitsfunktionen definiert:

```
1    FUZZIFY Pixel_*
2        TERM low  := (0, 1)(90, 0);
3        TERM med  := (0, 0)(90, 1)(255, 0);
4        TERM high := (90, 0)(255, 1);
5        RANGE := (0 .. 255);
6    END_FUZZIFY
7
```

```
 8    DEFUZZIFY Pixel_output
 9        TERM low  := (0, 1)(90, 0);
10        TERM med  := (0, 0)(90, 1)(255, 0);
11        TERM high := (90, 0)(255, 1);
12        METHOD: COG;
13        DEFAULT := 0;
14        RANGE := (0 .. 255);
15    END_FUZZIFY
```

Im Folgenden sind die Regeln und gegebenenfalls die Fuzzy-Zeit-Terme für einen Kantenfilter, Bewegungsfilter und Weichzeichner gegeben.

Kantenfilter:

```
 1    RULE 1: IF (Pixel_mm IS low) AND
 2            (((((Pixel_lm IS high)   OR
 3                (Pixel_rm IS high))  OR
 4                (Pixel_mo IS high))  OR
 5                (Pixel_mo IS high)))
 6            THEN (Pixel_output IS high);
 7    RULE 2: IF (Pixel_mm IS high) AND
 8            (((((Pixel_lm IS low)    OR
 9                (Pixel_rm IS low))   OR
10                (Pixel_mu IS low))   OR
11                (Pixel_mu IS low)))
12            THEN (Pixel_output IS low);
```

Beim Kantenfilter hat der Regler fünf Eingabepixel: einen Pixel mit seinen vier direkten Nachbarn und einen Ausgabepixel. Eine Kante wird dann erkannt, wenn die Nachbarpixel entweder deutlich heller oder deutlich dunkler als der Pixel in der Mitte sind.

Bewegungsfilter:

```
 1    VAR_SYSTEM
 2        output_Pixel actuator;
 3    END_VAR
 4
 5    FUZZY_TIME_TERM time1
 6        FACT 1: (0,1) (1,1)
 7        TIME 1: (-4,1) (0,1)
 8    END_FUZZY_TIME_TERM
 9
10    FUZZY_TIME_TERM time2
11        FACT 1: (0,1) (1,1)
12        TIME 1: (-9,1) (-5,1)
13    END_FUZZY_TIME_TERM
14
15    RULE 1: IF ((Pixel_mm WAS time2 low) AND
16             ((Pixel_mm WAS time1 high) OR
17              (Pixel_mm WAS time1 med)))
18             THEN (Pixel_output ++) WITH 255;
```

Der Bewegungsfilter hat als Eingabe einen Pixel in der Variable `Pixel_mm` und als Ausgabe auch einen Pixel. Jedoch wird vom Eingabepixel eine Historie von neun Pixeln zu dem aktuellen Pixel verwendet. Waren die Pixel im Bereich der letzten fünf bis neun Bilder dunkel und der Pixel aus dem aktuellen und den letzten vier Bildern hell, dann erhöht man den Wert der Ausgabevariable um genau die Regelaktivierung. Die Angabe „WITH 255" sorgt dafür, dass die Regelaktivierung zwischen 0 (dunkel) und 255 (hell) liegt. Da es sich bei der Ausgabevariable um eine Systemvariable handelt, gibt es in diesem Fall keine Defuzzifizierung.

Weichzeichner:

```
1    FUZZY_TIME_TERM lastFrames
2        FACT 1: (0,1) (1,1)
3        TIME 1: (-10,0.1) (0,1)
4    END_FUZZY_TIME_TERM
5
6    RULE 1: IF (Pixel_mm WAS lastFrames high)
7            THEN (Pixel_output IS high);
8    RULE 2: IF (Pixel_mm WAS lastFrames med)
9            THEN (Pixel_output IS med);
10   RULE 3: IF (Pixel_mm WAS lastFrames low)
11           THEN (Pixel_output IS low);
```

Der Weichzeichner betrachtet die letzten zehn Bilder, wobei die aktuelleren Bilder eine höhere Gewichtung haben. Das aktuelle Bild hat das Gewicht 1 und das Bild, welches vor zehn Bildern aufgenommen wurde, hat nur noch das Gewicht 0,1. Dazwischen wird linear interpoliert. Wenn mit dieser Gewichtung die erste Regel feuert, war die Helligkeit während des angegebenen Zeitraumes *hell* und der Ausgabepixel wird auf *hell* gesetzt. Regel 2 und Regel 3 setzen die Ausgabe analog auf *mittel* oder *hell*. Der Weichzeichner vermindert das Rauschen in Videos.

7.2.3 C-Code Generator

Wie schon weiter oben angesprochen, ist es nötig, aus den TFCL-Dateien C-Code zu generieren, der schneller ausgeführt werden kann. Ein wichtiger Punkt ist jedoch das online Ändern von Regeln. Dies ist bei übersetztem Code nur durch eine Änderung des Quellcodes und erneuter Übersetzung möglich. Aus diesem Grund erstellt man aus den TFCL-Dateien dynamische Bibliotheken, die während der Laufzeit eines Programms geladen und entladen werden können.

Da aus verschiedenen TFCL-Dateien dynamische Bibliotheken erstellt werden, ist es wichtig, dass alle über gemeinsame und möglichst allgemeine Schnittstellen verfügen, so dass eine Bibliothek einfach durch eine andere ausgetauscht werden kann. Die Schnittstelle ist durch folgende Funktionen definiert.

```
1   void fs_create ();
2   void fs_destroy ();
3   const char* fs_getFcl ();
4   int fs_getBacklog ();
5   void fs_evaluate ();
6   const char** fs_getInputVarList();
7   const char** fs_getOutputVarList();
8   void fs_set_* ( double value , int time);
9   double fs_get_* ();
10
11  int fs_getFilterSize ();
```

Erläuterungen zu den Schnittstellen

Nach dem Laden einer Bibliothek muss diese mit dem Funktionsaufruf `fs_create` zuerst initialisiert werden. Hiermit wird für das Fuzzy-System der nötige Speicher belegt und initialisiert. Vor dem Entladen einer Bibliothek wird mit der Funktion `fs_destroy` der belegte Speicherplatz wieder freigegeben und zuvor geöffnete Ressourcen wieder geschlossen.

Die TFCL-Datei, aus der die Bibliothek gebaut wurde, lässt sich mit der Funktion `fs_getfcl` abfragen. Da in den Bibliotheken keine Änderung an Termen oder Regeln möglich ist, wird immer der Inhalt der Datei zurückgeliefert, aus welcher die Bibliothek gebaut wurde.

Werden temporale Prädikate verwendet, so muss auch immer mindestens ein Fuzzy-Zeit-Term definiert sein. In den Fuzzy-Zeit-Termen wird angegeben, aus wie vielen vergangenen Bildern Informationen benötigt werden (siehe Fuzzy-Zeit-Term Beschreibung in Kapitel 7.2.2). Diese Anzahl kann mit der Funktion `fs_getImageBacklog` abgefragt werden. Wird zum Beispiel der Wert 11 zurückgeliefert, so bedeutet dies, dass Informationen aus dem aktuellen Bild und von zehn Bildern aus der Vergangenheit benötigt werden. Wird der Wert 1 zurückgeliefert, dann werden nur Informationen aus dem aktuellen Bild benötigt.

Ein Regler-Schritt kann mit der Funktion `fs_evaluate` berechnet werden. Dabei werden die gesetzten Eingabewerte fuzzifiziert, die Regeln ausgewertet und eine Defuzzifizierung mit der Schwerpunktmethode ausgeführt.

Mit den Funktionen `fs_getInputVarList` und `fs_getOutputVarList` können die Namen der Eingabe- und Ausgabevariablen abgefragt werden. Beide Listen sind Null-terminiert, deshalb ist keine Längenangabe der Liste `liste` nötig. Die Variablennamen werden benötigt, um daraus die Funktionsnamen zum Setzen (`fs_set_*`) beziehungsweise Auslesen (`fs_get_*`) der

Eingabe- beziehungsweise Ausgabevariablen zu bilden. Der angegebene Stern ist bei den Funktionen durch den entsprechenden Variablennamen zu ersetzen.

Eine Besonderheit bildet die Funktion fs_getFilterSize. Diese wird nur bei bildverarbeitenden Bibliotheken benötigt und gibt die Größe der Filtermatrix an, die bei einem regionenorientierten Algorithmus über das Bild gelegt wird. Ein Wert von 3 gibt an, dass die Filtermatrix die Größe 3x3 hat.

Nachdem nun die Schnittstelle zu einer Bibliothek definiert ist, gilt es noch ein paar Funktionalitäten zu nennen, welche aus prinzipiellen Gründen nicht in den Bibliotheken vorhanden sind. Dies ist meistens darin begründet, dass die Bibliotheken schnell sein müssen und deshalb keine aufwändigen Berechnungen ausführen können. Dies betrifft vor allem folgende sieben Punkte.

Es ist nicht möglich, beliebige Splines als Zugehörigkeitsfunktionen für die Fuzzy-Terme oder die Fuzzy-Zeit-Terme zu verwenden. Es können nur Dreiecksfunktionen verwendet werden. Die aufsteigend sortierten Zugehörigkeitsfunktionen dürfen mit benachbarten Zugehörigkeitsfunktionen nur maximal einen Schnittpunkt bilden. Durch diese Einschränkungen ist die Bestimmung des Schwerpunktes sehr einfach und damit schnell zu berechnen, denn es muss keine Hülle von allen aktivierten Zugehörigkeitsfunktionen bestimmt werden, sondern nur von benachbarten Zugehörigkeitsfunktionen.

Sehr wohl ist es möglich, auf Daten aus der Zukunft zuzugreifen. Aus Geschwindigkeitsgründen und da es für die Anwendung der Bildverarbeitung nicht nötig ist, wurde darauf verzichtet, Vorhersagen auf den Daten zu erlauben. Dies bedeutet, dass in den Fuzzy-Zeit-Termen keine positiven Zeiten vorkommen dürfen. Sollte eine Vorhersage nötig sein, so kann die Gewichtete-Linearität einfach in die Code-Generierung implementiert werden.

Da meistens nur die Schwerpunktmethode zur Defuzzifizierung verwendet wird, kann man auch nur diese nutzen. Andere Methoden zur Defuzzifizierung können nach Belieben implementiert werden. Da die Schwerpunktmethode jedoch durch obige Einschränkung der Zugehörigkeitsfunktionen sehr schnell ist, besteht kein Bedarf an einer anderen Methode.

In Regel-Folgerungen sind als Folgerungen nur die Zuweisung eines Fuzzy-Terms zu einer Variablen oder das Verändern von Systemvariablen mit + +, − −, und die Zuweisung einer Zahl oder des Wertes einer Ausgabevariablen erlaubt. Nicht möglich ist die Zuweisung einer Zahl zu einer Fuzzy-Ausgabevariablen, die Zuweisung des zeitlichen Aktivierungsprofiles einer Regel zu einer Fuzzy-Zeit-Term Variablen und das Wechseln eines Regelblockes mit dem GOTO-Befehl.

Da kein Wechsel zwischen Regelblöcken möglich ist und auch nicht zwischen den Regelblöcken unterschieden wird (alle Regelblöcke werden zu einem einzigen Regelblock zusammengefasst), ist nur ein Regelblock sinnvoll.

Eine Bibliothek, welche vom Demonstrator verarbeitet werden soll, darf keine beliebigen Variablennamen verwenden. Die Eingabevariablen müssen Pixel_* (* := [l|m|r][o|m|u]) und die Ausgabevariable Pixel_output heißen. Werden die Bibliotheken selbst weiterverwendet, dann ist die Namenswahl frei. Mit den Bibliotheksfunktionen fs_getInputVarList und fs_getOutputVarList können die in der TFCL-Datei definierten Variablen abgefragt werden. Der Demonstrator verlangt diese Namenskonvention.

Änderungen an Regeln, Termen und Einstellungen können nicht innerhalb der Bibliothek vorgenommen werden. Änderungen können nur durch Ändern der TFCL-Datei und Neubauen der Bibliothek erreicht werden. Diese Einschränkung vereinfacht die Datenstrukturen und spart viel bedingten Quellcode.

Alle oben genannten Einschränkungen führen zu Bibliotheken, welche sehr schnell ausgeführt werden. Sie verfügen durch die Einschränkungen zwar nicht über die gesamte Mächtigkeit der temporalen Fuzzy-Logik, aber wenn man darauf verzichten kann, ist eine deutliche Reduzierung der Ausführungszeit möglich. Bei der Fuzzy-Bild- und Fuzzy-Videoverarbeitung wurde eine Beschleunigung um den Faktor 30 im Vergleich zu interpretierten TFCL-Programmen erreicht.

7.2.4 Demonstrator

Der Demonstrator dient dazu, einen Videostream mit temporaler Fuzzy-Logik zu verarbeiten. Hierzu werden die Bilder einer Kamera (Input) verarbeitet und auf dem Bildschirm ausgegeben (Output). Als alternative Inputs können Videodateien, eine analoge Uhr oder zufälliges Rauschen verwendet werden.

Zu sehen ist in Abbildung 51 der Demonstrator mit einem Kantenfilter. Der Output ist links dargestellt, während der Input rechts angezeigt wird. Unter dem Reiter FCL kann die aktuell aktive TFCL-Datei in einem Texteditor (siehe Abbildung 52) betrachtet werden. Wird die Beschreibungsdatei verändert, so kann durch Drücken des Knopfes C++ aus dem TFCL-Quelltext ein C++ Code generiert werden, aus welchem anschließend automatisch eine Bibliothek gebaut wird. Kann die Bibliothek erfolgreich gebaut werden, wird sie auch sofort geladen und ist somit aktiv. So können Änderungen an der TFCL-Datei sehr schnell am Ausgabebild verfolgt werden.

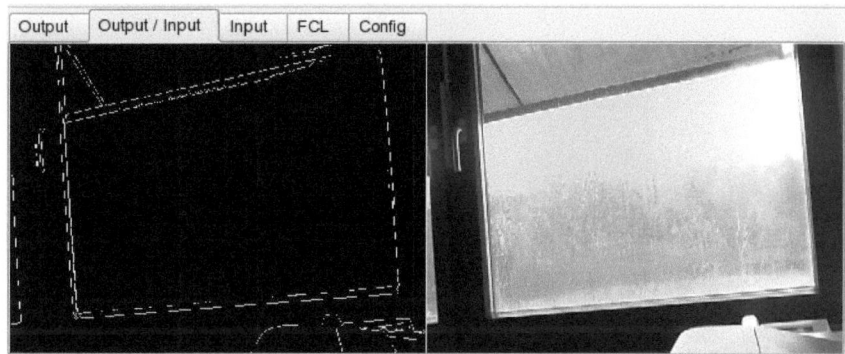

Abbildung 51: Screenshot der Demonstrationssoftware. Die Live-Aufnahme der Kamera ist rechts zu sehen, während links die Ausgabe mit dem Fuzzy-Kantenfilter zu sehen ist.

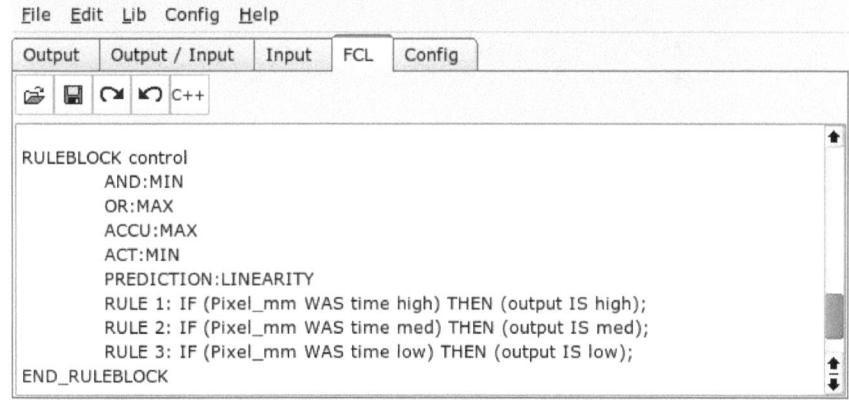

Abbildung 52: Texteditor zum Bearbeiten einer TFCL-Datei. Mit dem Knopf C++ kann aus dem Quelltext C++ Code generiert werden, aus welchem anschließend automatisch eine Bibliothek gebaut wird.

7.2.5 Ergebnis

Das Ergebnis dieses Experimentes ist ein Softwarepaket, in dem sich einfach TFCL-Dateien für die Videoverarbeitung erstellen und testen lassen. Dies wird an einem einfachen Beispiel und ein paar Filtern gezeigt. Die Möglichkeiten beschränken sich nicht auf die vorgestellten Filter. Vielmehr können beliebige Filter in Fuzzy-Regeln ausgedrückt direkt in die TFCL-Datei geschrieben werden und anhand von einem Live-Video beurteilt werden.

In Abbildung 53 ist ein Beispiel für zwei Filter gezeigt. Rechts oben ein Kantenfilter und rechts unten ein Filter, der auf Änderungen von dunkel nach hell reagiert. Letzterer ist Teil eines Bewegungsfilters, welcher auch noch auf Änderungen von hell nach dunkel reagiert.

Außerdem wird eine Schnittstelle zu den generierten Bibliotheken vorgestellt, so dass diese in eigenen Programmen verwendet werden können. Im Anhang A1.2 wird ein Programmfragment gezeigt, mit welchem eine Bibliothek geladen und verwendet werden kann.

Das Gesamtergebnis ist nicht in Zahlen fassbar, dennoch sind ein paar Fakten zu nennen. Die generierte Bibliothek ist in der Lage auf einem Pentium 4 Rechner mit 3.4GHz einen Videostream mit einer Auflösung von 320x240 Bildpunkten mit 22fps zu verarbeiten. Dabei gibt es in allen Regel-Bedingungen zusammen vier Atome. Die Angabe von Atomen ist aussagekräftiger, da diese die Berechnungszeit mehr beeinflussen als die Anzahl der Regeln.

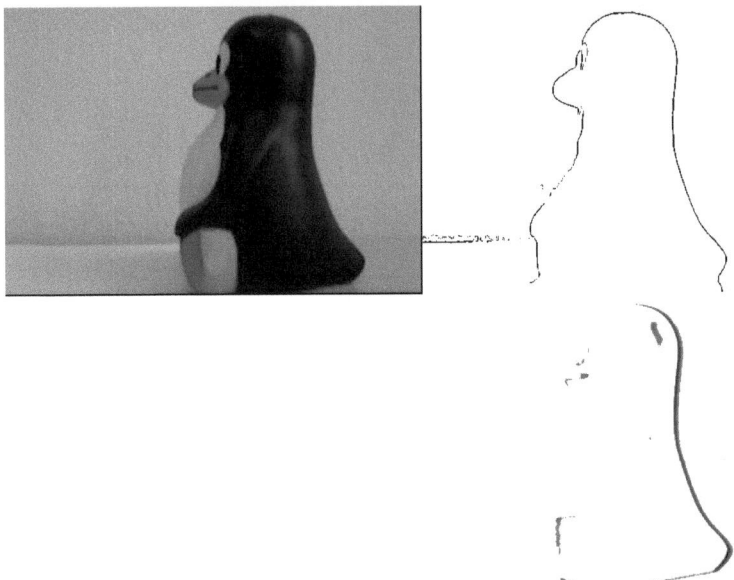

Abbildung 53: Aus einer Videoaufnahme eines sich gleichmäßig nach rechts bewegenden Pinguins (links oben) werden mittels Fuzzy-Videoverarbeitung Kanten erkannt (rechts oben) oder Änderungen von dunkel nach hell deutlich gemacht (rechts unten).

8 Gesamtergebnis und Ausblick

Dieses Kapitel fasst die einzelnen Ergebnisse zu einem Gesamtergebnis zusammen und bewertet das Gesamtresultat. Außerdem wird ein Ausblick über offene Punkte gegeben.

Durch den Stand der Forschung wurde gezeigt, dass es zwar viele Ansätze gibt, welche die Zeit in der Fuzzy-Logik verwenden, aber es waren meistens Ansätze, welche explizit auf ein bestimmtes Aufgabengebiet zugeschnitten waren. An den verschiedenen Ansätzen wurde gezeigt, auf welche Art und Weise diese Ansätze die Zeit in einem Fuzzy-Regler oder in einer Fuzzy-Regel verwenden. In keiner anderen Arbeit wurde ein systematischer Ansatz gewählt, bei welchem die Fuzzy-Logik Prädikate so erweitert werden, dass diese zeitliche Abhängigkeiten modellieren können. Bei einem Vergleich von Prädikaten-Logik, Fuzzy-Logik und Temporal-Logik wurde erarbeitet, dass Fuzzy-Logik und Temporal-Logik beide eine Erweiterung der Prädikaten-Logik sind. Die Fuzzy-Logik erweitert die Prädikaten-Logik um Unschärfe. Die Temporal-Logik erweitert sie um zeitliche Modellierungen.

Es wurde gezeigt, dass es möglich ist, entweder die Fuzzy-Logik mit temporalen Prädikaten oder die Temporal-Logik um die Unschärfe zu erweitern, so dass auf beiden Wegen die so genannte Temporale-Fuzzy-Logik entsteht. Die neuen Prädikate IS_{TEMP}, $IS_{EXITSTS}$, **SINCE** und **UNTIL** wurden definiert und positiv auf ihre Tauglichkeit als temporale Fuzzy-Prädikate anhand der Normierung, der Stetigkeit und des Komplement geprüft. Anschließend wurde gezeigt, dass die neuen Prädikate mit Fuzzyfizierung, Inferenz, Komposition und Defuzzifizierung mittels effizienter Schwerpunktbestimmung in einem Temporalen-Fuzzy-Regler verwendet werden können.

Die temporalen Fuzzy-Prädikate sind eine Eins-zu-Eins-Abbildung der temporalen Prädikate aus der Temporal-Logik, welche nach [Karjoth87] vollständig sind, das heißt mit ihnen können Bedingungen und Aussagen über den gesamten Zeitbereich erstellt werden. Somit sind die temporalen Fuzzy-Prädikate ebenfalls vollständig. Des Weiteren ist deren Auswertung bezüglich der Rechenzeit effizient.

Diese temporale Erweiterung ermöglicht die Modellierung von zeitlichen Abhängigkeiten von Ereignissen und kann in einem Temporalen-Fuzzy-Regler zur Überwachung, Regelung und Wartung eingesetzt werden. Dies wurde in einem Regelungs- und Wartungsbeispiel, in welchem ein Benutzer über defekte Lampen informiert wird, gezeigt. Die temporale Regelung war besser als die atemporale, da die temporale Regelung deutlich früher reagierte und durch die Vorhersage auch nicht unnötig Lampen eingeschaltet wurden. Ein weiteres Beispiel war eine durch Fuzzy-Regeln zu programmierende Bildverarbeitungssoftware. Hier wurde eine Bibliothek erstellt, so dass die Bildverarbeitung mit TFCL Dateien gesteuert sehr einfach in jedes Programm eingebunden werden kann. Außerdem wurde gezeigt, dass Temporale-Fuzzy-Logik durch Übersetzen der TFCL Dateien in Maschinencode sehr effizient arbeiten kann. Die Mächtigkeit der Bibliothek ist aber begrenzt. Zum Beispiel kann keine Vorhersage ausgeführt werden. Fuzzy-Terme können nur Dreiecksfunktionen sein und Variablennamen sind nicht frei wählbar.

Die zeitlich erweiterten Prädikate und Fuzzy-Terme können nur dann eingesetzt werden, wenn Zeitreihen und nicht nur aktuelle Daten vorhanden sind. Werden Zeitreihen aufgezeichnet, so können die Prädikate vergangene Daten verarbeiten. Sollen die Prädikate jedoch auf zukünftige Informationen zugreifen, so müssen die Zeitreihen extrapoliert werden. Hierfür wurde sehr wenig Modellwissen vorausgesetzt. Die zeitlichen Verläufe müssen mit bekannten Schranken begrenzt und mit einfachen Funktionen angenähert werden können. Die Vorhersage ist die Voraussetzung für Prädikate, welche auf Daten in der Zukunft zugreifen. In den Beispielen waren die Voraussetzungen erfüllt und es konnten auch Aussagen wie „Helligkeit IS_{TEMP} *morgen hell*" formuliert werden. Sind bei einer Anwendung die Voraussetzungen nicht erfüllt, dann müssen andere Funktionen zur Vorhersage mit dem Downhill-Simplex erstellt werden, damit der Temporale-Fuzzy-Regler funktionieren kann.

Möglichkeiten zur Vorhersage bietet die hier entwickelte Gewichtete-Linearität, welche kurzzeitige Vorhersagen treffen kann. Ist der aktuelle Verlauf nicht mit der Gewichteten-Linearität vorherzusagen, weil sich dieser gerade nicht linear verhält oder eine langfristige Vorhersage benötigt wird, so wird dies von der Autokorrelation erkannt und es kann die Vorhersage mit einem Downhill-Simplex berechnet werden. Der Downhill-Simplex gleicht einen Satz von in dieser Arbeit erstellten Funktionen an den vergangenen Verlauf an und erstellt mit dem daraus gewonnen weiteren Verlauf der am besten passenden Funktion eine Vorhersage. Der Vorteil der Gewichteten-Linearität ist ihre konstant geringe Laufzeit, wodurch der Algorithmus auch auf Mikrocontrollern realisiert werden kann. Dagegen ist die Genauigkeit der Vorhersage beschränkt. Wenn mehr Rechenleistung zur Verfügung steht, kann der Downhill-Simplex Algorithmus eingesetzt werden.

Als ungeeignete Vorhersagemethode hat sich der Palit-Algorithmus gezeigt. Dieser verwendet zur Vorhersage ebenfalls die Fuzzy-Logik. Mit diesem Algorithmus hätte sich ein temporaler Fuzzy-Regler ergeben, welcher nur Fuzzy-Logik verwendet, sowohl zur Vorhersage als auch zur Regelung. Dies war durch das schlechte Ergebnis mit dem Palit-Algorithmus nicht möglich.

Mit den temporalen Prädikaten und den Vorhersagemethoden wurde die Fuzzy-Control-Language (FCL) erweitert zur Temporal-Fuzzy-Control-Language (TFCL). Mit dieser lassen sich temporale Fuzzy-Regler einfach beschreiben. Ein solcher Regler wurde in einer Simulation des Inversen-Pendels mit einem klassischen Fuzzy-Regler und PID-Reglern verglichen. Je nachdem, welche Kriterien wichtig sind, ist der temporale Fuzzy-Regler keinesfalls schlechter als der klassische Fuzzy-Regler und bei einigen Kriterien auch besser als ein PID- Regler. Insbesondere ist der Energiebedarf und der Verschleiß deutlich geringer als beim PID-Regler.

Das Ergebnis dieser Arbeit ist die einfach zu erlernende Beschreibungssprache Temporal-Fuzzy-Control-Language (TFCL), welche die Temporale-Fuzzy-Logik mit den temporalen Fuzzy-Prädikaten IS_{TIME} und $IS_{EXISTED}$ verwendet. Die Prädikate können auch durch die Makros **WAS**, **WILL_BE**, usw. ersetzt werden. Außerdem ist gezeigt, dass die temporale Fuzzy-Logik praktisch und vielfältig zum Beispiel zur Regelung und zur Videoverarbeitung eingesetzt werden kann.

Obwohl die Arbeit in sich abgerundet ist, gibt es weitere Themen, welche noch untersucht werden können. So ist ein System denkbar, welches zur Vorhersage, wie sie mit dem Palith-Algorithmus angedacht war, nur Fuzzy-Logik verwendet. Ob dies überhaupt möglich ist, ist ein zu klärender Punkt.

Auch wenn die Vorhersagemethoden wie die Gewichtete-Linearität und der Downhill-Simplex mit den gewählten Fit-Funktionen hier in allen Experimenten und Beispielen gute Ergebnisse erzielt haben, so gibt es mit Sicherheit noch andere Extrapolationsmethoden, die zu untersuchen wären. Fragestellungen nach Vorhersagen, die selbst entscheiden können, wie eine Vorhersage aussieht oder Heuristiken, wie eine Vorhersage gemacht werden kann, würden die Qualität der temporalen Fuzzy-Regelung erhöhen.

Bei dem Experiment mit dem Inversen-Pendel stellte sich aus der Simulation heraus, dass der Energiebedarf und der Verschleiß an einem System niedriger ist, wenn die Temporale-Fuzzy-Logik anstatt einem PID-Regler eingesetzt wird. Diese Aussage gilt es in realen und allgemeineren Untersuchungen zu verifizieren. Ob und wie viel Energieersparnis eine Fuzzy-Regelung bringt oder um wie viel größer Wartungsintervalle werden, wenn der Verschleiß geringer ist, sind zwei Fragen, deren Antwort industriellen Anwendungen einen profitablen Vorteil bringen könnten.

Bei der temporalen Fuzzy-Bildverarbeitung kann die Bibliothek noch erweitert werden, so dass der Unterschied in der Mächtigkeit zwischen interpretierten und kompilierten TFCL Programmen geringer wird oder nicht mehr vorhanden ist. In diesem Schritt ist auch eine Loslösung von der Bildverarbeitung möglich, so dass alle möglichen TFCL Dateien von der Bibliothek verarbeitet werden können. Dies würde die Leistungsfähigkeit des temporalen Fuzzy-Reglers steigern. Außerdem kann der Übersetzer dann so erweitert werden, dass aus einer TFCL Datei ein Programm für einen Mikrocontroller erstellt wird, so dass TFCL einfach, ohne einen PC, verwendet werden kann.

A. Anhang

A. Softwarebeschreibung

A.1. Temporaler-Fuzzy-Regler

Beispiel einer Implementierung eines Programms, welches den temporalen Fuzzy-Regler verwendet. Der Fuzzy-Regler wird mit der Header-Datei `FuzzySystem.h` und der Bibliothek `FuzzySystem.a` eingebunden. Die Angaben von Variablen-, Datei- und Verzeichnisnamen müssen an die eigenen Bezeichnungen angepasst werden.

```
1   #include "FuzzySystem.h"
2
3   FuzzySystem* fs = NULL;
4   fs = new FuzzySystem ( "configfolder", "datafolder");
5   fs->loadFCL ("file.fcl");
6
7   Variable varin = &fs->getInputVariable ( fs->getIndexOfVariable ("invarname"));
8   Variable varout = &fs->getOutputVariable ( fs->getIndexOfVariable ("outvarname"));
9
10  // Setze neue Werte zu den Zeitpunkten
11  // -3000ms bis 0ms
12  varin->setNewValue (value0, -3000);
13  varin->setNewValue (value1, -2000);
14  varin->setNewValue (value2, -1000);
15  varin->setNewValue (value3, 0);
16
17  fs->evaluate("", false);
18  output = varout->getCurrentValue();
19
20  delete fs;
```

A.2. Dynamische Bibliotheken

Dargestellt ist ein Programmfragment, welches eine Fuzzy-Bibliothek zur Bildverarbeitung schließen (closeLib), öffnen (openLib) und verwenden (useLib) kann.

```
1   // Verweis auf die Bildverarbeitungsbibliothek
2   void* lib;
3
4   // Eingabebilder
5   char inputPixel[width, height,maxBacklog];
6
7   // Verweise auf Funktionen aus der Bibliothek
8   void          (*fs_create)        ();
9   void          (*fs_destroy)       ();
10  const char*   (*fs_getFcl)        ();
11  double        (*fs_get_output)    ();
12  int           (*fs_getFilterSize) ();
13  int           (*fs_getBacklog)    ();
14  void          (*fs_evaluate)      ();
15  void          (*fs_set_Pixel_mm)  (double,int);
16
17  // Schließen der geöffneten Bibliothek
18  void closeLib ()
19  {
20    if (fs_destroy!=NULL) fs_destroy();
21    dlclose (lib);
22    lib = NULL;
23  }
24
25  // Öffnen der Bibliothek filename
26  bool openLib (const char* filename)
27  {
28    if (lib != NULL)
29    {
30      closeLib ();
31    }
32
33    lib = dlopen( filename, RTLD_LAZY);
34    if (lib == NULL) { return false; }
35    else
36    {
37      fs_create =
38        (void (*)()) dlsym(lib, "fs_create");
39      fs_destroy =
40        (void (*)()) dlsym(lib, "fs_destroy");
41      fs_getFcl =
42        (const char* (*)()) dlsym(lib, "fs_getFcl");
43      fs_getBacklog =
44        (int (*)()) dlsym(lib, "fs_getBacklog");
45      fs_getFilterSize =
```

```
46        (int (*)()) dlsym(lib, "fs_getFilterSize");
47      fs_get_output =
48        (double (*)()) dlsym(lib, "fs_get_output");
49      fs_evaluate =
50        (void (*)()) dlsym(lib, "fs_evaluate");
51      fs_set_Pixel_mm =
52        (void (*)(double,int))
53         dlsym(lib, "fs_set_Pixel_mm");
54
55      if (fs_create == NULL ||
56          fs_destroy == NULL ||
57          fs_getFcl == NULL ||
58          fs_get_output == NULL ||
59          fs_evaluate == NULL ||
60          fs_set_Pixel_mm == NULL)
61      { return false; }
62      else
63      {
64        fs_create ();
65        return true;
66      }
67   }
68 }
69
70 // Beispiel zum Verwenden der Bibliothek
71 void useLib ()
72 {
73   if (lib == NULL) return;
74
75   for (int k=0; k<imageBacklog; k++)
76     fs_set_Pixel_mm (inputPixel[x,y,k], k);
77
78   fs_evaluate();
79   int n = (int)fs_get_output();
80 }
```

B. Verzeichnisse

B.1. Abbildungsverzeichnis

Abbildung 1: Regelkreis mit Eingängen (Führungsgröße, Störgröße) und Ausgängen (Istwert, Regeldifferenz, Reglerausgangsgröße) nach Abbildung 1.5.1 aus [Unbehauen07] 2
Abbildung 2: Die Linguistische Variable Körpertemperatur mit den Fuzzy-Termen normal, erhöht, hoch und fiebrig 14
Abbildung 3: Die Fuzzy-Terme niedrig und hoch 16
Abbildung 4: In der Fuzzy-Regelung werden scharfe Eingabevariablen durch die Fuzzifizierung zu unscharfen Fuzzy-Variablen. Die Inferenz bestimmt den Aktivierungsgrad der unscharfen Ausgabevariablen. Durch Komposition und Defuzzifizierung erhält man schlussendlich einen scharfen Ausgabewert 17
Abbildung 5: Die Fuzzy-Terme niedrig beziehungsweise hoch bei einer Aktivierung von 50% beziehungsweise 25%. Dargestellt sind die Kompositionen für Singletons (links), Produkt (mittig) und Minimum (rechts) 20
Abbildung 6: Links ein Fuzzy-Regler mit Zeit als weiterer Eingabevariable. Rechts ein Fuzzy-Regler ohne Zeit als Eingabevariable, dafür aber mit einer Datenbank zum Aufzeichnen von Sensordaten und einem „Orakel" zum Vorhersagen von in der Zukunft liegenden Sensordaten 23
Abbildung 7: Überblick über die Parallelschaltung der drei Teilbereiche Hardware, Mensch und Software des Überwachungssystems und des vorausschauenden Wartungssystems mit Zugriff auf gemeinsame Wissensbasis 29
Abbildung 8: Screenshot der Demonstrationssoftware für die Videoverarbeitung. Links Ausgabebild, rechts Eingabebild 31
Abbildung 9: Aufgezeichnete Sensordaten D(t) bis zum Zeitpunkt tC. Die Frage ist, wie der zukünftige Verlauf der Sensordaten aussieht 38
Abbildung 10: Bifurkationsdiagramm der Logistic Map mit den Häufungspunkten h(a) der Folge $x_{t+1} = x_t a(1-x_t)$ 40
Abbildung 11: Beispielhafte Zugehörigkeitsfunktionen in Abhängigkeit von der Zeit. Einmal für scharfen Fakt und scharfe Zeit (links) und einmal für unscharfen Fakt und unscharfe Zeit (rechts) 57

Abbildung 12: Die Fuzzy-Zeit-Terme „in einer Stunde" (links) und „in der nächsten Stunde" (rechts)..58

Abbildung 13: Für einen Regler mit um d vorhergesagten Eingabedaten ist t0 die aktuelle Zeit, während tC die aktuelle Zeit für den Prozess ist. 59

Abbildung 14: Links: Fuzzy-Zeit-Term, der den Verlauf einer Aktivierung über die Zeit mit einem Schwellwert S anzeigt. Rechts: Darstellung des Fuzzy-Terms none..61

Abbildung 15: Fuzzy-Zeit-Terme (z. B. gestern, heute und morgen) liegen auf der Zeit-Achse t und Fuzzy-Terme (z. B. hoch) liegen auf der Fakt-Achse x. Die z-Achse gibt die Aktivierungsgrade von Fuzzy-Zeit-Termen und Fuzzy-Termen an..61

Abbildung 16: Dargestellt sind zwei Regeln (je eine links oben und links unten) mit je zwei zeitlichen Prädikaten (je einem Fuzzy-Term pro Achse) als Bedingung und je einem zeitlichen Prädikat als Folgerung (Mitte oben und unten). Feuern beide Regeln zu jeweils ca. 20% und 80%, so ergibt sich nach Komposition oben rechts dargestellte Aktivierung mit eingezeichneter Schwerpunktlinie. Für die aktuelle Zeit ergibt sich so ein Ausgabewert xs(t)..64

Abbildung 17: Die Eingabedaten S(t) fuzzifiziert mit µfact und zeitlich aktiviert mit µtime ergeben die Gesamtaktivierung µfact µtime. Der Aktivierungsgrad des Prädikates ISTEMP ist das Verhältnis der beiden Flächen...66

Abbildung 18: Die Eingabedaten S(t) fuzzifiziert mit µfact und zeitlich aktiviert mit µtime ergeben die Gesamtaktivierung µfact µtime. Der Aktivierungsgrad des Prädikates ISEXISTS ist das Maximum der Gesamtaktivierung...67

Abbildung 19: Die Eingabedaten S i(t) und S j(t) werden nach ihrer Fuzzifizierung mit µftA und µftB miteinander verglichen. Je näher die sprunghaften Aktivierungen beieinander liegen, desto geringer ist der Abstand t0 und desto mehr schlagen die Prädikate SINCE (in der Abbildung dargestellt) und UNTIL an......................................69

Abbildung 20: Bei dem Integral I(xi) gibt xi an, wie nah xi an xn-1 liegt. Dies wird durch die untere Kurve gezeigt, welche den Wert des normalisierten Integrals angibt. Dieser Wert entspricht dem Aktivierungsgrad des Prädikates SMALLER..73

Abbildung 21: Temporale Fuzzifizierung...77

Abbildung 22: Fuzzy-Terme für die Fuzzy-Variable Temperatur der Eingabevariablen (links) und die Fuzzy-Variable Kraft der Ausgabevariablen (rechts) mit low = 18N und high = 30N..............................78

Abbildung 23: Aktivierung über die Zeit nicht interpoliert (unstetige Funktion) und interpoliert (stetige Funktion)..84

Abbildung 24: Temporale Inferenz und temporale Komposition....................87
Abbildung 25: Temporale Komposition mit defuzzifizierter Ausgabe als graue Schwerpunktlinie. Die Ausgabe zu einem festen Zeitpunkt t0 ist durch einen schwarzen Punkt gekennzeichnet.............................88
Abbildung 26: Funktion f(x) mit zwei linearen Teilstücken (n=2) und sechs Diskretisierungen (m=6). Das graue Dreieck gibt den Fehler F zwischen exakter und stückweiser diskreter Integration an.................89
Abbildung 27: Berechnung der Hülle ft1+2 der Fuzzy-Terme ft1 und ft2 über das Zwischenergebnis ft1 + ft2...91
Abbildung 28: Die Kreise stellen Schnittpunkte mit den vertikalen Verlängerungen der Stoßpunkte anderer Geraden dar..................................92
Abbildung 29: Vergleich des Rechenaufwandes in Abhängigkeit von der Anzahl n der Geraden in allen Fuzzy-Termen zusammen. Verglichen wird die Berechnung mit Hülle (schnelle Schwerpunktbestimmung) und ohne Hülle (klassische Schwerpunktbestimmung).................97
Abbildung 30: Zeitliche Defuzzifizierung. Links: 3D Ansicht mit zwei Ausgabe-Termen (rot und blau) und Schwerpunktlinie S(t) entlang der Zeitachse t. Rechts: Wie links, jedoch 2D Ansicht und mit eingezeichneten Fuzzy-Termen und Fuzzy-Zeit-Termen........................99
Abbildung 31: Helligkeitsverlauf der Sonneneinstrahlung gemessen mit einem Photosensor. Ab 15 Uhr mit vielen Störungen durch vorbeiziehende, dichte Wolken..104
Abbildung 32: Vorhersage einmal mit Gleichverteilung der Gewichte (gi = 1, Rauten) und einmal mit stärkerer Gewichtung der aktuelleren Werte wie in Formel (40) angegeben (Rechtecke)...........................107
Abbildung 33: Ausschnitt aus den Berechnungen für Abbildung 32. Der Verlauf wird mit einer Steigung von 0,065 als linear erkannt. Außerdem wird angegeben, dass bei aktuellem Verlauf der gesetzte Grenzwert von 20 in knapp 200 Zeiteinheiten überschritten wird. 107
Abbildung 34: Der Wertebereich von X wird in mehrere Regionen FT0 bis FT6 unterteilt. Bei einer Rückschau der Länge R = 2 betrachtet man drei aufeinander folgende Messwerte X0, X1 und Y. Diese liegen dann in einem oder zwei der durch die Fuzzy-Terme gebildeten Regionen. Hier liegen diese zu 100% in den Regionen FT2 und FT3 und bilden die Regel: IF X0 IS FT2 AND X1 IS FT2 THEN Y IS FT3. 112
Abbildung 35: Schwerpunkte xs bei zwei Arten von Fuzzy-Termen für den Palit-Algorithmus. Links, wenn kein Fuzzy-Term außerhalb des Intervalls [m, M] liegt und rechts, wenn ein offener Fuzzy-Term für die Randbereiche gewählt wird..114

Abbildung 36: Optimalerweise werden die Fuzzy-Terme am Rand des Intervalls [m, M] so gewählt, dass deren Schwerpunkte genau auf den Intervallgrenzen liegen..115

Abbildung 37: Modifizierte Fuzzy-Terme zum Palit-Algorithmus. Vergleiche dazu die äußersten Fuzzy-Terme..116

Abbildung 38: Zeitreihe X, welche durch den Palit-Algorithmus nicht vorhergesagt werden kann. Die Eingabedaten der beiden MISOs sind identisch, aber die Folgerungen sind unterschiedlich..........................119

Abbildung 39: Sinus-Funktion (durchgängig) und um $\Delta x=20°$ verschobene Sinus-Funktion (gestrichelt). Der Ähnlickkeitskoeffizient ist rk = 0,940...121

Abbildung 40: Oben: Verlauf einer sich periodisch wiederholenden Folge von Datenpunkten Xi. Unten: Der dazugehörige Verlauf des Ähnlickkeitskoeffizienten rk in Abhängigkeit von k. An den alle 100 Werte auftretenden Scheitelpunkten ist eine Periodenlänge von 100 zu sehen...122

Abbildung 41: Mit dem Downhill-Simplex wird ein Sinus (gestrichelt) iterativ an den gegebenen Sinus (nicht gestrichelt) angepasst. Gezeigt ist der Downhill-Simplex nach 0 (oben links), 150 (oben rechts), 300 (unten links) und 450 (unten rechts) Iterationen.........................125

Abbildung 42: Die gegebene (zu lernende) Funktion ist in jedem der sechs Diagramme fett dargestellt. Links von currentTime ist die Lernphase, rechts davon die Vorhersage. Die zu lernenden Funktionen sind eine linear ansteigende Funktion (a), ein Ausschnitt aus einem Sinus (b), ein Sinus plus einen linearen Anteil (c), ein Sinus plus einen höherfrequenten Sinus mit kleiner Amplitude (d), eine Sägezahn-Funktion (e) und die Weierstraß-Funktion (f)......................126

Abbildung 43: Ein temporaler Fuzzy-Regler mit den direkten Schnittstellen Input, Output und der Regel-Datenbank und den indirekten Schnittstellen zur Daten-Datenbank (Historie der Daten) und „Orakel" zur Vorhersage von Daten. Die indirekten Schnittstellen gibt es nur bei temporalen Fuzzy-Reglern...137

Abbildung 44: Inverses Pendel der Masse m2 und des Massenschwerpunkts S auf einem Stabwagen der Masse m1. Der Wagen wird mit der Kraft F beschleunigt, um die Auslenkung 4 des Stabes der Länge 2l zu reduzieren. Der Stab wird von der Kraft g nach unten gezogen.. 148

Abbildung 45: Auslenkungs- und Kraftverläufe des Stabwagens für fünf verschiedene Regler: P-, PI-, PID-, FCL- und TFCL-Regler. Die Kraft ist grün und die Auslenkung rot..158

Abbildung 46: Die Effizienz E(T) einer Komponente kann mit der Genauigkeit $\Delta+$ bestimmt werden. Der Zeitpunkt t, zu welchem E(t) unter den

Grenzwert G sinkt, kann nur mit der Genauigkeit Δ– angegeben werden..162

Abbildung 47: Vernetzung aller elektrischer Geräte wie Lampen, Heizung, Klimaanlage, Jalousien in einem Haushalt mit eibPort Technologie (realisiert von http://www.bab-tec.de)..168

Abbildung 48: Experimentelle Ergebnisse für einen kompletten 24 Stunden-Tag ohne Vorhersage für den Helligkeitsverlauf B(t) im Büro. Die maximal und minimal gewünschten Helligkeiten sind durch die horizontalen Linien bei Helligkeit gleich 60% und 80% dargestellt..174

Abbildung 49: Aufgezeichneter Helligkeitsverlauf von 7:50 Uhr bis 13:10 Uhr. Der Verlauf von 13:10 bis 13:40 ist eine Prognose mit der Gewichteten-Linearität..174

Abbildung 50: Experimentelle Ergebnisse für einen kompletten 24 Stunden-Tag mit Vorhersage für den Helligkeitsverlauf B(t) im Büro. Die maximal und minimal gewünschten Helligkeiten sind durch die horizontalen Linien bei Helligkeit gleich 60% und 80% dargestellt.......175

Abbildung 51: Screenshot der Demonstrationssoftware. Die Live-Aufnahme der Kamera ist rechts zu sehen, während links die Ausgabe mit dem Fuzzy-Kantenfilter zu sehen ist. 183

Abbildung 52: Texteditor zum Bearbeiten einer TFCL-Datei. Mit dem Knopf C++ kann aus dem Quelltext C++ Code generiert werden, aus welchem anschließend automatisch eine Bibliothek gebaut wird......183

Abbildung 53: Aus einer Videoaufnahme eines sich gleichmäßig nach rechts bewegenden Pinguins (links oben) werden mittels Fuzzy-Videoverarbeitung Kanten erkannt (rechts oben) oder Änderungen von dunkel nach hell deutlich gemacht (rechts unten)..................................184

B.2. Tabellenverzeichnis

Tabelle 1: Verknüpfung von zwei Aussagen A und B mit den wichtigsten Funktionen Und ($\wedge$), Oder ($\vee$), Implikation ($\rightarrow$), Äquivalenz ($\equiv$) und Antivalenz ($\oplus$), wobei 1 für wahr und 0 für falsch steht....................6

Tabelle 2: Verschiedene AND- und OR-Operatoren für unscharfe Mengen.....18

Tabelle 3: Berechnung des scharfen Ausgabewertes für das oben angeführte Beispiel in Abhängigkeit der Defuzzifizierungs- und Kompositionsmethode....................21

Tabelle 4: Beispielregeln aus der Wissensbasis für das Überwachungssystem. 27

Tabelle 5: Beispielregeln aus der Wissensbasis für das Wartungssystem..........27

Tabelle 6: Aufteilung von Logiken in vier unterschiedliche Klassen: in scharfe bzw. unscharfe und temporale bzw. atemporale. Für drei Klassen gibt es bekannte Beispiele. Für die unscharfe, temporale Klasse stellt sich jedoch die Frage, welche Logiken in diese fallen....................42

Tabelle 7: Einordnung der Temporalen-Fuzzy-Logik in Bezug zur scharfen/unscharfen beziehungsweise atemporalen/temporalen Logik................56

Tabelle 8: Historie für alle vier Eingabevariablen. Die Daten werden alle 5 Minuten aufgezeichnet und für eine Stunde gespeichert.......................78

Tabelle 9: Fuzzifizierung aller Eingabedaten mit dem Fuzzy-Term cold der Fuzzy-Variablen Temperature. Angegeben ist die prozentuale Aktivierung....................78

Tabelle 10: Fuzzifizierung aller Eingabedaten mit dem Fuzzy-Term medium der Fuzzy-Variablen Temperature. Angegeben ist die prozentuale Aktivierung....................79

Tabelle 11: Fuzzifizierung aller Eingabedaten mit dem Fuzzy-Term hot der Fuzzy-Variablen Temperature. Angegeben ist die prozentuale Aktivierung....................79

Tabelle 12: Zeitliche Aktivierung der Fuzzy-Zeit-Terme lastHour und oneHourAgo....................79

Tabelle 13: Aktivierung der Bedingungen....................79

Tabelle 14: Ein Beispiel für die Berechnung von Punkt-vor-Strich (AND vor OR). Es wird A1 AND A2 OR A3 AND A4 OR A5 AND A6 AND A7 = 0.5 berechnet....................81

Tabelle 15: Kommentierung der einzelnen Rechenschritte aus Tabelle 14. Steht in einem Register „---", dann wird der Wert des Registers in diesem Schritt nicht verändert. Das Ergebnis der Berechnung steht in v2.....81

Tabelle 16: Aktivierung in Abhängigkeit der gewählten Kompositionsmethode. 83

Tabelle 17: Ergebnis der Komposition....................84

Tabelle 18: Komplexität der Einzelschritte zur Berechnung der umschließenden Hülle mit „oder" verknüpfter Fuzzy-Terme ... 94

Tabelle 19: Die Menge X kann auf unterschiedliche Arten partitioniert werden: mit maximaler, minimaler und keiner Überlappung (von links nach rechts) ... 109

Tabelle 20: Multidimensionales-Feld, hier mit 2 Dimensionen (R = 2) dargestellt als Tabelle, in welcher das gelernte Wissen eingetragen ist. Die gezeigte Eintragung in der Mitte beinhaltet das Wissen fürden Fall, dass X0 im Bereich von FT2 und X1 im Bereich von FT2 liegt, der nachfolgende, vorhergesagte Wert im Bereich von FT3 liegt. Der Wert 100% gibt an, dass die Regelaktivierung beim Lernen dieses Eintrages 100% betrug ... 112

Tabelle 21: Komplexität der einzelnen Schritte zur Vorhersage von Sensordaten.
* = Kein weiterer Aufwand nötig, da schon in Schritt 2 inbegriffen. ... 128

Tabelle 22: Ergebnisse für die einzelnen Kriterien (Fehler des Fittes, Iterationen für besten Fit, Zeit in Millisekunden pro Fit und Vorhersagefehler bei 100% und 10% Vorhersage) der Vorhersage-Algorithmen mit verschiedenen Funktionen ... 132

Tabelle 23: Gesamtergebnis beim Vergleich der verschiedenen Vorhersage-Algorithmen. Grau hinterlegt sind die Algorithmen, welche bei einem Kriterium das beste Ergebnis liefern ... 133

Tabelle 24: Vorteile und Nachteile der verschiedenen Vorhersage-Algorithmen. ... 133

Tabelle 25: Verschiedene Hardwareregler, welche durch [Fuzzytech06] mittels Verwendung von FCL-Dateien (siehe Kapitel 5.2.1) implementiert werden können. Die Regler unterscheiden sich hinsichtlich ihrer maximalen Anzahl an verarbeitbaren Variablen, der Anzahl der Stützstellen in den Fuzzy-Termen und der Anzahl der Regeln und Regelblöcke (RB) ... 138

Tabelle 26: Beschreibung der wichtigsten EBNF Regeln ... 138

Tabelle 27: Erläuterungen zu den Nicht-Terminalsymbolen der EBNF-Beschreibung der Fuzzy Control Language ... 141

Tabelle 28: Erläuterungen zu den Terminalsymbolen der EBNF-Beschreibung der Temporal Fuzzy Control Language. Dargestellt sind nur die geänderten beziehungsweise neuen Regeln im Vergleich zur Fuzzy Control Language in Tabelle 27. Änderungen sind dabei fett hervorgehoben ... 145

Tabelle 29: Optimale Regler Parameter beim hier vorgestellten Inversen Pendel. ... 153

Tabelle 30: Matrix mit den Fuzzy-Regeln für die Kraft F zum Regeln des Stabwagens. Fuzzy-Terme in Großbuchstaben sind in [Bothe95] definiert, der Rest wurde zur Vervollständigung hinzugefügt....................154

Tabelle 31: Ergebnisse aus den Experimenten mit den verschiedenen Reglern. Die rechte Spalte gibt das Gesamtergebnis bei Grün +1 Punkt und Rot -1 Punkt an..159

Tabelle 32: Beispielhafte Signalverläufe und deren Beschreibung (auch als Fuzzy-Regel), die ein Überwachungssystem erkennen kann..................164

Tabelle 33: Festlegen von Ereignissen (event) durch Arbeitsaufträge (task) in Fuzzy-Variablen und Aktivierung durch Fuzzy-Regeln, falls eine Bedingung (condition) erfüllt ist........................165

Tabelle 34: Vier Regeln, wie sie zur Wartung und Überwachung regelmäßig in einem Fuzzy-Wartungssystem vorkommen, um ausgehend von Bedingungen zur Überwachung (condition1) bei Fehlverhalten Wartungsaufträge (task1) zu generieren........................166

Tabelle 35: Komplettes Regelungsbeispiel geschrieben in der Sprache Temporal Fuzzy Control Language (TFCL), um die Helligkeit in einem Büroraum zu regeln und Wartungsaufträge zu generieren...................172

Tabelle 36: Ergebnisse für die Helligkeitswerte aus den Experimenten..........173

B.3. Literaturverzeichnis

[Althoff92]   K.-D. Althoff, *Eine fallbasierte Lernkomponente als integrierter Bestandteil der MOLTKE-Werkbank zur Diagnose technischer Systeme*, Dissertation, Universität Kaiserslautern, Kaiserslautern, Deutschland, September 1992.

[Altrock91]   C. von Altrock, *Über den Daumen gepeilt*, c't, Heft 3, Deutschland, 1991, pp. 188-206.

[Aqil06]   M. Aqil, I. Kita, S. Nishiy, *A Takagi-Sugeno Fuzzy System for the Prediction of River Stage Dynamics*, Japan Agricultuaral Research Quarterly, Japan International Research Center for Agricultural Science, Japan, 2006.

[Arita93]   S. Arita, M. Yoneda, Y. Hori, *Supporting System for the Diagnosis of Diabetes Mellitus Based on Glucose Tolerance Test Responses Using a Fuzzy Inference*, Fuzzy Logic – State of the Art, Kluwer Academic Publishers, London, England, 1993, pp. 301-310.

[Batyrshin01]   I. Batyrshin, A. Panova, *On granular Description of Dependencies*, 9th Zittau Fuzzy Colloquium, Hochschule Zittau, ISBN 3-98080-890-4, Zittau, Deutschland, 2001.

[Bennett99]   B. H. Bennett, G. Hadden, *Condition-Based Maintenance: Algorithms and Applications for Embedded High Performance Computing*, Workshop on Embedded High Performance Computing Systems and Applications, USA, 1999, pp. 1418-1438.

[Bertolissi00]   E. Bertolissi, A. Duchâteau, H. Bersini, F. V. Bergen, *Direct Adaptive Fuzzy Control for MIMO Processes*, The Ninth IEEE International Conference on Fuzzy Systems, Belgien, 2000, pp. 7-12.

[Bothe95]   H.-H. Bothe, *Fuzzy-Logik – Einführung in Theorie und Anwendungen*, 2. Auflage, Springer-Lehrbuch, ISBN 0-38756-166-8, Berlin/Heidelberg, Deutschland, 1995.

[Bovenkamp97]   E. G. P. Bovenkamp, J. C. A. Lubbe, *Temporal Reasoning with Fuzzy Time-Objects*, 4th International Workshop on Temporal Representation and Reasoning, Daytona Beach, Florida, USA, Mai 1997, pp. 128-135.

[Box70]   G. E. P. Box, G. M. Jenkins, *Time Series: Forecasting and Control*, Holden-Day, San Francisco, USA, 1970.

[Briggs00]   M. Briggs, C. Attkinson, *Strategies for Effective Maintenance: A Guide for Process Criticality Assessment and*

	Maintenance Schedule Setting Using a Qualitative Approach, 1. Auflage, The Institution of Chemical Engineers, ISBN 0-85295-435-2, Rugby, Vereinigtes Königreich, 2000.
[Butkiewicz00]	B. S. Butkiewicz, *System with Hybrid Fuzzy-Conventional PID Controller*, International Conference on Systems, Man and Cybernetice, Nashville, USA, 2000.
[Camacho95]	E. F. Camacho, C. Bordons, *Model predictive control in the process industry*, 1. Auflage, Springer Verlag, ISBN 3-54019-924-1, London, England, 1995.
[Cardenas02]	M. A. Cárdenas Viedma, R. Martín Morales, *Syntax and Semantics for a Fuzzy Temporal Constraint Logic*, Annals of Mathematics and Artificial Intelligence, Volume 36, Kluwer Academic Publishers, ISSN 1012-2443, Hingham, Maine, USA, 2002.
[Chang97]	X. Chang, W. Li, *Application of hybrid fuzzy logic proportional plus conventional integrall-derivate controller to combustion control of stoker-fired boilers*, International Fuzzy Systems Association, Amsterdam, Niederlande, 1997.
[Demtröder08]	W. Demtröder, *Experimentalphysik 1: Mechanik und Wärme*, , Springer, 978-3-540-79294-9, , 2008.
[Ehrenfeucht81]	A. Ehrenfeucht, G. Rozenberg, *On the (Generalized) Post Correspondence Problem with Lists of Length 2*, , Springer, , 1981219-234.
[Ergo02]	Gesellschaft Arbeit und Ergonomie - online e.V., *Software-Ergonomie*, http://www.sozialnetz-hessen.de/ergo-online/E_HOME.HTM, Deutschland, September 2002.
[Fantoni00]	P.F. Fantoni, M. Hoffmann, B. H. Nystad, *Integration of sensor validation in modern control room alarm systems*, Proceedings of the 4th International FLINS Conference, Bruges, Belgien, August 2000, pp. 462-469.
[Fick00]	A. Fick, H. B. Keller, *Modellierung des Verhaltens Dynamischer Systeme mit erweiterten Fuzzyregeln*, 10. Workshop Fuzzy Control des GMA-FA 5.22, Dortmund, Deutschland, 2000.
[Filev00]	D. Filev, L. Ma, T. Larsson, *Adaptive Control of Nonlinear MIMO Systems with Transport Delay: Conventional, Rule Based or Neural?*, The Ninth IEEE International Conference on Fuzzy Systems, Redford, USA, 2000, pp. 587-592.
[Flender01]	Flender Service GmbH, *Condition Monitoring - Maschinendiagnose, GearController und Antriebsservice*, http://ww-

	w.flender-cm.de/deutsch/upload/aboutesat.htm, Deutschland, März 2001.
[Flender02]	Flender Service GmbH, *Condition Monitoring for the highest Availability of Power Technology*, http://www.flender-cm.de/images/pdffiles/Leistungskurzschreibung_GB.pdf, Deutschland, Juni 2000.
[Föllinger94]	O. Föllinger, *Regelungstechnik, Einführung in die Methoden und ihre Anwendung*, 1. Auflage, Hüthig Verlag, ISBN 3-7785-2336-8, Heidelberg, Deutschland, 1994.
[Frank94]	P. M. Frank, *Diagnoseverfahren in der Automatisierungstechnik*, at 2/94, Duisburg, Deutschland, 1994, pp. 47-64.
[Fuzzytech06]	Fuzzytech, *FuzzyTECH Products and Edition overview*, http://www.fuzzytech.com/de/fteo.html, Aachen, Deutschland, 2006.
[Giron02]	J. M. Giron-Sierra, G. Ortega, *A Survey of Stability of Fuzzy Logic Control with Aerospace Applications*, IFAC Proceedings of the 15th Triennial World Congress, Barcelona, Spanien, 2002.
[Gomez00]	J. Gómes-Ortega, D. R. Ramiréz, D. Limón, E. F. Camacho, *Predictive mobile robot navigation using soft computing techniques*, Proceedings of the 4th International FLINS Conference, Bruges, Belgien, August 2000, pp. 335-342.
[Goodrich99]	J. M. Giron-Sierra, G. Ortega, *Model Predictive Satisficing Fuzzy Logic Control*, IEEE Transactions on Fuzzy Systems, Vol. 7, No. 3, USA, 1999, pp. 319-332.
[Hajnicz96]	E. Hajnicz, *Time structures: formal description and algorithmic representation*, 1. Auflage, Springer Verlag, ISBN 3-54060-941-5, Berlin/Heidelberg, Deutschland, 1996.
[Hanh99]	P. H. Hanh, T. Tanprasert, D. Q. Minh, *Adaptive Fuzzy Controller for Predicting Order of Concurrent Actions in Real-Time Systems*, IEEE International Fuzzy Systems Conference, N/A, August 1999, pp. 1691-1696.
[Hansen98]	B. Hansen, D. Riodar, *Fuzzy Case-Based Prediction of ceiling and visibility*, First Conference on Artificial Intelligence, American Meteorological Society, ISBN 0-8186-0624-X, USA, 1998.
[Hellendoorn99]	H. Hellendoorn, *Fuzzy Logic for traffic management and control*, Fuzzy Logic Control Advances in Applications, Henk B. Verbruggen, ISBN 9-8102-3825-8, Niederlande, 1999, pp. 259-273.

[Helmke99] H. Helmke, *Ein wissensbasiertes Modell für die On-line-Überwachung und -Diagnose technischer Systeme*, Dissertation, Deutsches Zentrum für Luft- und Raumfahrt e.V., Braunschweig, Deutschland, 1999.

[Hoogendoorn06] S. Hoogendoorn, S. Hoogendoorn-Lanser, H. Schuurman, *Fuzzy Perspectives in Traffic Engineering*, A Survey of Application of Fuzzy Logic in Intelligent Transportation Systems (ITS) and Rural ITS, N/A, 2006, pp. 85-90.

[Horn06] M. Horn, N. Dourdoumas, *Regelungstechnik 1*, 1. Auflage, Pearson Studium, ISBN 3-827-37260-7, München, Deutschland, 2006.

[Hugueney04] B. Hugueney, B. Bouchon-Meunier, G. Hebrail, *Fuzzy Long Term Forecasting through Machine Learning and Symbolic Representations of Time Series*, 8. Fuzzy Days, Universität Dortmund, Dortmund, Deutschland, 2004.

[Ichtev01] A. Ichtev, J. Hellendoorn, R. Babukša, *Fault Detection and Isolation Using Multiple Takagi-Sugeno Fuzzy Models*, Proceedings of the International Fuzzy Systems Conference, Melbourne, Australien, Dezember 2001, pp. 1498-1502.

[IEC96] http://www.cl.cam.ac.uk/~mgk25/iso-14977.pdf, *ISO Standard for EBNF*, International Technical Electronical Commission (IEC), Vereinigtes Königreich, 1996.

[IEC97] IEC TC65/WG 7/TF8, *Fuzzy Control Programming*, International Technical Electronical Commission (IEC), Vereinigtes Königreich, 1997.

[Iokibe00] T. Iokibe, M. Koyama, M. Taniguchi, *A Study for Complexity of Chaotic Time Series and Prediction Accuracy*, Proceedings of the International FLINS Conference, Belgien, August 2000, pp. 1004-1008.

[Iokibe95] T. Iokibe, M. Kanke, Y. Fujimoto and S. Suzuki, *Local Fuzzy Reconstruction Method for Short-term Prediction on Chaotic Time*, Journal of Japan Society for Fuzzy Theory and Systems, Vol 7, No. 1, Japan, 1995, pp. 186-194.

[Jaanineh96] G. Jaanineh, M. Maijohann, *Fuzzy-Logik und Fuzzy-Control*, 1. Auflage, Vogel Fachbuch, ISBN 3-8023-1535-9, Würzburg, Deutschland, 1996.

[Jeinsch01] T. Jeinsch, M. Sader, S.X. Ding, P. Engel und W.Jahn, *Entwicklung eines modellgestützten Informationsystems zur Simulation und Prozeßüberwachung von Gurtförderanlagen*,

	Proceedings GMA-Kongress, Baden-Baden, Deutschland, Mai 2001, pp. 43-46.
[Jimenez92]	J. Jimenez, J. Moreno, G. Ruggeri, *Forecasting on Chaotic Time Series: A Local Optimal Linear reconstruction Method*, Physical Review A, Vol. 45, No. 6, Darmstadt, 1992, pp. 3553-3558.
[Karjoth87]	Günter Karjoth, *Prozeßalgebra und temporale Logik - angewandt zur Spezifikation und Analyse von komplexen Protokollen*, Dissertation, Universität Stuttgart, Sindelfingen, Deutschland, 1987.
[Kazemian01]	H. B. Kazemian, *Development of an Intelligent Fuzzy Controller*, IEEE International Fuzzy Systems Conference, London, England, 2001, pp. 517-520.
[Kim99b]	H. Kim, S. Moon, J. Choi, S. Lee, D. Do, M. M. Gupta, *Generator Maintenance Scheduling Considering Air Pollution Based on the Fuzzy Theory*, IEEE International Fuzzy Systems Conference, N/A, August 1999, pp. 1759-1764.
[Lambert94]	G. Labert-Torres, L. E. Borges de Silva, B. Valiquette, H. Greiss, D. Mukhedkar, *A Fuzzy Knowledge-Based System for Bus Load Forecasting*, Fuzzy Logic Technology and Application, N/A, 1994, pp. 1211-1218.
[Lamine01]	K. B. Lamine, F. Kabanza, *Reasoning About Robot Actions: A Model Checking Approach*, International Seminar on Advances in Plan-Based Control of Robotic Agents, Springer Verlag, ISBN 3-540-00168-9, Berlin/Heidelberg, Deutschland, 2001.
[Lepetic01]	M. Lepetic, I. Škrjanc, H. G. Chiacchiarini, D. Matko, *Predictive Control based on Fuzzy Model: A Case Study*, Proceedings of the International Fuzzy Systems Conference, Melbourne, Australien, Dezember 2001, pp. 868-871.
[Leßke95]	F. Leßke, *Abstrakte Datentypen und temporale Logik: ein kombinierter Spezifikationsansatz*, Berichte aus der Informatik, Shaker Verlag, ISBN 3-8265-0533-6, Aachen, Deutschland, 1995.
[Lichtenstein85]	O. Lichtenstein, A. Pnueli, L. Zuck, *On the Glory of the Past*, Proceedings of Logics of Programs, Brooklyn, USA, 1985.
[Lunze06]	J. Lunze, *Regelungstechnik 1 (Systemtheoretische Grundlagen, Analyse und Entwurf einschleifiger Regelungen)*, 1.

	Auflage, Springer Verlag, ISBN 3-5402-8326-9, Berlin/Heidelberg, Deutschland, 2006.
[Mamdani74]	E. H. Mamdani, *Application of fuzzy algorithms for control of a simple dynamic plant*, Proceedings of IEEE 121, N/A, 1974, pp. 1585-1588.
[Mechler94]	B. Mechler, *Lernfähige, rechnergestützte Entscheidungsunterstützungssysteme*, Dissertation, Universität Mannheim, Mannheim, Deutschland, 1994.
[Mees91]	A. Mees, *Dynamical Systems and Tessellations: Detecting Determinism in Data*, International Journal of Bifurcation and Chaos, Vol 1, No. 4, World Scientific Publishing Company, Singapore, Dezember 1991, pp. 777-794.
[Melin01]	P. Melin, O. Castillo, *Adaptive Control of a Stepping Motor Drive Using a Hybrid Neuro-Fuzzy Approach*, Proceedings of the International Fuzzy Systems Conference, Melbourne, Australien, Dezember 2001, pp. 155-158.
[Mikut02]	R. Mikut, S. Böhlmann, B. Cuno, J. Jäkel, A. Kroll, T. Rauschenbach, B.-M. Pfeiffer, T. Slawinski, *Fuzzy-Logik und Fuzzy Control – Begriffe und Definitionen*, VDI/VDE-Richtlinie 3550 (Computational Intelligence), Karlsruhe, 2002.
[Neal65]	J. A. Nelder, R. Mead, *A Simplex Method for Function Minimization*, , Computer Journal, , 1965308-313.
[Oussalah01]	M. Oussalah, *A New Derivation of Centroid Defuzzification*, IEEE International Fuzzy Systems Conference, London, England, 2001, pp. 884-887.
[Palit00]	A. K. Palit, *Artificial Intelligent Approaches to Times Series Forecasting*, Dissertation, Universität Bremen, Bremen, Deutschland, Januar 2000.
[Palit99]	A. K. Palit, D. Popovic, *Fuzzy Logic Based Automatic Rule Generation and Forecasting of Time Series*, Proceedings of the International Fuzzy Systems Conference, Seoul, Korea, August 1999, pp. 360-365.
[Palm07]	R. Paln, *Multiple-step-ahead prediction in control systems with Gaussian process models and TS-fuzzy models*, Engineering Applications of Artificial Intelligence, Pergamon-Elsevier, ISSN 0952-1976, Amsterdam, Niederlande, 2007.
[Pfeifer93]	T. Pfeifer, M. M. Richter, *Diagnose von technischen Systemen*, 1. Auflage, Deutscher Universitätsverlag, ISBN 3-8244-2045-7, Kaiserslautern, Deutschland, 1993.

[Pnueli85] A. Pnueli, *Linear and Branching Structures in the Semantics and Logics of Reactive Systems*, 12th Colloquium on Automata, Languages and Programming, Nafplion, Griechenland, Juni 1985.

[Pnueli86] A. Pnueli, *Applications of Temporal Logic to the Specification and Verification of Reactive Systems: A Survey of Current Trends*, Current Trends in Concurrency: Overview and Tutorials, Springer Verlag, ISBN 0-387-16488-X, New York, USA, 1986, pp. 510-584.

[Schmidt04] T. W. Schmidt, D. Henrich, *Temporal erweiterte Prädikate der Fuzzy-Logik zur Überwachung und Wartung*, 14. Workshop Fuzzy-Systems and Computational Intelligence, Universitätsverlag Karlsruhe, ISBN 3-937300-20-1, Dortmund, Deutschland, 2004.

[Schmidt05] T. W. Schmidt, D. Henrich, *Inferenz mit Fuzzy-Zeit-Termen*, 15. Workshop Computational Intelligence, Universitätsverlag Karlsruhe, ISBN 3-937300-77-5, Dortmund, Deutschland, 2005.

[Schmidt06] T. W. Schmidt, D. Henrich, *Vorhersage von Zeitreihen für die Temporale Fuzzy Logik*, 16. Workshop Computational Intelligence, Universitätsverlag Karlsruhe, ISBN 3-86644-057-X, Dortmund, Deutschland, 2006.

[Schöning00] U. Schöning, *Logik für Informatiker*, 5. Auflage, Spektrum Akademischer Verlag, ISBN 3-8274-1005-3, Heidelberg, Deutschland, Januar 2000.

[Schulz02] G. Schulz, *Regelungstechnik – Mehrgrößenregelung - Digitale Regelungstechnik - Fuzzy Regelung*, 1. Auflage, Oldenburg Verlag, ISBN 3-486-58318-2, München/Wien, 2002.

[Schwarz97] H. R. Schwarz, *Numerische Mathematik*, 4. Auflage, Teubner, ISBN 3-51942-960-8, Stuttgart, Deutschland, 1997.

[Scowen98] R. S. Scowen, *Extended BNF – A Generic base standard*, Software Engineering Standards Symposium, Hampton, Vereinigtes Königreich, 1998.

[Sousa00] J. M. Sousa, M. Setnes, *Model Predictive Control: A Data-Driven Approach Using Simple Fuzzy Tools*, IEEE International Fuzzy Systems Conference, N/A, 2000, pp. 1017-1020.

[Storm95] R. Storm, *Wahrscheinlichkeitsrechnung, Mathematische Statistik, Statistische Qualitätskontrolle*, 1. Auflage, Fachbuch-

	verlag, ISBN 3-343-00871-0, Leipzig/Köln, Deutschland, 1995.
[Sturm00]	M. Sturm, *Neuronale Netze zur Modellbildung in der Regelungstechnik*, Dissertation, Technische Universität München, München, Deutschland, Februar 2000.
[Takagi85]	T. Takagi, M. Sugeno, *Fuzzy identification of systems and its application to modeling and control*, IEEE Transactions on Systems, Man and Cybernetics, Vol. 15, No. 1, IEEE Systems, Man, and Cybernetics Society, ISSN 1083-4419, N/A, 1985, pp. 116-132.
[Tizhoosh98]	H. R. Tizhoosh, *Fuzzy-Bildverarbeitung - Einführung in Theorie und Praxis*, 1. Auflage, Springer Verlag, ISBN 3-540-63137-2, Magdeburg, Deutschland, 1998.
[TXCorp03]	Tech-X Corporation, *OptSolve++, C++ Components for Nonlinear Optimization, Users Manual*, http://www.txcorp.com, Boulder, Columbia, USA, Oktober 2003.
[Unbehauen07]	H. Unbehauen, *Regelungstechnik 1*, 1. Auflage, Vieweg Verlag, ISBN 3-5282-1332-9, Wiesbaden, Deutschland, 2007.
[USU05]	USU AG, *Das Phänomen Schwarmintelligenz als Basis für Wissensmanagement*, , , , 2005.
[Watanabe86]	H. Watanabe, M. Togai, *An inference engine for real-time approximate reasoning. Toward ab expert on a chip*, IEEE Expert 1, N/A, 1986, pp. 55-62.
[Wiki05]	Wikipedia - Die freie Enzyklopädie, *Wikipedia*, http://www.wikipedia.org, Deutschland, 2005.
[Škrjanc00]	I. Škrjanc, D. Matko, *Predictive Functional Control Based on Fuzzy Model for Heat-Exchanger Pilot*, IEEE Transactions on Fuzzy Systems, Vol. 8, No. 6, USA, Dezember 2000, pp. 705-712.
[Škrjanc01]	I. Škrjanc, D. Matko, *Fuzzy Predictive Functional Control in the State Space Domain*, Journal of Intelligent and Robotic Systems, Kluwer Academic Publishers, ISSN 0921-0926, Dordrecht, Niederlande, 2001, pp. 283-297.

B.4. Stichwortverzeichnis

Aggregation 16ff., 76f., 79, 147

Benchmark 102

Bifurkationsdiagramm 39

Box-Jenkins-Methode 102

DAFC-System 22

Defuzzifizierung ....12, 16, 20f., 63, 84, 87f., 90, 98, 113ff., 119, 137, 146f., 177, 179ff.

Diagnosekriterien 162

Diagnosephase 102

Diagnosesysteme 3

Downhill-Simplex 123f., 131

EBNF 138

Einheitsintervall-Normalisierung 52

Einsatzphase 102

Enhanced-Backus-Naur-Form 138

Fuzzifizierung ....12, 16f., 20f., 24, 49, 63, 76ff., 84f., 87f., 90, 98, 108, 110, 113ff., 119, 137, 146f., 170, 172, 177, 179ff.

Fuzzy-Bildverarbeitung 4f., 41

Fuzzy-Control-Language 27

Fuzzy-Logik 1f., 4f., 12, 15, 18, 21ff., 32, 34, 37f., 41, 43ff., 47f., 50f., 53ff., 75, 77, 80, 82, 87, 98ff., 108, 110, 117f., 142, 159ff., 167, 169, 173, 175f., 182, 185, 187

Fuzzy-Neuro-Systemen 34

Fuzzy-Regler...4, 24, 26ff., 30ff., 35f., 53f., 77, 82f., 98, 128, 135ff., 147f., 150, 153ff., 157ff., 165f., 169f., 176, 185, 189

Fuzzy-Reglern 4

Fuzzy-Term12ff., 30, 37ff., 45, 52f., 56f., 59ff., 68, 70, 73ff., 84ff., 88ff., 110ff., 119, 137ff., 145, 147, 153f., 160, 163ff., 170, 177, 181

Fuzzy-Terms 20, 113

Fuzzy-Variable .... 12ff., 37, 43, 48f., 74, 78f., 83, 92, 98, 153, 164f.

Fuzzy-Videoverarbeitung 5, 26, 31, 182

Fuzzy-Zeit-Term ....53, 56ff., 77, 79f., 83ff., 98, 142, 144f., 154, 176ff., 180f.

Fuzzy-Zeit-Terme..62
Gewichtete-Linearität..124, 174
Gram Schmidt Orthogonal System Methode..40
Identifikationsphase..102
Inferenz..7, 11f., 16, 18, 30, 35, 44, 46, 63, 80, 86, 98, 113
Komposition...16f., 19ff., 49, 63, 71, 74, 80, 82ff., 98
Local Ellipsoidal Model Network..37
Local Fuzzy Reconstruction Methode..40
Mamdani-...1
Mamdani-Regel..1, 5
Mehrstelliges Prädikat..76
Model Predictive Control..36
Modus-Ponens..24
Modus-Tollens..24
Multiple-Input-Multiple-Output..27
Normalisierung..52
Objekt..75
Palit-Algorithmus...108, 110, 113ff., 127f., 130f., 133
Prädikat BIGGER...72
Prädikat IS..65
Prädikat ISEXISTS..67
Prädikat ISTEMP...65
Prädikat SINCE..68
Prädikat SMALLER..72
Prädikat UNTIL..68
Schätzphase..102
Separierbarkeit..53
Split...21
T-S Modell..35
Takagi-Sugeno Modell..35
Temporal Fuzzy Control Language...................26, 142, 145, 161, 167, 169, 172
Temporale Defuzzifizierung..87

Temporale Inferenz...80
Temporale Komposition...80, 82, 84
Temporale-Fuzzy-Logik........................2, 26, 31, 41, 50ff., 54ff., 62, 75f., 87, 185
Tessellation Methode...40
TFCL............142, 145ff., 154, 159ff., 164f., 167f., 170ff., 176, 179f., 182f., 187
Time object valuation..48
Überwachungskriterien..161
Überwachungssystem........................1ff., 22, 26ff., 30, 32f., 35ff., 41, 161, 164f.
Vorausschauendes Überwachungssystem..2
Vorhersage..101
Vorhersagefehler F..101
Wartungskriterien..161
Wartungssystem...2
Wartungszeiten...3
Weierstraß-Funktion..126, 130
Zeitfolge...39
Zeitfolgen..38f.
Zeitreihe Z..101
Zugehörigkeitsfunktion...53

Die VDM Verlagsservicegesellschaft sucht für wissenschaftliche Verlage abgeschlossene und herausragende

Dissertationen, Habilitationen, Diplomarbeiten, Master Theses, Magisterarbeiten usw.

für die kostenlose Publikation als Fachbuch.

Sie verfügen über eine Arbeit, die hohen inhaltlichen und formalen Ansprüchen genügt, und haben Interesse an einer honorarvergüteten Publikation?

Dann senden Sie bitte erste Informationen über sich und Ihre Arbeit per Email an *info@vdm-vsg.de*.

Sie erhalten kurzfristig unser Feedback!

VDM Verlagsservicegesellschaft mbH
Dudweiler Landstr. 99
D - 66123 Saarbrücken
www.vdm-vsg.de

Telefon +49 681 3720 174
Fax +49 681 3720 1749

Die VDM Verlagsservicegesellschaft mbH vertritt

Printed by Books on Demand GmbH, Norderstedt / Germany